(我的第一本博物学名著)

[苏联] 维·比安基 著　谢振兴 编译

森林报 上 春夏

Senlinbao

北京大学出版社
PEKING UNIVERSITY PRESS

图书在版编目（CIP）数据

森林报 ／（苏联）比安基著；谢振兴编译 .—北京：北京大学出版社，2010.1

（我的第一本博物学名著）
ISBN 978-7-301-16538-6

Ⅰ．森… Ⅱ.①比…②谢… Ⅲ.森林－科学知识－青少年读物 Ⅳ.S7-49

中国版本图书馆CIP数据核字（2009）第233925号

书　　　名：森林报
著作责任者：[苏联]维·比安基 著　谢振兴 编译
选 题 策 划：刘祥和
责 任 编 辑：刘祥和
图 书 绘 画：王　静　孙克俊
标 准 书 号：ISBN 978-7-301-16538-6/G·2794
出 版 发 行：北京大学出版社（北京市海淀区成府路205号　100871）
网　　　址：http://www.jycb.org　　http://www.pup.cn
电 子 信 箱：zyl@pup.pku.edu.cn
电　　　话：邮购部 62752015　　　发行部 62750672
　　　　　　编辑部 62767346　　　出版部 62754962
印　刷　者：北京汇林印务有限公司
经　销　者：新华书店
　　　　　　650mm×980mm　16开本　24印张　16插页　440千字
　　　　　　2010年1月第1版　2010年1月第1次印刷

定　　　价：40.00元（上下册）

未经许可，不得以任何方式复制或抄袭本书之部分或全部内容。
版权所有，侵权必究
举报电话：（010）62752024　电子信箱：fd@pup.pku.edu.cn

序 言

北京大学哲学系教授 刘华杰

许多人不喜欢科学,并不是真的不喜欢科学,而是被科学的某个"子集"吓坏了。相当多一些人因为数学、物理成绩不够好,而害怕科学,进而不喜欢科学、远离科学。而事实上,他们中相当一部分人非常聪明,智商并不低,他们在那个"子集"外的其他方面都表现得非常优秀。是那个"子集"败坏了科学的声誉!

那个子集通常指数理科学,包括算术、代数、平面几何、三角、立体几何等数学,以及力学、物理学、化学等离开了数学很难搞明白的一部分自然科学。

在近代科学发展史中,有两大科学传统:数理(类)科学传统和博物(类)科学传统。两大传统都为科学的发展、完善作出了重要的贡献。博物学大致对应于西方的"自然史"(natural history),但中国学问中的"博物学"要比"自然史"广一点,侧重点也有所不同。

博物学是指对大自然宏观层面的观察、记录、分类等,包括天文、地质、动物、植物、气象、农业、医药等学科的一部分知识。在中国古代,博物类学问相对于数理类学问要发达得多。就整个人类历史而言,博物类著作也远比数理类著作多得多,从业者也多。奇怪的是,通常的科学通史没有反映这一点。

西方历史上著名的博物学家有亚里士多德、普林尼、格斯纳、雷、布丰、林奈、居维叶、拉马克、赖尔、达尔文、华莱士、法布尔、劳伦兹、威尔逊等,中国则有郦道元、孙思邈、徐霞客、朱橚、李时珍、高濂、陈元龙、吴其濬等。他们为生物分类学、农学、医学、地质学、比较解剖学、进化生物学、生态学和动物行为学等发展作出了重要贡献。

就方法论而言,博物学与数理科学有着不同的探究方法,博物学强

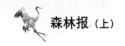

调的是从宏观的、整体的层面考虑问题,不过分追求深度。在方法论上,博物学不追求培根式的拷打自然,不追求伽利略、笛卡儿以来对大自然的过分数学化。

　　博物学有一个重要的特点,即对特大尺度和特别小尺度上的事物不太关心。太大的东西普通人看不到,太小的东西也看不到,它们都无法直接进入我们的"生活世界"。博物学比较在乎能用"米"和"年"这样尺度来度量的、与我们日常生活非常密切的事物。博物学强调识知(knowing)过程中"个人知识"的重要性。比如,《中国植物志》有80卷126册,记录植物三万多种,这些是"公共知识",就算你购买了这些书,放在家里,它们也不是自己的知识。没有人能认出所有这三万多种植物,我们只有通过与大自然打交道,关注具体的每一种植物,并与植物志对比,把其中一部分"公共知识"变成"个人知识",才算掌握了真知。

　　博物学的目标不在于竞技体育式的现代科技竞赛。现代科技强调的是快速,但快速对我们个体未必有好处,对我们国家也未必有好处,对我们地球也未必有好处。从生物进化的角度看,人类在近代的行为是过分冒险的、不理性的。

　　新的博物学需要什么样的工具?对于博物学来说,任何设备都可以用,最重要的"设备"还是我们每个人都有的工具,即我们的感官、我们的知觉能力、我们的感受力以及在此基础之上的伦理超越性,而这些恰好是现代人所缺乏的。现代人缺乏用眼、用心观察大自然的能力和愿望,但是人生下来,每个人本来都具有这样的能力和愿望,小学生、博士生、教授、普通老百姓也都可以从事博物学。只要有心、用心,我们就可以从事博物学。

　　博物学研究跟通常的实验室研究不一样,它重视在野外研究大自然,强调要尊重大自然,把敬畏自然作为一个前提条件。在敬畏自然的条件下,我们能够更深切地理解大自然史诗般的进化历程。博物学不应当是少数科学家关起门,在实验室里或把大自然圈起一个框、一个巨大的牛圈羊圈来做研究。

　　博物学不是传统意义上不断冲击记录的论文大赛,百姓从事博物学并不要求发表论文,写点自然随笔是可以的,不写也可以。

　　博物学强调知识、情感和价值观的"三合一",强调鉴赏性、体验性,它将会导致我们生活方式的改变;它也是焦虑的现代人寻求一种休闲的生活方式、人与自然和谐共生的帮手。

序言

　　博物学提倡亲自实践，尊重荒野，要时常感受荒野，如果条件不允许也要尽可能强调户外活动，在小区、街边、公园开展活动也是可以的，总之尽可能去亲自观察、尝试。这样一来，博物学可以在常识和现代科学之间提供一个缓冲区，它是公众理解科学的一个窗口，在科学传播的意义上，它也应当优先得到传播。

　　博物学将提供更完整的世界观，它也提倡一种新型的伦理观。通过博物学我们可以强调大自然的权利和共生理念。人类的历史并不只是打打杀杀的历史，自然界的历史也不完全是某物吃某物、你死我活的生存斗争的历史。实际上有斗争也有合作，而且合作的时候占大多数。

　　如果有人说，历史上的博物学并非这样，博物学家也做过许多坏事，那么，我们希望新的博物学是这样，我们有权盼望一种新科学。

　　博物学可以使我们心情舒畅，可以让我们静下心来，让我们谦卑、感恩、敬畏，生活得更加充实。

　　按理说，博物学应该成为我们教育系统所倡导的素质教育或素养教育的一部分。我们的教育系统培养出来的学生应当学会科学地分析、人文地思考问题，也要学会利奥波德所讲的"像山那样思考"，懂得物与物相互依赖、人从属于大自然、人类要长久生存下去这些简单的道理。世界上除了我们人之外还有其他物种，人不过就是万物中的一种而已。

　　总之，博物学是普通人与其周围大自然打交道的学问。我们应当在大众层面重新启动博物学，通过它培养对大自然的情感，尊重自然、理解自然。博物学有可能起着桥梁作用，使大家更好地欣赏自然，积极参与科学，加入到保护大自然的行列。

目录

上 册

致读者/15

第一期 万物复苏月（春天的第一个月）/19

一年——分为12个月的太阳诗篇/19

森林大事记/20

本报记者发自森林的第一封电报　第一颗蛋　雪地里的吃奶兔宝宝　最先开放的花朵　春天里的妙计　冬季客人准备启程了　雪崩　潮湿的住宅　神秘的绒毛　在常绿林里　鹨和白嘴鸦　本报特派记者发自森林的第二封电报

城市新闻/26

屋顶上的音乐会　在阁楼上　惊慌失措的麻雀们　半梦半醒的苍蝇们　苍蝇们，防备流浪汉　石蛾　在森林地区进行观测　第一届列宁格勒州集体农庄儿童代表大会决议　给鸟儿们造个房子吧　蚊子在跳舞　最先出现的蝴蝶　在公园里　新森林　春花　谁漂到水塘边来了　款冬　从天上传来的喇叭声　参加庆祝活动的通行证　本报特派记者发自森林的第三封电报（急电）　发洪水了

集体农庄历/34

新闻

打猎/35

求偶　松鸡交配的地方　森林剧场

东西南北苏联各地无线电通信站/41

注意了！注意了！　你们听！你们听！这里是北极　这里是中亚　这里是远东　这里是西乌克兰　你们听！你们听！这里是冻土带，亚马尔半岛　这里是新西伯利亚的原始森林　这里是外贝加尔草原　这里是高加索山区　你们听！你们听！是海洋们在说话　你们听！你们听！这里是中亚沙漠

打靶场/48

公告栏/49

 森林报（上）

第二期 候鸟归乡月（春天的第二个月）/51

一年——分为12个月的太阳诗篇/51

森林大事记/51

鸟类归乡大迁徙 带脚环的鸟儿们 道路泥泞 雪下的红莓果 昆虫们的圣诞树 穗状花序 蝮蛇的日光浴 蚂蚁窝动起来了 还有谁醒来了？ 在池塘里 森林卫生员 它们是春花吗？ 白寒鸦 编辑部的解释 罕见的小动物 本报森林记者通过飞鸟通信发来的紧急信件

百钓百中/63

林中战争/64

集体农庄历/67

在集体农庄栽种树木 集体农庄新闻

城市新闻/70

植树周 树种储蓄罐 在花园和公园里 七孔鱼 街上的生活 城市里的海鸥 有翅膀的乘客坐飞机 太阳雪 咕——咕！ 少年米丘林工作者代表大会 致列宁格勒市和列宁格勒州所有少先队员和学生的一封公开信

打猎/75

到马尔基佐夫湖去捕猎鸭子

打靶场/77

公告栏/78

第三期 载歌载舞月（春天的第三个月）/81

一年——分为12个月的太阳诗篇/81

为什么我们的5月被称作叹息之月？ 快乐的5月

森林大事记/82

森林乐队 客人 田野里的声音 鱼的声音 受保护 森林里的夜晚 游戏和舞蹈 最后飞来的一批鸟 秧鸡徒步走来了 有人笑，有人哭 松鼠开荤 我们的兰花 找浆果去！ 阎甲虫 来自编辑部的回复 燕子窝 斑鸫的窝

林中战争/93

集体农庄历/94

我们给大人们帮忙 新森林 集体农庄新闻

城市新闻/98

列宁格勒的驼鹿 海上来的客人 海洋深处来的客人 试验飞行 斑胸田鸡在城市里漫步 采蘑

目录

菇去　有生命的云　列宁格勒州的新兽　鼹鼠　蝙蝠的声纳　我们给风打分

打猎/102

　　前往春汛地区　诱捕

打靶场/108

公告栏/109

第四期　鸟儿筑巢月（夏天的第一个月）/111

　一年——分为12个月的太阳诗篇/111

森林大事记/111

　　各住各处　了不起的房子　谁的房子最好　还有谁会造房子？　谁用什么造自己的房子　住在别人的房子里　集体宿舍　窝里到底有什么？　狐狸用什么办法占了獾的家　有趣的植物　随要随取　神秘的夜行大盗　夜鹰的蛋莫名其妙地不见了　勇敢的小鱼　谁是凶手　六只脚的"鼹鼠"　编辑部的解释　救命刺猬　蜥蜴　燕子窝　小苍头燕和它的妈妈　铁线虫　一位少年自然科学家的梦　请验证一下　钓鲈指示器　天上的大象　绿色的朋友　重造森林

林中战争/127

百钓百中/128

　　天气与捕鱼　捉虾

集体农庄历/131

　　集体农庄新闻　一个少年自然科学家讲的故事

打猎/134

　　既不猎鸟，也不猎兽　会跳的敌人　歼灭金花虫　会飞的敌人　两种蚊子　杀灭蚊子　罕见的事

东西南北苏联各地无线电通信站/138

　　注意了！注意了！　你们听！你们听！这里是北冰洋的岛屿　这里是中亚沙漠　你们听！你们听！这里是乌苏里大森林　这里是库班草原　这里是阿尔泰山　你们听！你们听！这里是海洋

打靶场/144

公告栏/145

第五期　幼鸟出世月（夏天的第二个月）/147

　一年——分为12个月的太阳诗篇/147

森林大事记/148

　　森林里的小孩子们　鸟儿们的劳动日　沙锥鸟和秃鹰的孩子是什么样的？　岛上的殖民地　雌雄颠倒　可怕的雏鸟　小熊洗澡　浆果　吃猫奶长大的兔子　小蚁䴕鸟的魔术　当面瞒过　食虫花

森林报（上）

在水下打架　不是风，不是鸟，而是水　潜鸭　美妙的小果实　小䴉鹊　摘自少年自然科学家日记

林中战争／159

集体农庄历／160

森林的朋友　大家都有事儿干　集体农庄新闻　变黄了的田野　森林新闻　来自远方的一封信

打猎／164

夜间的恐怖　光天化日下的抢劫　谁是敌人，谁是朋友　猎取猛禽　夏季打猎解禁了

打靶场／170

公告栏／171

第六期 成群结队月（夏天的第三个月）／173

一年——分为12个月的太阳诗篇／173

森林里的新规矩　训练场　咕尔，勒！咕尔，勒！蜘蛛飞行员

森林大事记／176

一只山羊吃光了一片树林　抓强盗　草莓　吓得拉肚子　可以吃的蘑菇　毒蘑菇　"雪花"　白野鸭

绿色的朋友／182

应该种什么　造林机器　新湖　我们要帮助新生林成长

林中战争／184

我们帮助恢复森林　园林周

集体农庄历／186

敏锐的发现　集体农庄新闻

打猎／188

一只塞特猎犬和两只西班牙犬　捕猎野鸭　帮手　在杨树林里　不诚实的游戏

打靶场／197

公告栏／198

目录

下册

第七期 候鸟离乡月（秋天的第一个月）/207

一年——分为12个月的太阳诗篇/207
森林大事记/208
城市新闻/214
林中战争/222
集体农庄历/223
打猎/226
东西南北苏联各地无线电通信站/234
打靶场/238
公告栏/240

第八期 粮食储备月（秋天的第二个月）/243

一年——分为12个月的太阳诗篇/243
森林大事记/244
集体农庄历/256
城市新闻/258
打猎/260
打靶场/264
公告栏/265

第九期 冬客临门月（秋天的第三个月）/267

一年——分为12个月的太阳诗篇/267
森林大事记/268
集体农庄历/275
城市新闻/278
打猎/280
打靶场/286
公告栏/287

第十期 银路初现月（冬天的第一个月）/289

一年——分为12个月的太阳诗篇/289
森林大事记/293
集体农庄历/297
城市新闻/299
打猎/302
东西南北苏联各地无线电通信站/310
打靶场/314
公告栏/316

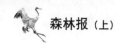 森林报（上）

第十一期　忍饥挨饿月（冬天的第二个月）/319

一年——分为12个月的太阳诗篇/319　　打猎/329

森林大事记/320　　打靶场/338

城市新闻/326　　公告栏/339

百钓百中/328

第十二期　期盼春天月（冬天的第三个月）/ 341

一年——分为12个月的太阳诗篇/341

城市新闻/348

打猎/352

打靶场/358

附录：基特·维利甘诺夫的故事/359

我的十项观察/360

钓鱼人的故事/362

在火堆旁/365

小熊历险记　新年故事/369

打靶场及"锐目"称号竞赛答案/373

打靶场答案/373

"锐目"称号竞赛题答案/379

致 读 者

普通报纸上只写人和事。但是孩子们感兴趣的是野兽、鸟类、昆虫是怎么生活的。

在森林中发生的事件不比城市中的少。那里也很忙碌，也有欢乐的节日，不幸的事件。那里有自己的英雄和强盗。而在城市的报纸上很少提及这些，因此也就没有人知道这些森林里的新闻。

比方说，有谁听说过，在我们列宁格勒州，一到寒冷的冬天便会从地里爬出没有翅膀的蚊子，而且还赤着脚在雪地里奔跑？有哪份报纸能让你读到关于森林巨人——驼鹿的战役、候鸟的大迁徙、黑水鸡徒步穿越整个欧洲的滑稽旅行？

所有这些事件你都可以在《森林报》中读到。

《森林报》有12期，每个月一期，我们把它们编辑成了一部书。每期由编辑部文章、本报森林记者的电报及来信、打猎故事组成。

谁是我们的森林记者？可以是孩子、猎人、学者、护林员，只要是去过森林，对野兽、鸟类、昆虫的生活感兴趣，把各种各样的森林事件记录下来并发来我们编辑部的人就是我们的森林记者。

《森林报》合订本最早出版于1927年，随后再版了八次，而且每次都有新的章节补充进来。

我们专门派遣了一名记者去采访著名猎人塞索伊奇。他们一起打猎，在火堆旁休息时听塞索伊奇讲他的传奇经历。我们的记者记录下了他的故事并发来我们编辑部。

随每期报纸我们还附有问答游戏（测验）。我们称之为"打靶场"。在这个"打靶场"里，读者们可以比比看谁的答案更准确。只要仔细地阅读报纸，就能轻松地回答大部分问题。每答对一个问题，就可以得到2分。

我们建议读者们组成小组来玩我们的"打靶场"游戏。大声地读出问题，所有参与游戏的人把自己的答案写在纸上——每个人写一张。对于许多问题（比方说，有这样一个问题：秧鸡有多高？）最好不要马上回答，而是过几天，经过大家研究再回答。在这段时间里可以去一次草地，对秧鸡进行暗中观察，然后就知道它有多高了。

《森林报》在列宁格勒创刊并印刷，是一份州级报纸。差不多所有刊登在它上面的事件，都发生在列宁格勒州或列宁格勒市。

但是我们的国家太大了。当最北端暴风雪肆虐，连血液都快因寒冷

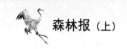

而凝结时,在最南端却是阳光明媚,鲜花盛开;当在最西端孩子们正要上床睡觉时,在最东端孩子们都才刚醒来并正要起床;我们的国家就是这么大。还有,《森林报》的读者们说,他们希望从报纸中了解的不光是发生在列宁格勒州的事件,还有在这段时间里发生在我国各地的事件。为满足本报读者的要求,我们在《森林报》中建立了本报记者的"东西南北苏联各地无线电通信站"。

我们刊登塔斯社的一系列关于人们的工作及成绩的报道。

我们开辟了"公告栏",并在其中举办竞赛,在我们的读者中选出最好的狩猎者,并授予"锐目"的称号。

我们还邀请生物学博士、植物学家、作家尼娜·米哈伊洛芙娜·巴甫洛娃在《森林报》上为我们有趣的植物撰写文章。

我们的读者应当知道大自然的方方面面,这样才能知道如何保护或改造它,如何与大自然和谐相处。

实际上我们《森林报》的读者在成长的同时,自己也将培育新的、令人惊奇的植物种类,管理森林生活并使之有利于我们的祖国。

但是,为了不造成无法挽回的危害,应当首先热爱并充分了解这片土地,应当熟悉这片故土上的动物、植物及它们的生活。

新的,也就是第九版的《森林报》经过了修订和扩充,在其中我们增加了"一年——12个月中的太阳诗篇"。我们在《集体农庄历》中大量增加了生物学博士巴甫洛娃的报道。我们刊登了本报"战地记者"从"森林巨人"的"战场"发回的报道。针对钓鱼爱好者我们引入了"百钓百中"栏目。设置了由四个故事组成的新游戏,这四个故事是由我们年轻的合作者基特·维利甘诺夫创作的,并在书后给出了谜底。

我们的首位森林记者

列宁格勒人、森林地区的居民,在前几年经常可以在公园中遇见一位戴眼镜的教授,他头发花白,神情专注。他聆听着鸟儿的每一声歌唱,仔细地看着每一只飞过的蝴蝶或苍蝇。

我们这些大城市的居民,无法那么准确地发现每一种出现在春天的鸟类或蝴蝶,然而没有一条春天的森林新闻能逃过他的眼睛。

能做到这点的教授名叫德米特里·尼基佛洛维奇·凯歌罗多夫。连续半个世纪,德米特里·尼基佛洛维奇观察着我们这个城市及其周围活跃的大自然。整整50年,四季在他的眼中不断更迭。鸟类飞去又飞来,花草树木生长又凋零。德米特里·尼基佛洛维奇准确地记录下自己所有的发现——什么时候发生了什么——然后把这些发现刊登在报纸上。

他号召其他人——特别是年轻人——观察自然、记录观察结果并把他们的记录寄给他。许多人响应了他的号召。他的观察员队伍每年都在壮大。

现在，许多自然爱好者——我国的方志学家、学者、少先队员及学生——以德米特里·尼基佛洛维奇为榜样，继续进行着观察并收集观察结果。

50年间德米特里·尼基佛洛维奇累积了大量观察结果。他把它们收集在一起。于是现在，由于他长期、连续、细致的工作和许多其他学者的劳动，我们知道在春天的什么时候有哪些鸟类飞到我们这里，在秋天的什么时候它们跟我们告别，花草树木如何生长。

凯歌罗多夫

德米特里·尼基佛洛维奇为孩子和成年人写了许多关于鸟类、森林和田野的书。他本人在学校工作，并一直证明着，孩子们要想研究故乡的大自然，不应通过书本，而应在森林和田野中漫步。

1924年2月11日，在与病魔长期抗争之后，德米特里·尼基佛洛维奇与世长辞，他未能等到下一个春天的到来。

我们将永远铭记他。

森林年

我们的读者可能会觉得，刊登在《森林报》上的森林新闻和城市新闻，都已经是旧闻了。这种感觉是不对的。事实上，年年都有春天，但是每一年的春天都是新的，而且无论活多少年，你也不会看到两个一样的春天。

年是一个有12根辐条的车轮，12根辐条就是12个月：滚过12根辐条，轮子就转了一整圈，而后再次滚到第一根辐条。而车轮已经不在那里了——已经前行了很远。

又是春天来了——森林也苏醒过来了，熊从洞中爬出，水淹没了地

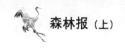

下的住户,鸟儿飞来了。鸟儿再次开始游戏和舞蹈,野兽孕育幼仔。而在《森林报》上,读者会找到所有最鲜活的森林新闻。

我们在这儿刊登通用森林历。它跟普通日历很不一样,但这没什么可惊讶的。

要知道,野兽和鸟类跟我们的生活方式不一样,它们不是人类。它们有自己特别的日历:在森林中大家都依据太阳的运行来生活。

一年中太阳在天上绕一个大圈。每个月它都经过一个星座,这12个星座被称作黄道12星座。

新年在森林历中不在冬天,而在春天——当太阳进入白羊星座的时候。在森林中,迎接太阳的时候就是欢乐的节日;送别太阳的时候就是忧愁的时光。

在森林历中月份也是12个,这点和我们的日历一样。只是我们用另一种方式来称呼他们——用森林的方式。

通用森林历

月份:

一月,万物复苏月(春天的第一个月)——3月21日至4月20日
二月,候鸟归乡月(春天的第二个月)——4月21日至5月20日
三月,载歌载舞月(春天的第三个月)——5月21日至6月20日
四月,鸟儿筑巢月(夏天的第一个月)——6月21日至7月20日
五月,幼鸟出世月(夏天的第二个月)——7月21日至8月20日
六月,成群结队月(夏天的第三个月)——8月21日至9月20日
七月,候鸟离乡月(秋天的第一个月)——9月21日至10月20日
八月,粮食储备月(秋天的第二个月)——10月21日至11月20日
九月,冬客临门月(秋天的第三个月)——11月21日至12月20日
十月,银路初现月(冬天的第一个月)——12月21日至1月20日
十一月,忍饥挨饿月(冬天的第二个月)——1月21日至2月20日
十二月,期盼春天月(冬天的第三个月)——2月21日至3月20日

森林报

第一期　万物复苏月（春天的第一个月）　　3月21日至4月20日　太阳进入白羊星座

一年——分为12个月的太阳诗篇

新年快乐！

3月21日是春分日，白天同黑夜势均力敌：一天中有一半是阳光普照，另一半是长夜漫漫。这一天，在森林中要庆祝新年——由此进入春天。

我们这个民族称3月为温床、滴露。太阳开始战胜冬天。雪变得疏松，出现孔隙，转为灰色，完全不是冬天时的样子，冬天投降了！以后进入夏天时也可以通过颜色来判断。屋檐上垂下的冰柱，闪着亮光，水沿着冰柱流下，滴答，滴答……聚集成几片小水洼，而街上的小麻雀在这些水洼里欢快地扑腾着，洗刷掉冬天在羽毛上留下的印迹。花园里响起山雀银铃般的叫声。

春天挥舞着太阳的翅膀向我们飞来了。它的工作程序很严格。它要做的第一件事是解放土地：将雪融化。而水还在冰下沉睡。森林也还在雪下沉睡。

3月21日清晨，按照俄罗斯的传统习俗要做烤"云雀"——一种用葡萄干做眼睛、用面捏出小鸟嘴的点心。这一天我们把那些会唱歌的鸟儿放飞到室外。也就是从这一天起，按照每年的新习俗，鸟之月开始了。孩子们把这个时间贡献给那些长着羽毛的小朋友：在树上安放几千个小鸟之家——椋鸟屋、山雀房、圆洞鸟房；在鸟儿筑巢时帮它们把树枝绑在一起；在学校或俱乐部里做报告，讲述"飞羽军团"怎样保护我们的森林、

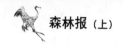

田野、花园和菜园，应当如何珍视和善待那些有翅膀的快乐歌唱家。

在3月，母鸡足不出户就有足够的水喝了。

森林大事记

本报记者发自森林的第一封电报

白嘴鸦为春天揭幕

春天由白嘴鸦为她揭幕。在冰雪融化的地方都会出现成群结队的白嘴鸦。

白嘴鸦在南方过冬。它们急匆匆地来到北方——回到自己的故乡。在路上它们不止一次遭遇严酷的暴风雪。其中有几十只、几百只鸟儿筋疲力尽，最终死在半途中。

首批抵达的是最强壮的那些。现在它们正在休息。它们高傲地在路上踱来踱去，并用坚硬的嘴挖掘土地。

覆盖了整个天空的沉甸甸、黑压压的乌云散开了。蔚蓝的天空中漂浮着朵朵白云，像一座座大雪堆似的。第一批幼兽出生了。驼鹿和狍子长出了新的角。黄雀、山雀和戴菊鸟开始歌唱。我们还要等待椋鸟和云雀。有的云杉被连根拔起，我们在树根下找到了熊洞。我们守在洞口——准备报道熊出洞时的情景。雪融化成涓涓细流，在冰下汇集。森林中到处都在滴水；树上的雪在融化。到了夜里严寒又把雪水重新冻成冰。

第一颗蛋

鸟类中第一个下蛋的是母乌鸦。它的窝建在高高的云杉上，覆盖着厚厚的白雪。为了使鸟蛋不被冻坏、鸟蛋里的小鸟不被冻死，母乌鸦是不会离开鸟巢的。公乌鸦带来食物给它。

第一期　万物复苏月

雪地里的吃奶兔宝宝

田野里的雪还没完全融化，兔妈妈已经在生育小兔了。

兔宝宝一出生就能看见东西，穿着暖和的皮毛。刚来到这个世界，它们马上就能奔跑。吃饱了妈妈的奶水之后，它们就四散跑开，隐藏在灌木丛里和土堆下面。它们温顺地待着——既不出声，也不玩闹，即使妈妈已经跑到别的地方去了。

一天、两天、三天过去了。母兔已经逛遍了整个田野，早就把孩子们忘了。而小兔们依然待着。它们不能乱跑：不然鹞鹰会发现它们，狐狸也会察觉它们的踪迹。

终于，有一只母兔经过了。不，这不是妈妈，是另外的一位兔阿姨。小兔们对它说：给我们点吃的吧！好吧，来吃吧。小兔们吃饱了，于是这位阿姨就继续向远处跑去。

小兔们仍然待在灌木丛里。而它们的妈妈此刻正在给别的小兔喂奶呢。

原来母兔们有这样一种传统：它们认为所有的小兔都是大家的孩子。母兔无论在哪里遇见了小兔都会喂养它们。不管是自己的孩子还是别人的孩子都一样。

你们以为无家可归的小兔就生活得不好吗？才不是呢！它们不会被冻着：它们有皮毛。而母兔的奶又甜又浓，小兔只要吃一次，就能保持几天不饿。

到了第八天第九天，小兔们就开始吃草了。

最先开放的花朵

已经有花朵最先开放了。但是不要在土地上去找它们，土地还被雪覆盖着。森林中只在边缘地带有水潺潺流动，沟渠都被水填得满满的。就在这儿，在棕色春水的上方，在榛子树光秃秃的树枝上，已经有花朵最先开放了。

一根根灰色的小尾巴从树枝上弯曲着垂下来，它们被称作穗状花序，但它们跟穗状花序并不相像。你摇动一下这个小尾巴——从它上面就会有一些花粉落下来。

但接下来就令人惊讶了：在这些榛子树枝上还长着其他的花朵。这些花朵或者两个，或者三个地生长在一起，它们可能会被当做是幼芽，但每个幼芽的顶端还会成对地伸出线状的小舌头。这是雌花的柱头，它们能捕获那些随风飞翔的其他榛子树的花粉。

风在光秃秃的树枝间自由地漫步，树枝上没有叶子，没有什么能阻挡风摇动那些穗状花序的小尾巴和传播花粉。

榛子树的花是会凋谢的。穗状花序是会脱落的。奇妙的如幼芽般的小花上的红线是会枯萎的。但是每朵小花都会变成一颗榛子。

巴甫洛娃

春天里的妙计

在森林里，凶猛的动物会袭击温和的动物。在哪儿看见就在哪儿捕获。

冬天，在白雪上你无法一下子看到白色的兔子和白色的松鸡。现在雪开始融化，许多地方已经露出了土地。狼、狐狸、鹞、猫头鹰，甚至连貂、银鼠这种小型食肉动物，都能隔着老远就发现落在黑色土地上的白色绒毛和白色羽毛。

于是这些白色兔子和白色松鸡就要使用妙计了：它们换掉白色的外衣，变成其他颜色。兔子浑身上下都变成了灰色，松鸡身上许多地方的白色羽毛脱落了，在这些地方长出了带黑色条纹的棕色和褐色的新羽毛。现在兔子和松鸡不容易被发现了：它们伪装起来了。

有一些经常发动袭击的动物也不得不采取伪装。银鼠在冬天浑身雪白，貂也是这样，只不过貂的尾巴尖是黑色的。它们在雪地上很容易悄悄地接近那些温和的动物：因为它们外表都是白色。现在它们换掉白毛，变成了灰色。银鼠全身都是灰色，而貂的尾巴尖还和从前一样是黑色的。但是其实外衣上的这个黑色斑点无论在冬天还是在夏天都没什么影响：雪地上也有黑点——灰尘啊、树枝啊什么的，而在土地上和草地上的黑点就更是不计其数了。

第一期　万物复苏月

冬季客人准备启程了

在我们整个州的行车道上可以看见一群群的小白鸟，它们很像鸫鸟。这是冬季的客人——雪鹀。

雪鹀的故乡在冻土带，在北冰洋的岛上和岸边。那里的土地还没开始解冻。

雪　崩

在森林里，可怕的雪崩开始了。

在一棵大云杉的树枝上，一只松鼠正在自己温暖的窝里睡觉。

突然，一个沉重的雪团从树顶直接落在了松鼠窝顶上。松鼠跳了出来，而它那些无助的刚出生的小松鼠们还留在窝里呢。

松鼠于是赶紧将雪刨开。谢天谢地，看来这团雪只是压住了窝顶，而窝顶是用厚厚的树枝做成的。圆形的内窝因为铺着温暖松软的苔藓而没有受到损坏。窝里面的小松鼠甚至还没有醒过来。它们实在是太小了——跟小老鼠一样大，光溜溜的，什么也看不见，而且什么都不懂。

潮湿的住宅

雪在不断地融化。森林里地下居民的日子可不好过了：鼹鼠、地鼠、野鼠、田鼠、狐狸，以及其他居住在地下巢穴里的大大小小的野兽，现在都深受潮湿之苦。当所有的雪都化成水的时候，它们可怎么办呢？

神秘的绒毛

沼泽地上的雪融化了，草墩和草墩之间都是水。而在草墩下面，闪着银光的小刷子开始发白，它们在光滑的绿茎上晃动着。难道这是会飞的小果实，在去年秋天时没来得及飞散？难道它们在雪下过了一冬？难以置信——它们实在是太干净，也太新鲜了。

你把这种小刷子采下一个，拨开绒毛——谜团就解开了。它们是花朵。在白色的丝一般的绒毛之间显露出黄色的花蕊和细

细的线状柱头。

羊胡子草就是这样开花的,而花朵的绒毛能起到保暖的作用,要知道夜里还是很冷的。

巴甫洛娃

在常绿林里

常绿植物,并不是只有在热带或地中海沿岸才能看到。在北方也有常绿林,里面生长着常绿灌木。现在,在新年的第一个月里,前往这种森林会使人心情特别舒畅,既看不到棕色的烂树叶,也看不到讨厌的干枯草。

毛茸茸的灰绿色小松树,在很远处就能引起人的注意。身处它们中间是一件多么快乐的事情啊!一切都那么生机盎然:柔软的绿色苔藓、叶子闪闪发亮的越橘林,还有石南,优雅的石南的细枝上,覆盖着小得出奇的叶子,像瓦片似的,枝上还保留着去年的淡紫色小花。

在沼泽地的边缘,还可以看到一种常绿灌木——蜂斗菜。它的叶子是暗绿色的,边缘卷起,底下发白。但是如果现在有谁站在这种灌木旁,是不会长时间仔细看叶子的,因为他会发现更有趣的东西:漂亮的粉红色小铃铛,跟越橘花很像。在这么早的时节能在森林里找到花,真令人惊喜。你采一把带回家,谁也不会相信这花是从野外,而不是从温室里采来的。

因为在早春时节,到常绿森林里散步的人还很少呢。

巴甫洛娃

鹞和白嘴鸦

"哗——哗!呱——呱!"有什么东西从我头上飞过。我转过头,看见五只白嘴鸦飞在一只鹞身后。鹞四处躲避,但白嘴鸦紧追不舍并啄它的头。鹞疼得吱吱叫。它终于成功逃脱,飞走了。

我站在高山上,能看得很远。我看见鹞落在树上平复情绪,突然不知从什么地方有一大群白嘴鸦咆哮着向它飞扑过来。这下鹞的处境非常危险。它愤怒地尖叫着向一只白嘴鸦飞扑过去。那只白嘴鸦害怕了,闪到一边。于是鹞非常敏捷地飞向高空,没什么能阻碍它。失去了俘虏的白嘴鸦只好向田野各处飞散开去。

森林记者 梅什良耶夫

第一期 万物复苏月

本报特派记者发自森林的第二封电报

椋鸟和云雀飞来了，它们开始唱歌。

熊还没从洞里出来，我们等得很不耐烦。我们想：它不会是冻死在里面了吧？

突然，雪动了。

不过，从雪下面爬出来的不是熊，而是另外一种动物，它的个头有大猪仔那么大，浑身是毛，肚子是黑色的，白色的头上有两道深色的条纹。

原来这不是熊洞，而是獾洞，从洞里爬出来的是一只獾。

现在它不会再睡了，接下来它每天晚上都会去森林里寻找蜗牛、幼虫及甲虫吃，或者吃植物的根，捕食野鼠。

我们找遍了整个森林，又找到一个熊洞，这回是真的了。

熊还在睡觉。

水漫到冰面上来了。

雪塌了下去，松鸡发出求偶的叫声，啄木鸟咚咚咚地敲打着树木。

有一只破冰鸟——白鹡鸰——飞来了。

走雪橇的道路被损坏了，集体农庄庄员们把雪橇换成了四轮大车。

城市新闻

屋顶上的音乐会

每到晚上,猫咪们就会在屋顶上举行音乐会。猫咪们很喜欢这些音乐会。音乐会总是以歌手们互相大打出手而结束。

在阁楼上

《森林报》的合作者这几天走访了许多城市中心区的房子,希望能了解阁楼居民的生活条件。

在这里安家的鸟儿们,原来非常满意自己的居住环境。谁要是冷,谁就紧挨着烟囱,并使用免费的暖气设备。鸽子们已经在孵蛋,麻雀和乌鸦飞遍全城搜集筑巢用的稻草,搜集绒毛和羽毛,为自己做个软垫铺在巢里。

鸟儿们不太喜欢猫和男孩子们,因为他们总是破坏鸟儿们的窝。

惊慌失措的麻雀们

在椋鸟屋旁传来了尖叫声和打闹声。风中纷飞着绒毛、稻草、羽毛。

椋鸟屋的主人——椋鸟——回来了,它们揪住麻雀的脖领子将它们扫地出门,然后是麻雀的软垫——不能留下任何麻雀的痕迹。

有一个泥瓦匠正站在吊台上抹平屋顶下的裂缝。麻雀们在屋檐上蹦蹦跳跳,看一眼屋檐下,然后尖叫着扑向泥瓦匠的脸。泥瓦匠用小铲子驱赶着它们。他怎么也想不到,他把麻雀的窝封进了裂缝里,窝里还有麻雀下的蛋呢。

一片尖叫声,一片打闹声,风中纷飞着绒毛和羽毛。

半梦半醒的苍蝇们

街上出现了一些大苍蝇，它们蓝中带绿，带有金属光泽。它们和秋天时一样，半梦半醒的样子。它们还飞不了，只是勉强地用细腿摇摇晃晃地在房子的墙上爬。

苍蝇们白天一直晒太阳，到了晚上才又爬进墙和栅栏的裂缝和孔洞里。

苍蝇们，防备流浪汉

在列宁格勒的街上出现了流浪的蜘蛛。

俗话说，狼靠腿养活。这些蜘蛛也靠腿养活。它们并不像普通蜘蛛那样编织精巧的网，而是通过快速跳跃来攻击苍蝇和其他昆虫。

石 蛾

从河里穿过冰层的裂缝爬出来的灰色幼虫，它们爬上岸，脱掉外衣，变成有翅膀的，又纤细又匀称的昆虫——不是苍蝇，不是蝴蝶——是石蛾。

它们的翅膀很长，身体轻盈。它们还不能飞，因为身体还很弱。它们需要阳光。

它们步行穿过马路。行人踩它们，马蹄踏它们，汽车轮子轧它们，麻雀也灵巧地啄食它们。而它们还是不停地走着，走着——它们有成千上万只。

而那些成功穿过街道的，爬上房子的墙享受阳光。

在森林地区进行观测

在森林地区进行不间断的物候学观测，到写这本书为止，已经有80年了。最早进行观测的是著名的自然学专家凯歌罗多夫教授。

全苏地理协会下设以凯歌罗多夫命名的专门委员会。现在，苏联的物候学观测者受该委员会领导。

来自不同州和共和国的物候学爱好者把自己取得的成果寄给委员

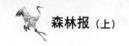

会。在几年中记录下了鸟类的到来和离去、植物的生长和枯萎、昆虫的出现和消失,这使得人们有能力创作一部所谓"中等自然历"。它可以帮助预测和确定各种农业工作的期限。

在森林地区现在建立了国家的中央物候站。像这种观测时间超过50年的物候站在全世界只有三个。

第一届列宁格勒州集体农庄儿童代表大会决议

我们向危害农业的坏分子宣战,它们是:野鼠、家鼠、庄稼象鼻虫、草地螟蛾等等。我们成立1,200个战斗小组,来保护田野、花园、菜园、蔬菜和粮库。为完成战斗任务,我们还会在田野和菜园里安放30,000个椋鸟屋。

列宁格勒州少年自然科学家代表大会决议

亲爱的朋友们!

我们田野里的庄稼在结穗,花园里的花在盛开,我们的农业在一天天地发展和强盛起来。

和成年人们一起劳动的还有我们少年自然科学家和农业试验者。

通过交流少年自然学工作的经验,我们这些州少年自然科学家和农业试验者代表大会的参加者,向州内所有少先队员和在校学生发出倡议——多进行自然学工作。

请在学校所属地块上开辟花坛,培育果园。

让你们中的每一个人都种植至少两棵果树或两棵浆果灌木。

在农作物育种试验方面,在培育新的经济作物方面,在验证和采用先进的农业技术方面,更广泛地提供经验。

在暑假期间我们将全体参与直观教具的制作,这些教具将用于学校的植物学、动物学和非生物自然学的教学。

我们将在集体农庄的田野和菜园工作,在牧场工作,还会协助维护养蜂场。

为了使我们的有益工作更顺利地进行,我们将更多地向老师、农业学家、畜牧学家、蔬菜培育家、养蜂人征求建议,进行咨询,我们将了解集体农庄田野里的先进分子所取得的成就,向米丘林派专家们学习夺取丰收的新方法。

给鸟儿们造个房子吧

如果你希望椋鸟在你的花园里安家,就赶快给它造个房子吧。这个房子要很干净,带一个小门,门的大小要正合适,使得椋鸟能钻进去,而猫钻不进去。

为了使猫爪子够不着椋鸟,要在里面钉上一个木制的三角形边条。

蚊子在跳舞

在阳光灿烂、暖意融融的日子里,蚊子已经在空气中跳舞了。不要害怕它们:它们不咬人,只跳舞。

一群轻盈的蚊子像根柱子似地停留在空中,拥挤着,盘旋着。空气中蚊子聚集得多的地方,像是出现了斑点,就如同人长了雀斑一样。

最先出现的蝴蝶

蝴蝶在太阳下把自己的翅膀晾干。

最先出现的是那些在阁楼上度过了一冬的黑褐色带红斑的荨麻蛱蝶和淡黄色的柠檬蝶。

在公园里

在公园和花园里,雄燕雀响亮地鸣叫着,它们有天蓝色的冠子,淡紫色的胸脯。它们聚集在一起,等待着雌鸟的到来。雌鸟总是比雄鸟飞来得晚些。

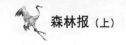

新森林

全苏造林会议召开了。护林员、林业学家、农业学家聚集在一起。参加会议的还有我们列宁格勒人。

为了在我国的草原地区进行植树造林,科学勘测和实践工作已经进行了一百多年。选定了300种乔木和灌木,它们都被认为最适合不同草原的生长条件。比方说,跟黄槐、金银花及其他灌木交替种植的橡树,最适合顿河草原的生长条件。

在我们的工厂里生产出了一种新机器,使用它可以在短时间内栽种上一大批树林。目前栽种好的林地已经有几十万公顷。

最近几年在全国范围内还应栽种几百万公顷新林地。它们会提高我们的农作物产量。

列宁格勒塔斯社

春花

在公园、花园和院子里,款冬的黄色花朵开放了。

街上正在贩卖一束束最早的林中春花。卖花人称它们为"雪下紫罗兰",不过它们在颜色和气味上都不太像紫罗兰。它们的真正名称叫作蓝色雪割草。

树木也睡醒了:白桦树内的汁液已经开始流动了。

谁漂到水塘边来了

在森林公园的峡谷里,春水潺潺地奔流着。我们的几位森林记者在一条小溪上用石头和泥土建造了一道堤坝,并开始等待,看看谁会漂到水塘边来。

等了很长时间,谁也没漂过来,溪水带来的只有一些木片和枝杈,

第一期 万物复苏月

溪水推着它们在水塘边打转。

后来在溪底漂来一只死老鼠,这不是普通的老鼠,普通的老鼠是那种我们在房间里看见的,灰色的,有长尾巴的。这只老鼠是棕黄色的,尾巴很短。原来这是一只田鼠。

这只死老鼠可能在雪下面躺了一冬。现在雪融化成了水,于是它就随着溪水四处漂流。

后来溪水把一只黑甲虫带到了水塘边。它挣扎着、旋转着,无法从水里爬上来。森林记者们一开始以为这是一只水甲虫,捞上来一看才知道,这是一只仅在陆地上生活的屎壳郎。

这说明它也醒过来了。它肯定不是故意掉进溪水里的。

后来,有个家伙蹬着长长的后腿自己漂到水塘边来了,你们认为它是什么?原来是只青蛙!

周围还有雪,而它已经迫不及待地到水里来了。

它爬上堤坝,又蹦蹦跳跳地钻进灌木丛里去了。

终于有一只兽类漂过来了,棕色的,好像是一只家鼠,只不过尾巴非常短。这是一只水老鼠。

它为自己储存了许多过冬的粮食,现在春天来了,它显然已经把所有的东西都吃光了,于是又出来找东西吃了。

款 冬

在小山丘上早就出现了一团团的款冬花茎。每一团都是一个小家庭。生长时间比较长的花茎身材匀称,高高地昂着头,紧贴着它们的是那些矮小的、厚重的、粗笨的花茎。

还有一些非常滑稽的花茎,它们弯着身子,低着头,十分腼腆,看见白雪都会害怕。

每个小家庭都是从地下根茎生长出来的。在根茎里从去年秋天起就储备了大量养分。现在花茎开始逐渐地消耗这些养分,不过这些养分应该足够整个开花期使用。很快,每个小脑袋就会变成放射状的黄色小花,更确切地说,不是小花,而是花序,互相紧密地挨在一起的一整把小花。

而当它们开始凋谢的时候,从根茎里就会长出叶子，这些叶子的任务是为根茎储备新的养分。

巴甫洛娃

从天上传来的喇叭声

列宁格勒的居民听到从天上传来的喇叭声，感到很惊讶。城市还没有醒来，街上也没有马达轰鸣，这个喇叭声在拂晓中听起来十分清晰。

眼睛好的人，仔细看了看，发现在云朵下面有一群群白色大鸟，它们的脖子又长又直。

这些大喊大叫的鸟是野天鹅。

每个春天它们都会飞到我们这个城市的上空，发出喇叭一样的声音："咕咕咕，咕咕咕！"不过当街上人声嘈杂、车水马龙的时候，我们很难听见它们的叫声。

现在天鹅们正急匆匆地飞往科拉半岛，在阿尔汉格尔斯克附近，北德维纳沿岸筑巢。

参加庆祝活动的通行证

我们在等待那些长着羽毛的朋友们。少先队委员会要求每个少先队员都做一个椋鸟屋。

于是我们所有人就开始忙这件事了。我们有一个木工作坊。不会做椋鸟屋的人，可以在木工作坊里学会怎么做。

我们在学校自己的花园里，打算挂上许多椋鸟屋，使它们能住在我们这儿，来保护苹果树、梨树和樱桃树，因为它们可以吃掉那些有害的毛虫和甲虫。当学校庆祝鸟儿节的时候，每个少先队员就会把椋鸟屋带到庆祝活动上来。我们商量好了：椋鸟屋就是我们参加庆祝活动的通行证。

森林记者　瓦洛佳·诺威　任尼亚·科良吉克

本报特派记者发自森林的第三封电报（急电）

我们在熊洞旁的树上守候着。

突然有什么东西从下面把雪拱起来了，一只野兽探出了巨大的黑色

冰雪消融,万物复苏。

俄罗斯萨符拉索夫的《白嘴鸦飞来了》。在寒冷的俄国,白嘴鸦归巢象征着春天的到来。

穗状花序是无限花序的一种。其特点是花轴直立,其上生着许多无柄小花。小花为两性花。

白嘴鸦

松鸡*

松鸡**

(图片来源:http://www.birddb.co.uk/findpicture.php?ommon_name=Rook&lang=gb)

* (图片来源:http://photography.nationalgeographic.com/photography/wallpaper/sage-grouse_pod_image.html)
** (图片来源:http://www.rgswildlifetaxidermy.com/_Pair_Grouse_flying.jpg)

的头。

这是一只母熊爬出来了。在它身后还跟着两只小熊。

我们看见它张开大嘴,心满意足地打了一个哈欠,然后走进了森林。小熊们蹦蹦跳跳地跟在它身后。我们只来得及看出,它瘦了很多,身上的毛也很蓬松。

现在它在森林里游荡——它睡了这么久,觉得非常饥饿——它吃所有看见的东西:植物的根、去年的枯草和坚果,有机会也不放过小野兔。

发洪水了

冬天的统治被推翻了。云雀和椋鸟在歌唱。

水冲破了冰层,涌向地面,涌向广阔的田野。

田野上的温度升高了,雪被太阳晒化,绿色的植物露了出来。

在春汛泛滥的地方出现了第一批野鸭和野鹅。

已经可以看见第一只小穿山甲,它从冰壳下钻出来,爬上树桩晒太阳。

每天会发生很多事情,我们都来不及一一记录。

和城市的交通中断了——发洪水了。

关于洪水中的牺牲者,我们将在下一期《森林报》出版之前使用飞鸟通信进行报道。

集体农庄历

新 闻
巴甫洛娃报道

到处乱跑的家伙被抓住了

雪融化成的水,没和任何人商量,就想从田野里跑到山谷里去。

集体农庄庄员们及时抓住了这个到处乱跑的家伙:用厚厚的积雪做成雪丘横放在山坡上。

水留在了田野里,并开始静静地滋润土地。

田野里的绿色居民们已经感觉到水正在渗进它们的小根,它们为此感到非常高兴。

100个新生儿

今天夜里,在突击队员国营农场的猪圈里,几个值班人员在为母猪接生。所有的小猪都圆滚滚的,健康状况良好,叫声响亮。十位幸福的年轻母亲每个小时都在焦急地等待着,希望能快点给自己粉红色的、鼻子扁平的、长着小尾巴的小家伙们喂奶。

搬去新的、温暖的家

土豆从寒冷的仓库里搬走了。

它们对新环境非常满意,并准备发芽。

绿色新闻

在商店里出现了新鲜的黄瓜。没有蜜蜂给它们的花授粉。它们生长的土地上也没有阳光照耀。

而这些黄瓜跟别的黄瓜没什么两样:丰满、结实、多汁,都生有小刺。它们的气味也跟别的黄瓜一样,虽然它们是在温室里长大的。

帮帮饥饿的小草吧

雪融化了,原来所有的田野都是被瘦弱的绿色小草覆盖着。土地还没解冻,根部从土地里什么也吸收不到,这些不幸的小草们正在忍饥挨饿。

但是它们对于集体农庄庄员们来说是非常宝贵的——这些纤细瘦弱的小草其实是冬小麦。集体农庄里为它们准备了丰富的食品:那里有草灰、鸟粪、厩粪汁液、营养盐。

还会有"空中食堂"向这些饥饿的小草们投下一份份儿的口粮。将会有一架飞机在田野上空飞过,把食物撒遍整个田野,每一棵小草都会得到足够的食物。

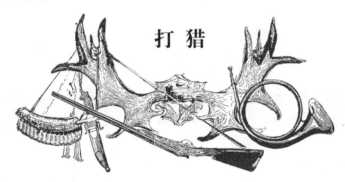

打猎

春天可以打猎的时间很短。如果春天来得早,打猎就能早点开始。如果春天来得晚,打猎就得晚点开始。

春天打猎的目标是林中的鸟类和水上的鸟类。只打雄鸟——公山鸡和公野鸭,而且不带猎狗。

求 偶

猎人白天离开城市,傍晚时分已经到了森林里。

晚上灰蒙蒙的,没有风。下着毛毛雨。很暖和。这是求偶最好的天气。

猎人选择了森林的边缘地带,并靠在一棵小杉树上。周围的树木不高——杨树、桦树,还有云杉。离太阳落山还有一刻钟。现在还有时间抽烟，一会儿就不行了。

猎人站着，听着：鸟儿们在森林里唱着不同的歌，鸫鸟在云杉的尖顶上发出吱吱声和啪啪声，红胸脯的知更鸟在丛林里发出喊喊声。

太阳落山了。鸟儿们一个接一个地停止了歌唱。终于，最擅长歌唱的鸫鸟和知更鸟也沉寂了下来。

现在仔细看，注意听！在森林上空突然有了这样一种轻轻的声音：

哧，哧！嚯儿儿，嚯儿儿！

猎人颤抖了一下，把猎枪搭上了肩头并一动不动。这声音是哪里来的？

哧，哧！嚯儿儿！哧，哧！是两只！

它们在森林上空急速地飞着，用力地挥动着翅膀在空气中前行。是两只森林里的长嘴鹬。一只跟在另一只后面——它们不是在打架。这说明，第一只是雌鸟，第二只是雄鸟。

啪！后面的那只鹬在空中旋转着，旋转着，慢慢地掉进了灌木丛里。

猎人飞快地跑向它：被打中的鹬鸟跑开了，钻向灌木丛下面——想抓我没那么容易。

鹬鸟的羽毛的颜色和干枯的落叶的颜色非常接近。它被灌木挂住了！在别的什么地方，又有另一只雄鹬鸟在"哧！嚯儿儿！"地叫。

太远了——子弹打不着。

猎人又一次站在云杉后面，全神贯注地听着。森林里一片寂静。

这时又传来了：哧，哧！嚯儿儿，嚯儿儿！

在那边，在那边有点远……把它引过来？它可能会过来吧？猎人摘下自己的帽子，抛向空中。

雄鹬鸟机警地看着：在黄昏中寻找着雌鸟。它看见了，一个黑乎乎的东西从地上飞起——又落了下去。

是雌鹬鸟？它转过身，径直向猎人急速地飞了过来。

啪！这只鸟翻了个跟头！像一块木头一样落在了地上，当场毙命。

天色暗了下来。"哧！嚯儿儿！"

的叫声一会儿在这边,一会儿在那边——真是说不好。

猎人激动得双手都颤动了。啪!啪!没打中!啪!啪!又没打中!

最好放过一两只吧,应该平静一下。你看——这样就不发抖了。

现在可以了。

在黑暗的森林深处,一只雕用沙哑的声音阴阳怪气地大叫了一声。还没睡醒的鸫鸟受了惊吓,刺耳地叫了起来。

天黑了,很快就无法射击了。还好,终于——

咻,咻!从另一边也是——咻,咻!

两只鸫鸟就在猎人头上相遇——它们打起来了。

啪啪!连发两枪——两只鸫鸟都掉下来了。一只缩成一团,另一只旋转着,旋转着——落在了猎人脚下。

现在该走了,趁还看得见路,应该尽量靠近鸟儿交配的地方。

松鸡交配的地方

夜里猎人坐在森林中,吃东西,喝小水壶里的水——不能生火——会把鸟儿吓跑的。

等一会儿天就要亮了,而松鸡交配会在天亮之前就开始。

在黑夜的寂静中,一只雕沙哑地叫了两声。

该死的,会把交配的松鸡吓跑的。

东方的天空微微有些发白,在什么地方传来轻轻的歌唱声:"特,特!"是一只松鸡在叫。

猎人一跃而起,听着。

还有另一只,在不远处的什么地方,大概150步开外。第三只——

猎人蹑手蹑脚地靠近了。他把枪拿在手里,扣着扳机。眼睛盯着黑黝黝的粗大云杉。

能听得见,"特,特!"声结束了,松鸡开始鸣叫,"咔嚓,咔嚓!",这是求偶的声音。

猎人大跨步离开原地——一、二、三——然后纹丝不动。

鸣叫中断了。又恢复了寂静。

现在松鸡警惕地听着。它是很灵敏的,只要有轻微的响动,它就迅速地逃开,满森林扑腾着翅膀,消失得无影无踪。

松鸡什么也没听见。它又开始发出"特,特!"的声音——那声音好像是两块醒木互相敲击一样。

猎人站着。

松鸡发出求偶的声音。猎人向前一跳。松鸡发出的"嘶，嘶！"声停止了。猎人一只脚还没落地，就不敢动了。而松鸡一声不出地听着。然后松鸡从头开始："特——特！特——特！"这样重复了很多次。

现在已经非常近了，松鸡就在这几棵云杉上的什么地方——离地不高，在树的半腰处！

松鸡热烈地歌唱着，已经变得昏头昏脑，就算是大吵大嚷它也听不见。

只是它到底在哪儿呢？你在黑暗的树林中很难看清楚。

啊哈！在那儿呢！在浓密的云杉树枝上，近在咫尺——大概30步开外——长长的脖子，下巴上长着山羊胡子……

声音停止了，这时候可不能动弹……

"特——特！特——特！"又是鸣叫声。

猎人举起了枪。

准星掠过松鸡那黑暗的身影，它体型巨大，长着胡子，尾巴是散开的，像一把宽大的扇子。得选一个它的要害之处。

子弹打在松鸡绷紧的翅膀上会滑开，伤不了这只大鸟。最好是打脖子。啪！枪烟遮住了眼睛，什么也看不见，只能听见松鸡沉重的躯体掉下来了，像一块木头一样。啪！落在了雪地上。

好一只雄松鸡！体型巨大，全身黝黑，至少有五公斤重！而眉毛是红色的，像被血染过一样……

森林剧场

琴鸡交尾场

在森林里有一大片空地，这是一个剧场。太阳还没出来，但是已经什么都能看见了，因为现在是白夜（即黄昏般的明亮夜晚）。

有观众来看演出了，它们是身上有斑点的雌琴鸡。它们有的在地上吃东西，有的规规矩矩地待在树上。

它们在等待表演的开始。

有一只雄琴鸡从森林里飞到空地中央来了，它全身黝黑，翅膀上有几道白色条纹。这是交配的主角。

雄琴鸡的眼睛像两颗黑色纽扣，它机警地打量着这片空地……空地上一个人也没有，只有那些当观众的雌琴鸡。

而那边的灌木丛是什么啊？好像昨天还没有呢？这也太荒唐了：难道一天一夜之间能长出一米高的云杉来吗？是自己忘记了……上了年纪，记忆力减退了。演出该开始了。

雄琴鸡再一次环顾了一下观众，它把脖子垂向地面，竖起尾巴，把翅膀斜拖在地上。

它开始小声嘟囔。听起来好像是：我要卖掉皮袄，我要买件大褂！它挺起身子，环顾一下空地——又开始嘟囔：我要买件大褂，我要买件大褂！咚！又一只雄琴鸡落到了空地上。咚！咚！又有两只飞来了，而且还用它们粗壮的腿敲击地面。

啊哈，这可把主角气坏了！它所有的羽毛都竖起来了，头贴在地上，尾巴像扇子一样打开。就不飞！就不飞！这是挑衅的意思：舍得羽毛的就放马过来吧！在空地的另一头有一只雄琴鸡答话了：就不飞！我们可不怕你，你靠过来试试！

就不飞！就不飞！这儿足有二三十只——都数不过来了！随便你挑哪一个，全都作好战斗准备了。

雌琴鸡们安静地坐在树枝上，看起来好像对这个表演一点也不感兴趣。狡猾的美女们在耍心眼呢。这个剧场就是为她们建的。这些能用尾巴飞行的黑色勇士，眉毛血红，显得那么热情，飞到这里聚在一起，也是为了她们。

每个人都想在美女们面前展现自己的勇气和力量。笨拙的和瘦弱的胆小鬼们就滚开吧！只有那些胆大的和灵巧的，只有那些最英勇的，才配得上她们。瞧，演出开始了……

它们嘟囔着，满空地都是"就不飞"的叫声，它们把身体弯向地面又腾空跳起，聚集在一起……

两只雄琴鸡遭遇了——尖嘴碰上了尖嘴——又向对手的脸上啄去。

啾咻！发出暴怒的声音。

天渐渐亮了。白夜那透明的薄纱幕布在舞台上升起来了。

在云杉丛中——空地上的这些云杉都是哪儿来的啊?有一件金属的东西在闪闪发光。

雄琴鸡们可顾不上什么云杉丛。它们都在忙着应付自己的对手。

主角离云杉丛最近。它已经在跟第三个对手搏斗了。头两个都被打跑了。真不愧是主角——整个森林里没有人比它更强。

第三个对手很勇敢,速度也快,跳起来就给了主角一下。

啾咻!主角凶狠地叫了一声。

树枝上的美女们伸长了脖子。这个演出可是真正的战斗啊!这只雄琴鸡是不会逃跑的,无论如何也不会逃跑的。它们再次高高跃起,用结实的翅膀噼里啪啦地互相击打,在空中扭作一团。

进攻,又一次进攻——你都看不出是谁打了谁,它们落在地上,向两边跳开。年轻的一个翅膀上有两根粗壮的羽毛折断了,蓝色的残余部分还支楞着,年老的一个——原本热情的眉毛滴着血,有一只眼睛瞎了。

美女们不安地在树枝上换着脚。谁打败了谁?难道是年轻的打败了年老的?真是好帅啊:绷紧的羽毛闪出蓝色的光泽,尾巴上满是宽大的花斑,翅膀上还有光彩夺目的条纹!

瞧,又开始了:高高跃起,扭作一团——年老的在上面!

聚到一起,又散开。又搏斗起来。年轻的在上面!现在又是一场,最后的一场。瞧着!……聚拢,退后,高高跃起,扭作一团。

啪!一声枪响传遍了整个森林。一朵烟云从云杉里升起。

空地上的搏斗中止了一会儿。树上雌琴鸡们伸长了脖子,惊呆了。雄琴鸡们惊讶地扬起了红色的眉毛。

发生什么事了?什么事也没发生,一切都很太平。

周围很安静。烟云在云杉上空散开。一只雄琴鸡一回头,一个对手就在它面前。它跳起来啄向对手的脑门儿!

演出继续进行,雄琴鸡们捉对儿厮杀。

可是美女们从树枝上看见,老主角和它年轻的对手双双躺在地上,已经死了。它们真的同归于尽了吗?

演出继续进行。还是应该把注意力集中在舞台上。现在谁是最精彩的一对儿?哪个黑色武士将会是今天的胜利者?

第一期　万物复苏月

当太阳在森林上空出现的时候,剧场里已经没有人了。猎人从云杉树枝搭成的小棚子里走了出来,并首先捡起了老雄琴鸡和他年轻的对手。它们浑身是血:从头到脚都中了子弹。

猎人把它们塞进怀里,又捡起了三只他打死的雄琴鸡,把枪扛在肩上回家了。

他走在森林里,竖起了耳朵听着,睁大了眼睛看着:可别遇见什么人。今天他做了两件不太好的事情,在法律不允许的时间,在琴鸡交配的地方进行了捕杀,而且还打死了一只老主角。

明天在森林空地上不会有表演了——没有主角,表演就没法开始。

交配的地方被破坏了。

本报特派记者报道

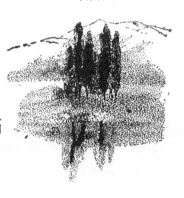

东西南北
苏联各地
无线电通信站

注意了!注意了!

这里是列宁格勒《森林报》编辑部。

今天是3月22日,春分日,我们现在进行无线电通信,接收来自苏联各地的消息。

无论东南西北,都请加入我们。

无论是冻土带还是森林带,草原还是高山,海洋还是沙漠,都请加入我们。

请跟我们说说:现在你们那里在发生着什么?

你们听!你们听!这里是北极

现在我们这儿是一个伟大的节日:在漫长的冬天过后,终于第一次出现了太阳!

第一天,太阳从海里只露出了一点边缘——只是个顶部。过了几分

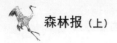

钟以后又不见了。

过了两天，太阳探出了半个脸。

又过了两天，太阳终于整个升起来了，并完全脱离了海洋。

现在我们的白天还很短。从早到晚总共只有差不多一小时，不过没关系：反正光明正在来临，明天白天会再长一点，后天又会再长一点。

我们这里的水面和地面还被深深的雪和厚厚的冰覆盖着。白熊依然还在自己的冰洞里熟睡。既没有绿色植物，也没有鸟类。只有严寒和暴风雪。

这里是中亚

我们已经种完了土豆，现在开始种棉花。我们这里阳光晒得街上到处是扬起的尘土。桃树、梨树、苹果树都开花了。扁桃、干杏、野莲和风信子的花已经凋谢。护田林带的种植工作也开始了。

在我们这里过冬的乌鸦和寒鸦、白嘴鸦和云雀开始飞向北方。而在我们这里消夏的鸟儿们飞来了：家燕、白肚皮的雨燕。而大的红色野鸭已经在树洞和山洞里孵出了小鸭，它们从窝里跳出来，在水面上游来游去。

这里是远东

我们这里的狗从冬眠中醒来了。

是的，是的，你们没听错：就是狗，不是熊，不是土拨鼠，不是獾。

你们以为在任何地方狗都是不冬眠的吗？在我们这里就是特例，狗在冬天要睡觉。

这是我们这里出产的一种野狗。体型比狐狸小，腿很短。身上的毛是棕色的，

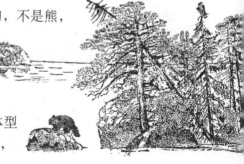

第一期 万物复苏月

又密又长,把耳朵都遮住了。冬天它们钻进洞里,在洞里睡觉,像獾一样。现在它们醒过来了,开始捕食野鼠和鱼。

它被称作浣熊狗,因为它长得很像一种美洲小熊——浣熊。

在滨海边疆区南部,我们开始捕捞一种扁平的鱼——比目鱼。在乌苏里边疆区茂密的原始森林里,小老虎出生了,它们已经能睁开眼睛了。

我们一天天地等着那些"路过"的鱼从海里来到我们的河里,它们是来这儿产卵的。

这里是西乌克兰

我们正在种小麦。白鹳从南非回到我们这里来了。我们喜欢它们在我们的农舍上安家,我们还为了它们把推车的车轮拖到了农舍顶上。

现在白鹳在车轮上摆上粗粗细细的树枝,开始筑巢了。

我们的养蜂人此刻很不安——飞来了金色的食蜂鸟。这些形态优雅、颜色绚丽的鸟儿们就喜欢以蜜蜂为食。

你们听!你们听!这里是冻土带,亚马尔半岛

我们这里还完全是冬天,连春天的气息都没闻到呢。

北方的一群群鹿用蹄子扒开雪,敲碎冰,找苔藓给自己吃。

不知什么时候会有乌鸦飞来我们这里!每年4月7日我们都庆祝"乌鸦节"。我们这里认为乌鸦飞来就意味着春天开始了,就像你们在列宁格勒,认为白嘴鸦飞来就意味着春天开始一样。而我们这里是完全见不到白嘴鸦的。

这里是新西伯利亚的原始森林

我们这里的情景跟你们列宁格勒差不多——我们都位于原始森林

带，主要是针叶混生林，这种广袤的地带跨越苏联全境。

我们这里夏天时能见到白嘴鸦，但是我们认为寒鸦的到来才是春天的开始：寒鸦在冬天时飞去别的地方，而在春天时先于其他鸟类回到我们这里。

我们这里的春天很安详，不过很快就会过去。

这里是外贝加尔草原

一群群粗脖子羚羊，动身前往南方——它们离开这里去蒙古。

最先出现的融雪天气对于它们来说是真正的灾难。白天融化的雪在寒冷的夜里就变成了冰。平坦的草原整个变成了一个连绵不断的滑冰场。羚羊那光滑的硬蹄子在上面根本站不住，就像是站在镜子上一样，四条腿总是往不同的方向跑。

而能保住羚羊性命的可就是这四条跑起来像风一样快的腿啊。

现在，春寒料峭，不知道有多少羚羊要被狼和其他猛兽吃掉了。

这里是高加索山区

我们这里的春天是自下而上地向冬天进攻的。

在山顶还在下雪，而在下面，在山谷里，却在下雨。小溪流动，春天的第一场洪水开始了。河水暴涨，冲出了岸边，它们既浑浊，又有力，急速地奔向大海，把挡在它们面前的所有东西都冲走了。

在下面，山谷里鲜花盛开，树上的叶子也长出来了。沿着明亮温暖的南坡，每一天绿色植物都在向山顶爬去。

紧跟着绿色植物，鸟类向山顶飞去，啮齿类动物和食草动物也向山顶进发。在山肩上是狍子、兔子、鹿、绵羊和山羊，跟在它们后面的是狼、狐狸、野山猫和甚至对人都会造成威胁的雪豹。

冬天向山顶撤退。春天对它紧追不舍，而随着冬天的撤退，一切都是那么生机勃勃。

第一期 万物复苏月

你们听！你们听！是海洋们在说话

这里是北冰洋

冰，整块的浮冰顺着海水向我们漂了过来。在冰上趴伏着灰色发亮的海兽，它们的身体两侧是黝黑的，这是格陵兰母海豹。它们在这里——就是在这寒冷的冰上——生育小海豹。小海豹浑身雪白，毛茸茸的，鼻子和眼睛是黑色的。

小海豹们一时半会儿还不能下水，只能一直待在冰上；它们还不会游泳。

老格陵兰雄海豹也爬到冰上来了，它们的脸是黑的，两侧也是黑的，头顶光秃秃的。它们又短又硬的黄毛都开始脱落了。它们也要度过一段在冰上趴伏、漂流的时光，直到身上的毛都脱落干净。

现在侦查员乘着飞机在整个海洋上空飞行，搜寻此刻在浮冰上，哪里有带着小海豹的母海豹，哪里有脱了毛的雄海豹。

搜寻完毕返回的侦查员向船长报告，哪里的海豹最多，多到把它们身下的冰都挡住看不见了。

于是，几艘专门载有猎人的船穿行于浮冰之间，向那里进发——他们的目的是捕捉海豹。

这里是黑海

我们这里不出产海豹。极个别的情况下有人能幸运地看到这种动物：从水中露出黑色的，长长的——差不多有三米长——背部，然后又消失了。这只海豹是来自地中海，经过博斯普鲁斯海峡偶然漂到我们这里来的。

不过我们这里有一种别的动物，数量也很多——生性活泼的海豚。刚巧在巴图米市，此刻正是海豚捕捞进行得最如火如荼的时候。

猎人们乘坐着海上小艇出发，搜寻着。海鸥从四面八方向哪里飞，它们在哪里聚集成群，哪里必会有一群群的小鱼，海豚也会往哪里去。

海豚们喜欢玩耍，

它们在水面上扑腾,就像马在草地上打滚,有时一整列海豚还会一只跟着一只地从水里跃出,在空中翻筋斗。但这时你不能靠近它们向它们开枪——它们会逃走的。要到它们平时进食的地方去,那里小艇可以行驶到距离它们只有10-15米的地方——这时要眼疾手快地击中它们,并迅速地将它们拖上船舷,不然死掉的海豚就会沉到海底去的。

这里是里海

在我们里海北部有冰——所以有很多海豹栖息在这里。

只不过我们这里雪白的小海豹已经长大了,并且换了几次毛——先变成深灰色,然后又变成棕灰色。母海豹从圆形的冰窟窿里钻出来的次数越来越少——它们这是最后几次来给自己的孩子喂奶了。

母海豹也开始换毛了。它们该游到别的浮冰上去了——那些浮冰上趴伏着一群群的雄海豹,和它们一起换毛。而它们身下的冰也开始融化、破裂。这些动物们不得不游到岸边,在沙洲和浅滩上把毛换完。

路过我们这里的鱼——里海鲱鱼、鲟鱼、鳇鱼和许多其他的鱼——已经从整个里海成群结队地接近伏尔加河及乌拉尔河的河口。它们将在这里等待这些河流的上游解冻,这样伏尔加河将带来新鲜的河水。

到了那时候,它们就要开始奔忙了:一群接一群的鱼逆流而上,互相挤压着,急急忙忙地赶去那些它们自己从鱼卵变成鱼的地方——这些地方都远在这些河的北部,在它们大大小小的支流里。

沿着整个伏尔加河、卡马河、奥卡河,沿着整个乌拉尔河及其支流,渔民们已经准备好将这些急于返回故乡的鱼们一网打尽了。

这里是波罗的海

我们这里的渔民们也已经准备好了,他们要捕捞凤尾鱼、鲱鱼、鳕鱼,而在芬兰湾和里加湾,等到冰一融化,他们就要捕捞鲑鱼、胡瓜鱼、白鳟鱼了。

港口一个接一个地解冻了,轮船从这些港口里开出,要去远航了。

开始有世界各地的船到我们这里来。冬天结束了,波罗的海上的活跃期来临了。

你们听!你们听!这里是中亚沙漠

我们这里的春天也是很活跃的,经常下雨,还不是很热。不知从哪

第一期　万物复苏月

里来的小草,长得到处都是,连沙地上都有。

灌木丛上长出叶子来了。整个冬天都在酣睡的动物们从地下钻出来了。屎壳郎、象鼻虫飞来了;亮晶晶的吉丁虫布满了灌木丛;蜥蜴、蛇、乌龟、黄鼠、沙鳗、跳鼠爬出了深洞。

巨大的黑色兀鹰从山上整群地飞下来——它们要捕食乌龟。

兀鹰可以用自己长长的弯嘴把乌龟肉从乌龟壳里啄食出来。

春季客人飞来了,小小的沙漠莺、爱跳舞的压花鸟、各种各样的云雀——鞑靼大云雀、亚洲小云雀、黑云雀、白翼云雀、凤冠云雀——空气中到处是歌声。

在和谐明媚的春天里,即使是沙漠你也不能用死气沉沉来形容——在沙漠里有多少各种各样的生命啊!

我们的来自苏联各地的无线电通讯转播到这里就结束了。

我们下一次的播出时间是在6月22日。

射箭要命中靶子 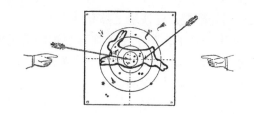 竞赛要答对题目

打靶场

第一次竞赛

1. 从哪天（按日历）起人们认为春天来了？
2. 哪种雪融化得更快——干净的还是脏的？
3. 为什么在春天不对毛皮珍贵的野兽进行捕猎？
4. 谁在春天更早出现——蝙蝠还是会飞的昆虫？
5. 在我们这里的春天，哪些花会最先开放？
6. 森林里哪种鸟在春天让自己羽毛的颜色变得截然不同？
7. 什么时候白兔最容易被发现？
8. 小兔子出生的时候能不能看见东西？
9. 这里画着两棵松树，一棵生长在密林中，一棵生长在空地上。哪棵在哪里生长？（图1）

图1

图2

10. 我们这儿最小的野兽是什么？
11. 我们这儿最小的鸟类是什么？
12. 这里画着三种不同的鸟的嘴。在这些鸟中，一种是吃昆虫的，一种是吃谷物和浆果的，还有一种是吃小型鸟兽的。怎样通过嘴来得知哪种鸟吃什么？（图2）
13. 我们这儿有一种鸟，它的雄鸟是黄色的，雌鸟是绿色的，这是什么鸟？
14. 这棵树的树皮被兔子啃了。兔子是通过什么方式到这么高的地方啃树皮的？为什么它们不啃下方的根部的树皮呢？（图3）
15. 一年中有两天太阳正好在天上停留12小时，这两天是什么日子？
16. 什么东西顶朝下生长？
17. 不生炉子，不烧柴火，但却能取暖。（谜语）

图3

一头熊受到了惊扰,跑到一个大鸟巢里睡了一个冬天。

白鹡鸰，中文俗名：白颤儿、白面鸟、白颊鹡鸰、眼纹鹡鸰、点水雀、张飞鸟。体长20厘米。体羽上体灰色，下体白，两翼及尾黑白相间。分布于非洲、欧洲及亚洲。常见等海拔区，高可至海拔1,500米。停栖时，尾常上下不停地摆动，有时还边走边叫。食物几乎全是昆虫，以双翅目、鞘翅目为主。卵壳灰白色，满布着淡紫灰、黄褐、黑褐色的斑点。受惊扰时飞行骤降并发出示警叫声。

椋鸟

(图片来源：http://www.animalpicturesarchive.com/view.php?tid=38&did=23400)

白鹡鸰*

*（图片来源：http://forum.xitek.com/show php?threadid=500950&pagenumber=6)

白鹡鸰

(图片来源：http://www.2.xiangshu.com/road.php?tid=

云雀*

云雀是一类鸣禽。代表种云雀身长18厘米。具灰褐色杂斑。顶冠及耸起的羽冠具细纹，尾分叉，羽缘白色，后翼缘的白色于飞行时可见。云雀飞到一定高度时，稍稍浮翔，又疾飞而上，直入云霄，因此被称为云雀。

云

**（图片来源：http://www.allaboutwildlife.co.uk/Blog/index.php?e try090322-152811)

第一期　万物复苏月

18．飞着静悄悄，落着静悄悄，等到身故腐烂了，这才高声叫。（谜语）
19．黑马在奔跑，而车辙没拖走。（谜语）
20．一个老妈妈，冬天裹素，春天穿花。（谜语）
21．冬天发热，春天腐烂，夏天消亡，秋天出现。（谜语）
22．回忆昨天，期待明天。（谜语）
23．不是树，却枝丫很多。（谜语）

公告栏

征求住宅

由至少2厘米厚的木板牢固地钉在一起而制成的独栋小屋。高32厘米，占地面积15×15厘米；入口直径5厘米，离地板23厘米高，要向阳。

已在这里的椋鸟

菱形小屋。四壁面积12×12厘米，入口直径4厘米。

杂色蝇虎鸟
红尾鸲

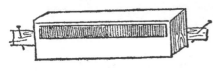

内部有隔板的小屋。有3个独立的房间，总面积12×36厘米，入口要开在屋檐下，直径4厘米。

将在五月飞抵的雨燕

木板房，高11厘米，占地面积11×11厘米，入口直径4厘米，离地面7厘米高。

已在这里的白鹡鸰
将在五月飞抵的灰蝇虎鸟

森林报

第二期 候鸟归乡月（春天的第二个月） 　　4月21日至5月20日　太阳进入金牛星座

一年——分为12个月的太阳诗篇

　　4月是融雪的月份！4月还在睡着，但风已经刮起来了，这预示着天气要变暖了。你看，还有什么别的事情要发生！

　　在这个月里水从山上流下来，鱼也活跃起来。春天把土地从雪下面解放出来，接下来要完成第二个任务——把水从冰下面解放出来。由融雪汇成的小溪悄悄地流进河里，河水上涨，摆脱了冰的压迫。春水潺潺地流动，大规模地流进了山谷。

　　饮足了春水和暖雨的土地，披上了绿色的外衣，开满了五彩缤纷的雪中莲。而森林暂时还光秃秃的，它等待着什么时候能轮到自己得到春天的眷顾。但树木体内的汁液已经开始悄悄地流动，新芽萌动起来，花朵不仅盛开在地上，还盛开在空中——盛开在树枝上。

森林大事记

鸟类归乡大迁徙

　　鸟儿们像潮水一样从过冬的地方大批起飞。向故乡的迁徙井然有序

地进行，一队一队地，每一队都不会乱了顺序。

今年鸟儿们飞来我们这里的空中路线还是和以前一样，秩序也是和它们的祖先一样，这个秩序已经延续了几千、几万、几十万年。

秋天最后离开我们的那批，最先上路。最先离开我们的那批，最后上路。最晚飞来的是那些羽毛最明亮、最鲜艳的鸟儿们——它们得等新鲜的树叶和青草长出来。它们在光秃秃的地上和树上太显眼，而它们暂时在我们这里还无法躲过它们的敌人——那些猛兽和猛禽。

刚巧经过我们这个城市和列宁格勒州有一条鸟类的长途海上路线，这条路线被称作波罗的海线。

这条长途海上路线，一头是昏暗的北冰洋，另一头是鲜花盛开、晴朗炎热的地方。无数群生活在海上和海边的鸟类，按照自己的顺序、自己的队形，在天空中飞行，数量多得一眼望不到尽头。它们沿着非洲海岸飞行，穿越地中海，经过比利牛斯半岛和比斯开湾的海岸，经过北海和波罗的海的海峡。

在路上有许多障碍和苦难在等待它们。浓雾像墙壁一样矗立在这些长翅膀的归乡者面前。在潮湿的黑暗中鸟儿们会迷路，在用力挥动翅膀的时候，会撞上锋利的山岩，因为它们看不见。

海上的暴风雨折断它们的羽毛，击伤它们的翅膀，将它们拖到远离海岸的地方。

突如其来的寒流把海水冻成了冰，许多鸟死于饥寒交迫。

数以千计的鸟儿成为鹰、隼、鹞这些猛禽的口中食。

大量的猛禽准备前往这条长途海上路线，它们觉得可以轻而易举地获得大量的食物。

第二期　候鸟归乡月

几十万只候鸟死在了猎人的枪口下。（在本期《森林报》上我们会刊登发生在我们列宁格勒附近的捕猎野鸭的故事。）

但是什么也不能使这些有翅膀的归乡者停下脚步，它们组成密密麻麻的队伍——穿越浓雾和所有障碍，向着故乡，向着自己的鸟巢飞去。

我们的候鸟并不是都在非洲过冬并沿着波罗的海一线飞行。也有一些从印度向我们飞来，扁鼻子的瓣足鹬过冬的地方更远，在美洲。它穿越了整个亚洲向我们急匆匆地飞来。从它过冬的房子到它阿尔汉格尔斯克附近的鸟巢，它要飞将近15,000千米。路上要花费差不多两个月。

带脚环的鸟儿们

如果你杀死了一只脚上带金属环的鸟，记得把这个金属环取下来，寄去鸟类装环局：莫斯科，K-9，赫尔岑街6号。并附上一封信——你什么时候在哪里遇到了这只鸟。

如果你抓到了一只带脚环的鸟，记得把脚环上刻着的字母和号码记下来，将这只鸟放生，并把这件事报告给上面提到的地址。

如果不是你本人，而是你认识的猎人或捕鸟人杀死或抓到了这样的鸟，请告诉他该如何处置这只鸟。

分量很轻的金属环（铝环）戴在鸟儿的脚上。脚环上的字母表示这只鸟是在哪个国家，由哪个科学机构给它套上的脚环。配合刻在脚环上的号码，科学家的日记本上登记着他在什么时间、什么地点给这只鸟套上脚环。

科学家们通过这种方式来了解鸟类生活的惊人秘密。

我们在这里，在遥远的北方，给一只鸟带上脚环，而抓到它的人可能在非洲南部，或者在印度，或者是别的什么地方。无论哪里，人们都会把从鸟腿上取下来的金属环寄给我们。

不过，绝对不是所有的鸟类都从我们这里飞去南方过冬——有一些前往西方，有一些前往东方，甚至还有飞往北方过冬的。我们就是通过脚环了解到候鸟们的这个秘密。

道路泥泞

现在郊外一片泥泞，无论是林中小道还是乡间土道。你既不能乘坐雪橇，也不能乘坐马车。我们得费很大的劲儿才能从森林里获得消息。

森林报（上）

雪下的红莓果

在森林沼泽地上的雪下出现了红莓果。农村的孩子们去采集它们并说：过冬的红莓果比新的还甜。

昆虫们的圣诞树

柳树开花了。它那粗壮的、疙里疙瘩的灰绿色树枝完全被轻盈的鲜黄色小球遮住了，于是整棵柳树都变得毛茸茸、轻飘飘、喜洋洋的。

柳树开花了，这对于昆虫们来说是个节日。在华丽的树丛旁，热热闹闹，欢天喜地，像是看见了圣诞树一样。黄蜂嗡嗡地叫着；昏头昏脑的苍蝇到处乱飞；精明能干的蜜蜂翻动着纤细的雄蕊，它们是在采集花粉。

蝴蝶们飞舞着。这边有雕花翅膀的黄色蝴蝶是柠檬蝶，那边大眼睛的火红色蝴蝶是荨麻蛱蝶。

瞧，一只长吻蛱蝶落在了毛茸茸的黄色小球上，它用自己黑色的翅膀把黄色小球遮住，把自己长长的吸管伸进雄蕊之间的深处去找寻花蜜。

在这片鲜艳的充满节日气氛的树丛旁还还长着第二棵开着花的柳树。但是这棵柳树的花就是另外的样子了：灰绿色的小疙瘩，既难看又凌乱。这些疙瘩上面也有昆虫。但是这片树丛周围没有邻近那片树丛周围热闹。不过柳树的种子刚好是在这片树丛上结成的。昆虫已经将有黏性的花粉从黄色小球带到了灰绿色的小疙瘩上。在这些小疙瘩上，在每一个长长的像小瓶子一样的雌蕊里，都将长出种子来。

巴甫洛娃

穗状花序

在河流和溪流的岸边，以及在森林的边缘地带，开出了穗状花序。它们不是开在刚刚解冻的地面上，而是开在春日暖阳照耀的树枝上。

长长的褐色小坠子将杨树和榛子树装点起来，这也是穗状花序。

它们在去年就已经长出来了，不过在冬天它们很紧实，一动不动。现在它们探出了头，变得松弛而柔软。

你摇晃一根树枝，这些穗状花序就会跟着摆动，并飘散出一团黄色的雾状花粉。

杨树和榛子树除了带花粉的穗状花序，它们的树枝上还有其他的花——雌花。杨树的雌花是褐色的小疙瘩，榛子树的雌花是粗壮的花蕾，从这些花蕾里探出粉红色的须子，看起来好像是躲在花蕾里的昆虫的须子，而事实上这是雌花的柱头。它们在每个花蕾里都不止一个——两个，三个，有时甚至是五个。

杨树和榛子树现在还没有叶子，风在光秃秃的树枝中间自由地漫步，摇动穗状花序，卷起花粉，将花粉从一棵树带向另一棵树。粉红色的须状柱头接住了花粉，这些模样古怪的长得像刚毛的小花受精了，到秋天它们就会变成榛子。受精了的还有杨树的雌花：它们到秋天会长成包着种子的黑色小疙瘩。

巴甫洛娃

蝮蛇的日光浴

有毒的蝮蛇每天早上都爬到干燥的树桩上晒太阳。它爬行还很困难，因为它的血液在冰冷的空气中还很寒凉。

在太阳下晒暖和之后，蝮蛇活跃起来，出发去捕食老鼠和青蛙。

蚂蚁窝动起来了

我们在云杉下找到了一个大蚂蚁窝。一开始我们以为这只是一堆垃圾和老针叶，而不是蚂蚁之城——一只蚂蚁也没看见。

现在这堆东西上的雪化了，蚂蚁们出来晒太阳了。在长时间的冬眠之后，它们完全没有力气，只能在蚂蚁窝上聚成黏糊糊的黑色蚁团。

我们用小棍轻轻地拨动它们，它们只能勉强地动一动。它们连向我们发射那带腐蚀性的蚁酸的力气都没有。

它们还得过几天才能重新投入工作。

还有谁醒来了？

醒来的还有蝙蝠，各种甲虫——扁平的步行虫，圆形的黑色屎壳

郎、叩头虫。叩头虫开始展现自己那令人瞠目结舌的魔术:把它仰面朝天地放着,它就把头一弹,蹦起来,在空中翻个身,然后还是用脚站在地上。

蒲公英开花了,而桦树也把自己裹进了绿色的浓雾中——马上就要长出叶子来了。

在第一场雨之后,从地下钻出了粉红色的蚯蚓,还出现了新生的蘑菇——羊肚菌和鹿花菌。

在池塘里

池塘里热闹起来了。青蛙告别了自己在泥里的冬天的被窝,产了卵,并从水里蹦到了岸上。

而蝾螈呢,正相反,刚刚从岸上回到了水里。

蝾螈是橙黑色的,有尾巴,与其说像青蛙,不如说更像蜥蜴。到了冬天它就离开池塘进入森林,并在森林里睡觉,睡觉时它把自己埋进潮湿的苔藓里。

蟾蜍也醒过来了,也产了卵。青蛙的卵漂在水里,像一团团凝胶,上面有一个个泡泡,而在每一个泡泡里都有一个黑圆点。而蟾蜍的卵全部结成一条条带子,这些带子附着在水面下的水草上。

森林卫生员

经常发生这样的事情,在冬天,严寒来得太过突然,许多鸟兽被冻死。它们被埋在了雪下。到了春天它们就露出来了,但是它们不会在地上待得太久的——会有熊、狼、乌鸦、喜鹊、埋葬虫、蚂蚁及其他森林公共卫生员将它们收拾走。

它们是春花吗?

现在已经可以找到许多正在开花的植物——三色堇、荠菜、遏蓝菜、高代花、甘菊。

但是别以为所有这些草本植物都和雪中莲一样是从地下钻出来的。雪中莲先"伸出一点儿绿色的花柄,然后用尽全身微薄的力气一伸腰",这时它的小花才见到了这个世界。

第二期　候鸟归乡月

　　三色堇、荠菜、遏蓝菜、高代花和甘菊并不害怕见到冬天。它们展现出自己最美的一面来迎接冬天。一旦在它们上面的不是雪顶而是又一次出现了蓝天，它们就会醒来，同时活跃起来的还有它们的花朵和蓓蕾。

　　而这些蓓蕾，我们是在深秋的时候，在这些草本植物的茎上见到的，现在它们却变成了花，从草地里看着我们。

　　但是它们到底是不是春花呢？

巴甫洛娃

白 寒 鸦

　　在小庄村的学校旁边住着一只白寒鸦。它跟普通的寒鸦们混在一起。这只白寒鸦连老人们也没见过。学校的学生们不知道这只寒鸦为什么这么白。

学生森林记者　波利亚·希尼琴娜　杰拉·玛斯洛夫

编辑部的解释

　　普通的鸟兽们有时候会生出全白的幼鸟和幼兽。

　　科学家们称之为白化病。

　　白化病有时候全身是白的，有时候部分是白的。它们体内供给尾巴和羽毛的色素不足。

　　在家中养的动物出现白化病的情况很多：白家兔、白母鸡、白公鸡、白老鼠。

　　野生动物中白化病的情况非常少见。

　　得了白化病的野生动物，它们的日子可要艰难上千倍。它们通常在很小的时候就被自己的父母杀死了。或者它们一辈子都要受到同类的追捕和攻击。但是即使它们的亲戚接受它们进入自己的社会，就像那只小庄村的寒鸦，它们还是很难活得很长——不管是谁，特别是猛禽，一眼就能看见它们。

罕见的小动物

　　啄木鸟在森林里大声地叫着。叫声如此的大，以至于我马上就明白

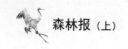

了：啄木鸟有难！

我挤过密林，看见空地上有一棵枯树，树上有一个整齐的洞——那是一个啄木鸟窝。一只奇怪的小动物正在沿着树干悄悄地靠近啄木鸟窝，我看不出这是什么动物！它浑身发灰，尾巴不长，身上的毛不是很蓬松，小圆耳朵像是小熊的耳朵，而眼睛却像鸟一样：又大又凸。

这只小动物爬到了洞口，向洞里看着：很显然，它想掏鸟蛋吃……啄木鸟向它扑去，小动物一下子躲到了树干后面。啄木鸟在它身后紧追不舍，小动物绕着树干螺旋形地向上跑，而啄木鸟也螺旋形地跟着它。

小动物越跑越高，再往上就无处可去了：树干到了尽头！啄木鸟用嘴啄它！小动物从树上纵身一跃，在空中飘起来了！

它伸开四爪——飘在空中，像一片秋天的枫叶。它身体两侧轻轻地摆动，靠尾巴控制方向。它飞越了空地，落在了一根树枝上。

我这才明白，这是一只飞鼠！它的两肋上有两层皮膜。它伸开四爪，展开皮膜就飞起来了。它是我们森林里的跳伞运动员！不过遗憾的是——它实在是太罕见了。

森林记者 斯拉德科夫

本报森林记者通过飞鸟通信发来的紧急信件

洪 水

春天给森林居民带来了不少灾难。雪迅速地融化，河流水位上涨并漫过了两岸。在一些地方出现了真正的洪水。

从四面八方向我们传来了在洪水中损失惨重的消息。苦难最深重的是兔子、鼹鼠、野鼠、田鼠和其他生活在地上和地下的小动物。河水涌向它们的巢穴。小动物们不得不从家里逃了出来。

每只小动物都在全力以赴地躲避洪水。

小鼩鼱钻出了洞，爬上了灌木丛。它坐在那里等待着，看水什么时候能退去。它的表情很难过，因为它还饿着呢。

河水漫过岸边的时候，鼹鼠在地底下差点闷死。它从地底下爬出来，浮在水面上开始游泳——它得找个干燥的地方。

鼹鼠是个优秀的游泳选手。它在上岸前游了好几十米。它非常满意，它那乌黑发亮的毛皮在水面上没有被任何一只猛禽发现。

它爬上岸后，又顺利地钻进了地里。

第二期 候鸟归乡月

树上的兔子

在一只兔子身上发生过这么一件事。

一只兔子居住在一个小岛上,这个小岛位于一条大河的中心。每天夜里它啃食小杨树的树皮,而白天隐藏在灌木丛中,免得被狐狸或人看见。

这只兔子还年轻,还不是非常聪明。

它还没注意到,河水把许多冰推到它的小岛周围来了,噼里啪啦地响着。

那天,兔子在灌木丛里正安稳地睡觉。太阳晒得它很暖和,所以它没注意到,河水正在快速上涨。当它感觉到身体下部的毛皮变湿了的时候,才醒过来。

它跳了起来,而它已经被河水包围了。

发洪水了。河水刚刚漫过爪子,兔子逃到了小岛中央——那里还是干的。

可是河水涨得很快。小岛变得越来越小。兔子从一端跑到另一端。它看见,整个小岛很快就要消失在河水中,但它还下不了决心跳入冰冷湍急的大浪中:这么汹涌的河水,它是渡不过河去的。

就这样过去了一天一夜。

第二天早晨,从水里只露出了小岛的一小块。上面有一棵大树,树的表皮很粗糙。受到严重惊吓的兔子绕着树干跑来跑去。

而到了第三天,水已经上升到了树的下面。兔子开始往树上蹦,但是每次都不成功,都会扑通一声掉进水里。

终于,它成功地跳上了下面的粗树枝。兔子在上面安顿了下来,并开始耐心地等待着洪水退去——河水已经不再上涨了。

它并不担心自己会饿死,虽然老树的树皮又硬又苦,但是总还可以下咽。

风比饥饿可怕得多。它用力地摇晃着这棵树,兔子都快抓不住树枝了。它完全就是一个站在船桅杆上的水手:身下的树枝摇晃着,就像甲板,而在下面奔流着又深又冷的河水。

在宽阔的河面上,大树、圆木、树枝、干草和动物的尸体都从兔子身边漂过。

可怜的兔子吓得浑身发抖,因为有另一只兔子静静地在波浪中一上一下,慢慢地从它身边漂过。

这只死兔子的脚挂在了一根枯树枝上，现在它肚皮向上，四脚朝天，随着这根枯树枝一起漂着。

兔子在树上待了三天。

河水终于平息了，它蹦到了地上。

它现在就这样住在河中央的小岛上，直到炎热的夏天。夏天河水变浅，它就会到岸上去。

船里的松鼠

在被春天的洪水淹没的草地上，渔夫设下了捕捉鲷鱼的网。他乘着船，慢慢地穿过从水中露出来的灌木丛。

在一棵灌木上，他看见了一棵奇怪的棕黄色蘑菇。突然蘑菇蹦起来了，还直接蹦进了渔夫的船里。

在船里它现在变成了一只湿淋淋的松鼠，身上的毛乱蓬蓬的。

渔夫把它送到了岸上。松鼠立刻从船里跳了出来，并钻进了树林。它是怎么到了水中央的灌木上，是不是在那里待了很久，谁也不知道。

就连鸟儿们的日子过得也很艰难

对于我们那些有翅膀的朋友们，洪水当然没那么可怕。但是就连它们也在春天的洪水中经历了很多苦难。

淡黄色的鹨鸟在一条大河沟的岸边建好了自己的窝，而且还在里面下了蛋。大水把它的窝冲走了，它的蛋也未能幸免，鹨鸟不得不寻找新的筑巢地点。

沙锥鸟待在树上，急切地盼望着洪水退去。沙锥鸟是鹬鸟的一种。它居住在森林沼泽地上，用自己长长的尖嘴从松软的土壤里找食吃。它们的脚使它们能非常方便地在地面上行走。要是让它们站在树枝上，那就像狗站在栅栏上一样别扭。

而它仍然待着，等着，看什么时候它可以重新在松软的沼泽地上行走，并用自己的尖嘴在沼泽地上打洞。它可不能从这片沼泽地飞走！所有的地方都已经被占领了，别处的沙锥鸟是不会允许它去它们的沼泽地的。

意外收获

我们的一位森林记者——猎人——悄悄地接近了一群鸭子，它们正待在湖面上的灌木丛后面。他穿着胶皮靴子，悄无声息地移动着脚步，溢

第二期　候鸟归乡月

出了河岸的湖水，没过了他的膝盖。

突然，他听见面前的灌木丛后面传来一阵拨水的响声，紧接着他看见一个怪物的背，它的背是灰色的，长长的，很光滑，它正在浅水里挣扎。猎人毫不迟疑，用准备打鸭子的子弹，向这个不知名的怪物连开两枪。

灌木丛后面的湖水翻腾起来了，泛起了泡沫，随后一切恢复了寂静。猎人走近一看，他打死的是一条长约一米半的梭鱼。

现在梭鱼们从河里和湖里来到完全被水淹没的岸上，并在草地上产卵。浅滩上很温暖。从卵里孵出的小梭鱼们，随着洪水的退去回到河里和湖里。

猎人并不了解这一点，不然他就不会违反法律。法律禁止开枪猎杀春天来到岸上产卵的鱼。就梭鱼和其他食肉的鱼都不能打。

最后一块冰

在河面上曾经有过一条雪道——集体农庄庄员们在雪道上乘着雪橇行进。但是春天来了，河面上的冰鼓起来了，崩裂了，雪道变成一块块的，其中一块，摇晃着，顺流而下。

这是一块很脏的冰——上面有马粪、雪橇轮印和马蹄印。在它中央还留有一根马掌钉。

起先河水推着这块冰走。从岸上飞来了小白鸟（鹡鸰），在冰块上捕食小飞虫。

然后河水漫过了两岸，冰块被冲到了草地上。鱼在被水淹没了的草地上漫步，在冰块下面游来游去。

有一次，有一只看不见东西的黑色小动物在冰块附近浮出了水面，并爬到了冰块上。这是一只鼹鼠。当河水淹没了草地，它在地底下无法呼吸，只好也浮到上面来了。但是冰块的边缘碰到了一个干燥的小丘，鼹鼠就跳上小丘，兴高采烈地钻到地里去了。

冰块随着河水被越推越远，一直漂浮到森林里来了。它撞上了一个树桩，被卡住了。于是在冰块上聚集了一大群饱受洪水之苦的陆地动物——野鼠、小兔等。这次灾难的范围很广，它们都同时受到了死亡的威胁。小动物们由于害怕和饥饿浑身发抖，互相挤靠在一起。

但是大水开始迅速地退去。太阳把冰块照化了，在树桩上只剩下了那根马掌钉。小动物们跳上了地面并各自跑开了。

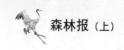

在大小河流及湖泊里

在河里密密麻麻地漂着圆木，人们开始利用流水运送冬天储备的木材了。在那些小河汇集成大河，汇集成湖泊的地方，运木工人们把小河口堵住，在小河里制作浮栅。在浮栅旁人们把木材编成木排，随后木排继续漂流。

在我们州的密林里有几百条小河。其中有不少流入摩斯塔河。摩斯塔河流入伊尔曼湖。从伊尔曼湖分出宽阔的伏尔霍夫河，流入拉多加湖。从拉多加湖又分出了涅瓦河。

人们在我们州的密林里砍伐树木。春天将这些树木滚入小河。然后这些树木就顺着水上的小径、小路和大路开始旅行了。而在树干上经常会有什么蛀木虫，它就也跟着去了列宁格勒。

运木工人们能看见各种各样的事情。

一位运木工人给我们讲了这样一个故事。

在林河岸边的一个树桩上有一只松鼠。它用前爪举着一个大松果在啃。

突然有一只狗狂吠着从林中向松鼠冲了过来。周围连一棵能爬上去躲避的树也没有。松鼠扔掉了松果，毛茸茸的尾巴翘在背上，蹦跳着向河边奔去。狗在它后面紧追不舍。

此刻在河面上密密麻麻地漂着圆木。松鼠跳上了最近的一根，然后又依次跳上了第二根，第三根。

狗气昏了，也跟着它跳上了圆木。狗的腿又高又直，怎么能在木头之间跳来跳去呢？圆木在水里滚动着。狗后腿一滑，前腿也跟着一滑，掉进了水里。这时又漂来了一大批圆木。一转眼的功夫，狗就不见了。

而身手敏捷的松鼠从一根圆木跳到另一根圆木，又跳了一次就跳到了对岸。

还有一个运木工人看见过，有一只褐色的动物爬上了一根粗壮的、单独漂浮的圆木。它有两只猫那么大，嘴里还叼着一条大鲷鱼。

这只动物趴在圆木上，安静地享用完这条鱼，梳理了一下身上的毛，打了个哈欠，就钻进河里了。

这是一只水獭。

鱼儿们在冬天都做了什么？

在严寒的冬天，很多鱼儿都睡大觉。

鲫鱼和丁鲷鱼在秋天时就已经钻进了水底的淤泥里。鲌鱼等在底部

第二期 候鸟归乡月

是沙子的凹穴里过冬。鲤鱼和鲷鱼在长满芦苇的河湾和湖湾的深坑里过冬。鲟鱼从秋天起就在深坑底部聚集,那里是大河里的凹穴,这些大河在冬天不会完全冻住。要知道水的深度越大,水的底部就越暖。

至于那些在冬天几乎不睡觉的鱼儿们是如何生活的,请看本报在这一期中的介绍。

所有上面提到的这些鱼,在醒来之后就要去产卵了。

百钓百中

按照古老而又滑稽的习俗,在猎人去打猎之前,要对他说:"祝你一无所获!"对于去钓鱼的人就不能说反话了,要说"祝你百钓百中!"这样的吉祥话。

在我们的读者中有不少狂热的钓鱼爱好者。我们不只祝他们好运,还准备用建议和指导来帮助他们,告诉他们在哪里、什么时候能钓到什么样的鱼。

在河水的冰封期过后,马上就可以开始把钓竿垂到水底用蚯蚓钓鳕鱼,而等池塘和湖泊上的冰融化之后,就可以用水蛾来钓红鳍鱼。红鳍鱼喜欢待在岸上,待在去年的草丛和马尾草里。再过一阵子就可以下底钩钓鲦鱼了。

随着水变得清澈,就可以用绞竿和三叉渔具来钓活鱼了。

我们卓越的捕鱼专家——库尼洛夫——这样说过:"钓鱼的人应当研究鱼在各个季节和不同天气下的生活,这样在到河岸和湖岸去的时候,才能准确无误地挑选钓鱼的地点。"

随着春水的退去,在河岸及河水变得明亮起来的时候,就可以开始钓梭鱼、赤梢鱼及河鲈。下钩的地点可以是:河口和河沟;浅滩和石滩;长满了乔木和灌木的陡岸和水湾;平静但不是很宽,下得去钩的水面;乘帆船和木筏到桥墩下面;从水磨坊的堤坝上——无论是深水里,还是沿着河岸或灌木丛下面的浅水里都可以。

库尼洛夫还说:"带浮标的鱼竿适用于钓各种不同的鱼,从早春到深秋,在任何水体里都可以使用。"

从5月中旬开始将可以在湖泊和池塘中用小红虫钓丁鲷鱼，而后是鲤鱼、鲈鱼和鲫鱼。最好的钓鱼地点是沿岸的草丛里、灌木丛附近、河湾1.5～3米的地方。在一个地方待的时间不要太长，如果鱼不再上钩了，就到另一个灌木丛去，要不就是芦苇丛或牛蒡丛中的空地。从船上钓鱼会更方便一些。

如果河的面积不大，水流不急，水一变清，就能从岸上钓到不同的鱼。在这种安静的水域，最好的地点是陡峭的岸边、有倒掉的树木或灌木丛的河心小坑、沿岸有杂草或芦苇的小河湾。

有时候这种小河湾和灌木丛会难以靠近，地面泥泞，周围有水。但是如果能踩着土墩或穿着水靴接近这样的岸边，把鱼饵投放到牛蒡丛后面或芦苇丛之间，可以钓到很多鲈鱼和鲤鱼。

如果沿着岸边走，可以找到一些更好的地方。拨开灌木丛，把钓杆梢穿过树木之间，并把鱼饵投放到那些还没人下过钩的地方。

桥墩旁边的地方、河口、水磨坊的水坝对于钓鱼者应当都是有吸引力的。在这些地方总是能找到鱼并成功地捕获它们。

钓大鲦鱼要用豌豆、蛆虫、蚱蜢——从岸上用普通的带浮标的钓竿钓。当然，有时可以用不带浮标的——采用飞钓法。

采用飞钓法钓鱼可以从5月中旬开始，一直持续到9月中旬。

适合采用这种方式钓鲑鱼和鳟鱼的地点是大洼地、河水转弯处的急流，堆满了断木的林中小河的平静水面，岸边长满了灌木的水池、堤坝和石滩下。要钓鳜鱼和鳟鱼，得在石滩和浅礁上。

鲮鱼、欧鳊鱼及其他体型不大的鱼，要在离岸不远的水浅的急流中或底部是碎石或整石的水流中，才能钓到。

林中战争

林木部族之间的战争是永恒的。我们向战事前线派出了几名记者。

首先我们的记者们来到了云杉之国，这些巨人都长着白胡子，有上百岁了。每一个"云杉战士"都有两根甚至三根电线杆接起来那么高。

花

源: http://en.academic.ru/dic.nsf/enwiki/7348034

　　款冬为菊科植物，款冬的嫩叶柄和花苔，又名冬花。叶柄和花苔肉质微苦，去苦味可作菜，含蛋白质、脂肪、碳水化合物、多种维生素和多种矿物质。款冬具有润肺下气、化痰止咳的功效。

天鹅与小天鹅

来源: http://animalsflowerphotos.com/r-animals-1-birds-7-5-swan-129.htm

天鹅竞翔

(图片来源: http://www.lnkp.gov.cn/huanbao/c1/200810/3812.html)

天鹅

来源: http://richard-seaman.com/Wallpaper/Nature/Animals/index.html

天鹅展翅

(图片来源: http://animalsflowerphotos.com/r-animals-1-birds-7-swan-55-swan-127.htm)

棕熊捕鱼

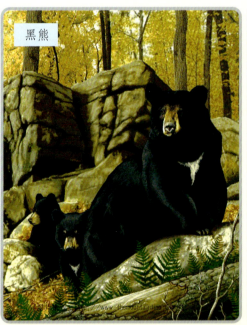

黑熊

穿山甲

穿山甲为鳞甲目鳞鲤科地栖性哺乳动物。多在山麓地带的草丛中或丘陵杂灌丛较潮湿的地方挖穴而居。昼伏夜出，遇敌时则蜷缩成球状。其鳞片可做药用，称之为麒麟片、山甲片、钱鲤甲等。穿山甲为中国二级保护动物。

第二期 候鸟归乡月

  这个国家看起来阴森森的。老云杉战士们笔直地站着，保持着阴郁的沉默。它们的树干从头到脚光秃秃的，只是在某些地方伸出疙疙瘩瘩的枯枝。

  在远离地面的空中，巨人们那茂密的枝叶交织在一起，结成了密实的盖顶，遮住了整个国家。连阳光都无法穿透这层厚厚的屏障。下面既闷热又昏暗，闻起来有潮湿腐烂变质的气味。曾经有各种各样的年轻的绿色植物偶然出现在那里，但现在都已经枯萎了。只有灰色的苔藓，也就是地衣，对自己在这阴森之国的住处很满意。它们从自己的主人那里吸血，也就是树的汁液，它们贪婪地布满了战死的巨人的尸体。

  在这里，我们的记者们一只野兽也没见到，一只鸟儿的歌声也没听见。只是偶然碰上了一只孤僻的雕。它躲在这里是为了避开明媚的阳光。它被记者们吵醒了，扬起整个身子，抖动着嗓子，用角质的钩型嘴开始啼叫起来。

  安详的日子里，云杉部族的国度一片寂静。而风在上空刮过的时候，那些坚强的、笔直的巨人们，摇晃着自己那由针叶组成的顶端，只是生气地发出嘘嘘的声音。

  云杉一族在老森林里是最高、最强、数量最多的。

  从云杉之国出来，我们的记者们进入了桦树和杨树部族的国度。

  在这里桦树和杨树用亲切的沙沙声迎接他们。桦树的树身是白色的，杨树的树身是银色的，它们都郁郁葱葱、枝繁叶茂。许多鸟在它们的枝叶间歌唱。阳光穿过顶端的树叶照耀进来，空气变得五光十色，不时闪出小兔、小蛇、圆圈、月牙、星星的形状，好像它们在光滑的树干上玩耍。在地面上聚集着身材矮小的青草一族，显然它们在主人的绿色帐篷下感觉自己无拘无束。野鼠、刺猬和兔子从我们的记者脚下蹦跳着跑过。风在上空吹过的时候，这个欢乐的国度里一片喧哗。但是即使是无风的时候，这里也从来不是寂静无声的：杨树颤动着叶子，不分日夜地交头接耳，窃窃私语，发出沙沙的声音。

  这个国家以一条河为界，河以外荒无人烟，是一大片被砍伐过的林地，冬天人们在这里伐木。在这片林地外又是身形巨大的云杉，它们像一堵阴暗的墙一样站成一排。

  我们编辑部很清楚，只要森林里的雪一融化，这片林地就不再荒无人烟，而会变成一个战场。

  林木部族之间空间狭小。只要附近有新的空地出现，每一个部族就会急于尽快将其占领。

当我们的记者们越过这条河，在林地上支起帐篷住下来的时候，他们成为了这个过程的见证者。

在一个温暖的早晨，阳光明媚，从远处传来了类似于机枪扫射的嗒嗒声。我们的记者急忙赶去那里。

原来云杉已经开始进攻了，它们派出自己的空中战队去占领空出来的土地。

太阳把云杉的大球果晒爆了——发出了嗒嗒声。球果一个接一个地裂开。每一个球果裂开时，都发出啪的一声，好像玩具小手枪射击的声音。紧密包着球果的鳞片张开了，球果被打开了，微小的种子像滑翔机一样从球果里飞出来，就好像从一个秘密的军事掩体里飞出来一样。风托住它们，旋转着，一会儿上，一会儿下，刮走它们。

在每棵云杉上都有几百个球果。在每个球果里都隐藏着几百个滑翔机一样的种子。大量的种子被带到空中，又被投到林地上。

不过云杉的种子有点重，又没有其他传播方式。风力太小的话无法把它们带得很远，它们还没飞到林地的中央就落在地上了。只有在强风吹起的时候，云杉的小滑翔机们才能占领所有空闲的土地。

又是早晨冰冷的寒气袭来。这是很大的威胁，因为它们会把柔弱的种子冻死。但是一场温暖的春雨下过之后，土地变软了，便收留了这批小移民。

在云杉部族占领林地的时候，杨树在河的那边开花了。在它们浓密的穗状花序中，种子才刚刚开始成熟。

一个月过去了。夏天快到了。

在云杉部族阴暗的边缘地带，欢乐的节日开始了。它们的树枝上点起了红色的蜡烛——那是年轻的球果。云杉们用金色的穗状花序打扮着自

己,这些穗状花序在墨绿色的针叶上支棱着。云杉开花了:它们在安静地储备着明年要用的种子。

那些现在被埋在林地底下的种子,经过温暖的春水一泡,就膨胀起来了。它们就要长成小树钻出地面了。

而桦树还没开始开花呢。

我们的记者相信,新的土地最终都被云杉占领了,其他的树种已经没机会了。

看不出有战争的苗头。

在下一期《森林报》出版之前,编辑部希望能收到我们的记者发来的新的详细报道。

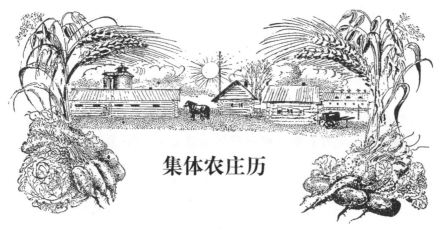

集体农庄历

雪刚一融化,集体农庄庄员们就开着拖拉机来到了田野上。拖拉机能耕地,拖拉机能耙地,如果给拖拉机装上钢爪,它连树桩都能连根拔起,把田野附近的新开垦的耕地清理干净。

立刻有一群蓝黑色的白嘴鸦跟在拖拉机后面摇摇晃晃地走着,寸步不离,看起来煞有介事的样子。灰色的乌鸦,和身体两侧是白色的喜鹊在远一些的地方蹦蹦跳跳——犁和耙从地里翻出来的蚯蚓、甲虫及它们的幼虫,都是鸟儿们的小点心。

田野被耕好、耙好之后,拖拉机就要拖着播种机在田野里跑了。精挑细选的种子从播种机里一行行均匀地播撒在了土地里。

我们最先播种亚麻,然后是柔弱的小麦,然后是燕麦和大麦——都是春播作物。

而秋播作物——黑麦和小麦——已经从地里长到足有成株高度的1/4了,它们从去年秋天就被种上,都发芽了。它们在雪下面度过了冬天,现

在开始共同地成长着。

朝霞和晚霞出现的时候,有什么声音从这些活跃的植物中传来,又像一辆看不见的大车,又像一只巨大的蟋蟀:啾——喂!啾——喂!

但这既不是大车也不是蟋蟀,发出叫声的是美丽的灰松鸡。

它全身发灰,其中有一些白色的花纹,它的喉咙和两颊是橘黄色的,眉毛是红色的,脚是黄色的。

在植物中的什么地方,他的妻子——雌松鸡——已经在筑巢了。

开始变绿的还有草地上新鲜的青草。天刚刚亮,集体农庄的孩子们还在房子里睡觉,他们被一阵巨大的嘶鸣给吵醒了——牧人开始把一群群母牛和绵羊赶到草地上。

有时候在马背上和牛背上能看见奇怪的骑手:寒鸦和椋鸟。母牛走着,而一位长翅膀的小骑手用它的嘴在牛背上轻轻地一下一下地敲着。母牛本来可以像赶苍蝇一样用尾巴把它赶走,但是母牛没有这样做,而是忍耐着。这是为什么呢?

很简单,小骑手并不重,而且对母牛还有好处。寒鸦和椋鸟从母牛和马的皮毛中啄出虻蝇的幼虫,以及苍蝇在母牛磨破和受伤的地方产下的卵。

胖乎乎、毛茸茸的黄蜂已经醒来很久了,它们嗡嗡地叫着。纤细的、闪着光亮的胡蜂飞来飞去。蜜蜂们也该出来了。

集体农庄庄员们在冬天时把蜂箱搬进蜂室和地下室过冬,现在他们把蜂箱搬了出来,并把蜂箱摆在养蜂场上。金色翅膀的蜜蜂从蜂房里钻出来,在太阳底下待了一会儿,让身体温暖起来,再伸展一下翅膀,飞去采集香甜的花蜜,这是今年第一次采蜜。

在集体农庄栽种树木

春天,在我们州的集体农庄里,要种植几千公顷的树木。在一系列地点设置新的林场,每个林场的面积从10到50公顷不等。

列宁格勒塔斯社

集体农庄新闻
巴甫洛娃报道

新城市

在果园附近,随着昨晚的风,冒出了一座新城市。城市里的所有房屋都是标准的。据说，它们不是建起来的，而是用手推车运来的。今天白天很暖和，城市里的居民感到心情很舒畅，于是就蜂拥而出，一齐去散步。它们在自己的住所上空盘旋着，并记住自己是住在哪条街上的哪座房子里。

节　日

　　如果土豆会唱歌，那么今天你就会听见一首最欢快的歌。今天是伟大的土豆节：土豆被运到田地里去了。人们小心翼翼地把它们装进箱子里，再把箱子装上汽车，运走了。

　　为什么要小心翼翼呢？为什么是装进箱子里而不是装进麻袋里呢？

　　因为土豆已经长芽了。这些芽是如此神奇：短短的、胖胖的、毛茸茸的、黑乎乎的。它们的下部很宽，长满了白色的小疙瘩：有小根要长出来了，而芽的顶端尖尖的，在那儿都能看见小叶子了。

神秘的坑

　　校园里从秋天起不知道为什么挖了很多坑。有一些青蛙掉进了坑里，所以人们以为这些是专门用来捕捉青蛙的陷阱。

　　而现在连青蛙都明白了，这些坑是用来栽种果树的。

　　孩子们在这些坑里栽下了苹果树、梨树、李子树或樱桃树。

　　他们在坑中央打上了木桩并把树苗绑在了木桩上。

修剪"指甲"

　　集体农庄的专业理发师为母牛们修剪指甲。他对母牛们的四蹄进行清洁和处理。很快母牛们就要到牧场里去了，不这么做它们就会行动不便。

田间劳动开始了

　　拖拉机在田地里日夜轰鸣着。夜里每台拖拉机单独工作，而上午每一台拖拉机都被一群白嘴鸦放肆地占领了。它们竭尽全力，但也来不及吃光被拖拉机翻出来的蚯蚓。

　　在河流与湖泊附近跟着拖拉机的不是一群群黑色的白嘴鸦，而是一群群白色的沙鸥：沙鸥也非常喜欢吃蚯蚓和在地里过冬的甲虫幼虫。

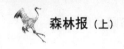

令人惊奇的幼芽

在有些黑醋栗的灌木丛上面能看见令人惊奇的幼芽：体形很大，而且滚圆滚圆的。有些幼芽打开了，像小小的卷心菜。我们透过放大镜看这种幼芽，又是大吃一惊！那里还爬满了令人厌恶的小生物：长长的，弯弯曲曲的，摆动着小腿，吹动着小胡子。

这就是为什么幼芽会膨胀的原因：壁虱在幼芽里过冬。壁虱是黑醋栗最可怕的敌人。它们危害幼芽，还把传染病带给灌木丛，这样黑醋栗就结不了果了。

如果灌木丛上膨胀的幼芽不是很多，需要趁壁虱还没扩散，尽快把它们全都摘下并烧掉。而那些已经有很多病芽的灌木丛，就只好整个毁掉了。

顺利的飞行

在五一集体农庄，"飞"来了一批小鱼，它们都是一岁的小鲤鱼。它们是被装在矮小的木箱里用飞机运来的。虽然鱼不应该在天上飞，但是它们都还是活的，很健康，此刻正在集体农庄的池塘里欢快地游着呢。

城市新闻

植 树 周

雪早就融化了。土地解冻了。市里和州里开始了植树周。春天里这欢乐的几天，已经成为了一个节日。

在学校里，在花园和公园里，在房子附近，在路上——到处都是在挖树坑的孩子们。

第二期　候鸟归乡月

涅瓦去少年自然科学家工作站准备了几万枝果树插条。

果树培育场把20,000棵云杉、杨树、枫树的树苗分给了滨海区的各个学校。

列宁格勒塔斯社

树种储蓄罐

田地面积实在是太广大了。要想使它们不受风的侵害,得种多少树啊!我们学校的同学们知道国家很重视种植森林带这件事情。这就是为什么春天的时候在六年级甲班出现了一只大箱子——它被称为树种储蓄罐。同学们用桶装着树种倒进箱子里,有枫树种子、桦树的穗状花序、结实的褐色橡实。比方说维佳·托卡乔夫,他光是柃树种子就搜集了10千克。到秋天,树种储蓄罐已经装得满满的,我们把所有搜集到的种子上交,用于开办新的树木培育场。

利玛·波利亚科娃

在花园和公园里

一团透明的绿雾笼罩着树木,柔柔的,好像人呼出来的水蒸气。等到一开始长叶子,这团雾就消失了。

出现了一只漂亮的大蝴蝶,丧服蛱蝶。它全身像一块褐色的天鹅绒,带蓝色斑点,翅膀末端是白色的,像是褪了色一样。

又飞来了一只有趣的蝴蝶。它很像荨麻蛱蝶,但是比荨麻蛱蝶小,颜色没有那么鲜艳,是浅棕色的。它的翅膀上有很深的锯齿,好像是被撕开之后的边缘一样。

你抓住它仔细看看。在它的翅膀下部有一个白色字母C,好像有谁故意用这个白色字母给这些蝴蝶做了个记号一样。

它的学名就叫做C字白蝶。

很快又要有白色蝴蝶出现了:油菜白蝶和纹白蝶。

七孔鱼

有一种奇怪的鱼出现在我国全境的大小河流中,从列宁格勒到萨哈林。它又窄又长,你第一眼看见它,会以为它是一条蛇。在它身体两侧没有鳍,只是在尾巴上面有鳍。它游泳的时候弯弯曲曲的,像一条蛇。它的皮肤很软,没有鳞,它的嘴跟普通的鱼嘴不一样,是一个像漏斗一样的圆孔——那是个吸盘。看见这个吸盘,你就不会认为它是一条蛇,而会认为它是一条巨大的水蛭。

在农村里它被称作七孔鱼,因为在它眼睛后边有7个呼吸用的鳃,分布在身体两侧。

七孔鱼幼鱼的样子很像泥鳅。孩子们经常抓住它们挂在渔具上做鱼饵——用来钓大型食肉鱼。

经常有这样的事情:七孔鱼吸附在一条大鱼身上,并随着它在河里旅行,大鱼怎么也摆脱不了七孔鱼。

钓鱼的人还跟我们说,似乎七孔鱼还经常吸附在水底的石头上。吸住石头后就全身扭动起来,抖动着,扯动着。连石头都被挪动地方了:真是好有力气的鱼。石头移开后,露出一个坑,七孔鱼就在这个坑里产卵。

学者们认为,这种令人惊讶的,长得像水蛭一样的鱼,应当称之为七鳃鳗。

虽然它的样子不是很好看,但是稍微炸一下,蘸上醋——好吃极了!

街上的生活

每天夜里,蝙蝠开始空袭市郊。它们丝毫不理会行人,只顾着在空中追逐蚊子和苍蝇。

燕子飞来了。我们这儿的燕子有三种:欧洲燕——它有着像叉子一样的长尾巴,并且在喉咙上有一个火红色的斑点,家燕——短尾巴,喉咙是白色的;灰沙燕——体形较小,灰褐色,胸脯是白色的。

欧洲燕把窝建在市郊的木制建筑物里,家燕直接在石头房子顶上筑巢,而灰沙燕在悬崖上的洞穴里孵小燕子。

在燕子之后，雨燕很快就出现了。它们跟燕子有明显的区别：它们刺耳地尖叫着，在屋顶上空飞来飞去。它们全身都是黑色的，翅膀不像燕子那样是尖角形的，而是半圆形的，像一把镰刀。

叮人的蚊子也出现了。

城市里的海鸥

涅瓦河一解冻，在它上空就出现了海鸥。它们完全不怕轮船和城市的喧哗，就在人们眼前安静地从水里捉小鱼吃。

当海鸥们飞累了，它们就直接落在房顶上，待着休息。

有翅膀的乘客坐飞机

只有听到均匀的嗡嗡声，人们才能猜到，在飞机上还坐着小小的有翅膀的乘客。在200间舒适的客舱里——胶合板做成的大木盒里——有一批高加索蜜蜂。飞机把800个蜜蜂家庭从库班运到列宁格勒来了。

在旅途中，小小的乘客们有足够的蜂蜜吃。

伊凡琴科 摘自少年自然科学家日记

太 阳 雪

5月20日。清晨，太阳还很明亮，东方的天空还是蓝的，突然下起了雪。晶莹的雪花，像萤火虫一样，轻轻地、慢慢地，在空中飞舞。

别吓唬人了，冬天，现在你的雪下不了多长时间了！它就像夏天时的太阳雨一样：太阳穿过它露出微笑，它只会使蘑菇长得更快。雪一落到地面上就化了。

我到城外的森林里去，也许我在那里会有惊喜。

也许，我在地上的融雪下面会发现第一批早春蘑菇——羊肚菌和鹿花菌，它们的头上满是褶皱，味道很好。

森林记者 维利卡

咕——咕！

5月5日早晨在市内的公园里传来了第一声"咕——咕！"

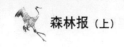

一周后的一个温暖宁静的夜晚,突然有什么人在灌木丛里开始吹口哨——动听而响亮。起先是轻轻地,然后声音越来越大,再然后声音扩散开来,已经不是口哨声,而是啼叫声了,好像是撒下了一大把豌豆!

这下所有人都明白了,这是一只夜莺。

少年米丘林工作者代表大会

30年前列宁格勒州的学生们曾经去拜访过伊万·弗拉基米拉维奇·米丘林。

伊万·弗拉基米拉维奇告诉自己的小客人们,他们怎样才能帮助大人们对自然进行伟大的改造。

列宁格勒的米丘林工作者们,在举行例行代表大会时,也共同回顾了这件事。参加代表大会的代表们,代表的是列宁格勒市和列宁格勒州超过35,000名米丘林工作者。他们安放了超过45,000个圆洞鸟房,种植了20万棵果树,并对树木进行了照料,保护了我们的绿色朋友和集体农庄的庄稼。

列宁格勒塔斯社

致列宁格勒市和列宁格勒州所有少先队员和学生的一封公开信

听说,州内许多学校的少先队员和学生都能很好地制作标本,有丰富的矿石和昆虫藏品,还有大量列宁格勒州的植物标本。希望州内的学校能用这些直观的教具进行交流。而作为回报,制作标本的少先队员,也会收到从苏联其他地区寄来的动植物标本。

我们已经开始搜集春季花卉的标本。在暑假里,在老师和少先队辅导员的带领下,我们会更近距离地了解本乡本土的大自然,为母校搜集许多新的有价值的标本。我们每个人都想为学校多做点事情。

暑假过后,我们也休息好了,也晒黑了,我们再次相聚在课堂上。老师在植物课上或动物课上,开始通过使用我们的动植物标本来讲解新课,我们中的每一个人都会感到非常高兴的。

市里许多少先队的委员会决定,所有中队和小队应该参与搜集石头、昆虫及植物标本,以充实学校博物馆和自然研究室。

我们将会和其他州的少先队和校中队用我们的展品进行交换,到那个时候,我们州内各所学校的自然研究室就会有更丰富的直观教具了。

打猎

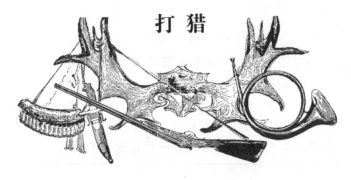

到马尔基佐夫湖去捕猎鸭子

这几天,在列宁格勒的市场上正出售各种各样的野鸭。有全身黑色的,有长得很像家鸭的,有非常大的,还有非常小的。有一些尾巴又长又尖,像锥子似的;另一些嘴巴很宽,像铲子似的;还有一些嘴巴很窄。

如果一个不懂行的主妇要买野味,那可糟糕了,她买回家,烤好了,却谁也不吃:全是鱼腥味。这说明她在市场上买了一只吃鱼的潜水鸭,秋沙鸭,或者,这根本就不是一只鸭子,而是一只水鸟。

而有经验的主妇马上就把水鸟跟美味的鸭子区分开了,她一看它后面的最小的脚趾就明白了。

水鸟的这只脚趾上有一个大的皮质突起,而河里生活的那些"珍贵的"野鸭的突起很小。

在马尔基佐夫湖

春天,有各种各样的鸭子出现在市场上。而还有更多鸭子在这个时候出现在马尔基佐夫湖。

马尔基佐夫湖这个名字自古就有了,它是芬兰湾的一部分,位于涅瓦河口和克朗施塔特市所在的科特林岛之间。列宁格勒的猎人们喜欢在马尔基佐夫湖打猎。

请到斯摩棱河来。在它岸边,在斯摩棱墓地旁,你们会看见一些奇形怪状的、白色的或河水颜色的船。船底完全是平的,船头和船尾向上翘,整个船不大,也不太宽。

它们是猎人的独木舟。

也许,在黄昏的时候,你还能幸运地看见一个猎人。他把自己的独木舟推进河里,把枪和其他东西放在独木舟上,操作着一只船尾的舵桨,顺流而下。

过了20分钟，猎人来到了马尔基佐夫湖。

涅瓦河上早就解冻了，但是在河湾里还有几个大冰块。独木舟随着灰色的波浪快速驶向这些冰块。

终于，他来到冰块旁边了。猎人把独木舟停下，登上了冰块。他在皮袄外面又套了一件白大褂，然后从独木舟里拿出一只准备好的雌鸭，把它绑好放进水里，绳子头系在冰块上。雌鸭立刻叫了起来。

猎人回到独木舟，独自离开了。

叛徒雌鸭和白衣隐形人

不用等很久。

在远处有一只野鸭从水中飞起。这是一只雄鸭。他听到了雌鸭的招呼，于是向它飞去。

雄鸭还没来得及靠近雌鸭，两声枪响，雄鸭扑通一声掉进水里。

雌鸭非常明白自己的使命：它鸣叫着，鸣叫着，像是被雇佣了一样。

听从它的召唤，从四面八方飞来了许多雄鸭。

雄鸭们只能看见雌鸭，却看不见白色的独木舟和穿着白大褂的猎人，他就待在白色冰块的旁边。

猎人连续射击。各种雄鸭都掉进了他的独木舟。

一群又一群的野鸭沿着海上长途线飞来。太阳落进了海里。城市的轮廓消失了：在那边亮起了万家灯火。

不能再射击了：太暗了。

猎人把雌鸭收回到独木舟里，把钩锚牢牢地钉在冰块上，使独木舟紧靠冰块（免得被浪分开）。

该考虑一下过夜的事情了。

起风了。乌云遮住了天空，一片漆黑，伸手不见五指。

水上之家

猎人把一副弧形木架固定在船舷上，解开帐篷，在木架上展开。他点燃了煤油炉，舀了一壶水（马尔基佐夫湖的水来自涅瓦河，是淡水），把这壶水放在煤油炉上烧开。

雨敲击在帐篷上。

但是雨对于猎人不算什么：帐篷是防雨的。它里面既干燥，又明亮，还暖和；煤油炉子发出的热量，一点不比火炉差。

猎人喝着热茶，自己吃了东西，也喂了他的雌鸭助手，然后抽烟。

春季的夜晚过得很快。天边又露出了一片光亮，它越来越大，越来越宽。乌云散去，风停了，雨住了。

猎人从帐篷里向外看着。

远处的海岸变得很淡。但是既看不见城市，也看不见灯火：一夜工夫，风把冰块远远地吹到开阔的海里去了。

这下可坏了：得划很长时间才能抵达城市。幸好夜里没有另一块冰撞上这块冰，不然独木舟就会被两块冰挤成碎片，猎人也会被压成肉饼。

赶紧干点正事吧！

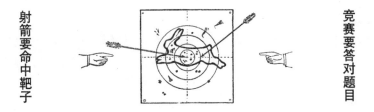

打靶场

第二次竞赛

1. 身穿黑衣，蛮不讲理；换上红衣，服帖无比。（谜语）
2. 哪些食用菌最先出现？
3. 为什么白嘴鸦在田野里跟在种田人后面走来走去？
4. 喜鹊窝和乌鸦窝有什么区别？
5. 什么样的蜘蛛被称作"流浪汉"？
6. 谁更早地飞来我们这里，雨燕还是家燕？
7. 如果椋鸟屋不够用，椋鸟会在哪里筑巢？
8. 为什么椋鸟和寒鸦要落在牛、羊和马的背上？
9. 为什么家养的鸭子和鹅在春天突然开始发出忧愁的叫声并变得十分激动？
10. 哪些鸟在春汛中艰难度日？
11. 在春汛期间禁止用枪打哪些鱼？

12. 谁更怕冷，鸟类还是爬行动物？
13. 青蛙用舌头的什么地方粘虫子？
14. 这里画着两种鸟的翅膀。一种鸟生活在森林里，另一种鸟生活在开阔地带。哪种翅膀属于哪种鸟？　（图1）

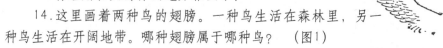

图1

15. 前面是把锥子，后面是把叉子，背上是块蓝色呢子，底下是块白帕子。（谜语）
16. 没有挂扣的大门一打开，几只没有尾巴的小狗跑出来。（谜语）
17. 一个黑家伙，不是公牛，六腿无蹄，飞的时候连声吼，落的时候满地走。（谜语）
18. 这个家伙出现在5月，不是鱼虾，不是鸟兽，也不是人类。长嘴尖声，飞的时候闹哄哄，落的时候静悄悄。把它打死的人，手上沾的却是自己的血。（谜语）
19. 一个倒，一个喝，还有一个在生长。（谜语）
20. 不会地上跑，不会往上瞧，不会搭窝巢，却能养宝宝。（谜语）
21. 养活全世界，自己却一口不吃。（谜语）
22. 有了一串小铃铛，长出一串大铃铛。（谜语）
23. 无翼能飞，无腿能跑，无帆能漂。（谜语）
24. 四个走路的，两个顶撞的，还有一个挥鞭子的。（谜语）

公告栏

《森林报》编辑部发起

"锐目"称号比赛

想获得"锐目"荣誉称号的人，应当仔细研究我们刊登在公告栏里的图画，然后还要学会根据这里画着的鸟兽的轮廓、脚印及其他给出的特征，认出它们是森林里、田野里或空中的哪些鸟兽。

第二期 候鸟归乡月

第一次测验题

"飞的是什么鸟?"

有许多大鸟在空中飞过,怎样认出它们是什么鸟?

这是一只非常大的白鸟,脖子很长很长,翅膀靠后,尾巴很短,看不见腿。这是什么鸟?第二只跟第一只很像,只是小一些,灰色,脖子较短。这是什么鸟?

图1

图2

翅膀在中间,脖子在前面,像一根棍子,双腿在后面,也像棍子。这是什么鸟?

翅膀向下弯,双腿在后面,像棍子,脖子和头像一个按在背上的问号。这是什么鸟?

图3

图4

请大家报名

加入动物救助协会,去救助那些被水淹的兔子、狐狸、松鼠、鼹鼠及其他大大小小的陆上动物。

凡是救助了被水淹的动物的人,都能得到奖章。

奖章由少年自然科学家自己制作,在圆形厚纸上包上金色或银色的纸。

经由少年自然科学家小组决议,把金色奖章颁发给救助了大型野兽(驼鹿、狍子等,只要不比狐狸小)的人。

把银色奖章颁发给救助了小兽(兔子、松鼠、鼹鼠、刺猬等)的人。

准备住宅吧!

我们的小朋友,著名的害虫克星——鸣禽们——现在正在寻找用来孵化雏鸟的住所。

我们恳请读者们帮助它们，为它们准备住宅。

树枝腐烂后，从树干上脱落的地方，会形成一个凹陷。它很容易被挖深，并形成一个树洞。在变糟了的老树的树干上也很容易打出树洞。山雀、红尾鸲、杂色蝇虎鸟及其他喜欢住在树洞里的小鸟——小猫头鹰、黑啄木鸟——都很愿意住在这种树洞里。

对于那些喜欢住在灌木丛里的小鸟，就照着图上画的样子，好好把灌木丛的枝条扎成一束。

对于喜欢住在浅树洞里的灰蝇虎鸟和红胸脯的欧鸲，钉一个这样的浅树洞巢（图2）：

而对于猫头鹰和寒鸦，要钉这样的平放的树洞巢：

图2

这些阔叶和针叶都是什么树的叶子？

鹞类猛禽*

鹞**

飞翔的鹞***

银鼠****又叫伶鼬、白鼠。鼬科中最小的一种。冬季毛全白，夏季毛咖啡色与白色相间。栖息地多在针、阔混交林中，也生活在灌木林、乔木林和草原一带。主要以各种小型野鼠为食，一只伶鼬一年灭鼠千只。

*来源：http://www.biologie.uni-hamburg.de/b-online/birds/1617_04.htm
**片来源：http://www.biolib.cz/en/taxonimage/id24945/)
***片来源：http://www.surfbirds.com/blog/andalucia/7826/Birding+in+Bulgaria+june%23039%3B08.html)
****图片来源：http://www.pixdaus.com/?sort=tag&tag=weasel)

挪威野鸭

野鸭

(图片来源http://wallpapers.free-review.net/15__Norwegian_Wild_Duck.htm)

美国棕色鸫鸟

(图片来源：http://www.eyefetch.com/image.aspx?ID=1032146)

鸫鸟

(图片来源：http://www.eyefetch.com/image.aspx?ID=1032146)

红胸知更鸟

知更鸟

森林报

第三期　载歌载舞月（春天的第三个月）　5月21日至6月20日　太阳进入双子星座

一年——分为12个月的太阳诗篇

5月——你完全可以边走边唱！这时春天开始认真地做起自己的第三项工作：开始给森林穿上盛装。

于是在森林里，一个欢乐的月份开始了——载歌载舞月！

太阳胜利了，完全地胜利了——它用自己的光和热，战胜了冬天的严寒和阴暗。晚霞向朝霞伸出了手，在我们北方，白夜开始了。在夺回了土地和水之后，生命开始快速地成长。绿色的新叶闪闪发光，给高大的树木穿上了盛装。无数昆虫在空中快速地飞舞着；黄昏时，白天睡觉的夜鹰和身手敏捷的蝙蝠会出来捕食它们。白天，燕子和雨燕在空中飞来飞去，鹫和鹰在耕地和森林上空翱翔。红隼和云雀在田野上空挥动着翅膀，像是用一条线把它们跟云朵连起来一样。

没有铰链的大门打开了，从里面飞出了有着金色翅膀的住户——勤劳的蜜蜂。所有动物都歌唱着，嬉闹着，舞蹈着：琴鸡在地上，野鸭在水里，啄木鸟在树上，鹬鸟——号称天上的绵羊——在森林上空。现在，按诗人的说法："我们俄罗斯大地上的鸟兽们都是快乐的。穿过去年的落叶，现在森林里的疗肺草变蓝了。"

为什么我们的5月被称作叹息之月？

因为5月一会儿冷，一会儿热。白天阳光明媚，晚上就不得不发出

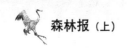

"唉"的叹息,实在是太冷了。5月里,有时候在树荫下是天堂,而有时候就得给马铺上干草,自己也得靠近火炉取暖。

快乐的5月

每个动物都想展现自己的勇气、力量和敏捷。唱歌跳舞得先停下来:它们的牙齿和嘴巴在发痒,都想找人打一架。绒毛、兽毛和羽毛满天飞。

森林居民们都很着急:这是春天的最后一个月了。

很快夏天就要来了。随着夏天的到来,得考虑房子和孩子的事情了。

在农村里常讲:"春天想永远呆在俄罗斯大地上,可是有一天,布谷鸟一鸣叫,夜莺一歌唱,春天就倒在夏天的怀里了。"

森林大事记

森林乐队

在这个月里,夜莺开始歌唱起来,而且是不分昼夜地啼叫,甚至是鸣叫。

孩子们很惊讶:难道它们不睡觉吗?春天里鸟儿们没时间久睡,它们的睡眠都很短:它们只在两首歌之间打个盹,有时候是在半夜睡一小时,有时候是在中午睡一小时。

在朝霞和晚霞中,不光是鸟类——所有森林居民都歌唱着、演奏着,什么乐器和方式都有。这里你能听到铃铛、小提琴、鼓、长笛的声音,能听到吠叫声、咳嗽声、嗥叫声、吱吱声,还能听到轰隆声、嗡嗡声、咕噜声、呱呱声。

苍头燕、夜莺、画眉鸟歌唱着,它们的嗓音嘹亮而清脆。甲虫和蚱蜢吱嘎吱嘎地拉着提琴;啄木鸟咚咚地敲着鼓;黄鹂和小小的白眉鸫尖声尖气地吹着笛子。

狐狸和松鸡大声地叫着,狍子咳嗽着,狼嗥叫着,雕哼哼着。黄蜂和蜜蜂发出嗡嗡的声音。青蛙一会儿发出咕噜声,一会儿发出呱呱声。

即使有谁唱得不好,它也不会脸红。每个人按照自己的喜好给自己选择乐器。

啄木鸟寻找能发出响亮声音的枯树枝,这是它的鼓。而它的鼓槌就是它那出色的、有力的尖嘴。

天牛坚硬的脖子吱吱地响,这不就是一把小提琴吗?

蚱蜢用爪子摩擦翅膀:它的爪子上有钩子,它的翅膀上有锯齿。

火红色的麻鸦把自己的长嘴伸进水里,发出咕噜咕噜的声音,真不知道它是怎么吹出声音的!整个湖水发出轰天的巨响,像一只公牛在怒吼。

而鹬鸟竟然能用尾巴唱歌:它盘旋着飞上天,然后张开尾巴,头朝下冲下来。风在它的尾巴里嗡嗡地响着——不折不扣就是一只森林上空的小绵羊!

好一个森林里的乐队!

客 人

在乔木和灌木下面,在离地不远的地方,顶冰花的小金星已经早就开始闪烁了。

这些小金星出现的时候,树木还是光秃秃的,太阳的明媚春光可以毫无阻碍地照射到地面上。在阳光里,顶冰花开花了,旁边开花的还有紫堇。

看见紫堇的第一批花朵真是太令人高兴了!它浑身上下都那么漂亮:奇妙的紫色小花,长着长长的小刺,在花茎上结成一束,青灰色的小叶子,边缘上都是锯齿。

现在顶冰花和它的紫堇朋友的黄金时期已经过去了。树荫太密了,妨碍了它们的生存,它们该准备回家了。它们的家在地下世界,它们在地面上只是客人。在播撒完种子后,它们就无影无踪地消失了。但是在地下深处的某处,它们的小球茎和圆块茎会安逸地度过整个夏天、整个秋天和冬天。

如果你想把它移植到自己家里,现在就把它挖起来,趁它那迟开的花朵还没有凋谢。挖的时候要小心,还要用点力。你一定会惊讶:这些小植物的地下茎,有时候是苍白色的,怎么总是那么长啊!

我们的这些客人的球茎和块茎,总是待在那些土地冻得硬邦邦的地方。在暖和的、有东西覆盖的地方它们离地会比较近。当你要把它们种在自己家的时候别忘了这点。

巴甫洛娃

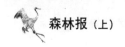

田野里的声音

我和一个伙伴去田野里除草。我们静静地走着,听见一只鹌鹑从草丛里对我们说:"去除草!去除草!去除草!"

我们对它说:"我们是去除草的。"它还是自顾自地说着:"去除草!去除草!"

我们经过一片洼地,那里有两只青蛙从水里探出头来,叫喊着,耳朵后面还冒着气泡。一只叫着:"傻瓜!傻瓜!"另一只对它叫着:"你自己才是!你自己才是!"

我们来到了田野边,几只圆形翅膀的田凫迎接我们。它们飞到我们的头上,问我们:"谁派你们来的?谁派你们来的?"然后又重复了一次。我们对它们说:"我们是从红明村来的。"

森林记者 库洛奇金(红明村)

鱼的声音

记录着水下声音的唱片在电台里播出了。房间里的人马上都不说话了,扩音器里传来人们到现在为止从没听过的声音:低沉的吱吱声,刺耳的尖叫声,不知是什么东西发出的呻吟声和哞哞声,某种独特的嘎嘎声,然后突然又是震耳欲聋的唧唧声。这些是黑海里不同的鱼发出的声音。每种鱼都有自己的声音,仅凭声音就能很容易地把这些水下王国的居民区分开来。

现在,由于发明了水下测声仪——灵敏的水下耳朵——我们确信,水下王国完全不是寂静无声的,鱼类也根本不是哑巴。这将有巨大的现实意义:在水下测声仪的帮助下,能够了解,什么地方能进行渔业捕捞,鱼类向哪里转移;知道了它们的准确所在地,出海捕鱼就不用乱碰运气地盲目进行了。而且人们还能通过模仿鱼类声音的方式来吸引它们。

受 保 护

花朵里最娇弱的东西是花粉。花粉一受潮就会坏掉。雨水、露水对它都是有害的。那么花粉怎样才能保护自己不受雨露的伤害呢?

铃兰、黑莓、越橘的小花,像吊着的小铃铛一样,所以里面的花粉

第三期 载歌载舞月

总是受到保护的。

金莲花望着天空。每片金莲花的花瓣都像小勺子一样向里面弯着，花瓣的边互相压着。这样就形成一个胖胖的全封闭的小球。雨打在小球上，连一个雨点也碰不到里面的花粉。

凤仙花现在含苞待放，每朵小花都躲在叶子下面。好聪明啊：花梗架在叶柄上，这样小花就可以受到很好的保护。

野蔷薇的花里有许多雄蕊，下雨的时候它的花瓣就闭合起来。莲花在天气恶劣的时候也把花瓣闭合起来。

金凤花是向下垂着长的。

巴甫洛娃

森林里的夜晚

一位森林记者在给我们的信中写道：

"夜晚，我到森林里去——想听听夜晚的森林里有什么声音。我听见了不同的声音，而这些声音是什么发出来的——我不知道。那我怎么给《森林报》写关于这些声音的报道呢？"

我们答复他说："把听见的声音描述出来吧，我们会努力研究明白的。"

然后他就给我们编辑部寄来了这样一封信：

"说实话，我晚上在森林里听见的声音乱七八糟的，完全不是你们描写的乐队的声音。

"鸟儿们的声音渐渐沉寂下来，最终，完全安静下来了。此时已是半夜了。

"后来，在高处的什么地方，传来了一种低沉的琴弦声。起先是轻轻地，然后越来越响，形成一种浑厚的低音，然后又越来越静，直到完全没有声音。

"我想：作为开始还不错。虽然只有一根弦，但总算是开始了。

"突然，从森林里传来'哈——哈！嗬——嗬！'的声音——好可怕的声音，我身上起了一片鸡皮疙瘩。

"瞧，我想，这就是给音乐家的奖赏：被嘲笑了吧！

"又是寂静，长时间的寂静。我以为什么也不会再有了。

"然后我又听见，有谁在给留声机上弦。上着，上着，上着，但是没有音乐。'它们的留声机坏了吧？'我想。

"上弦停下来了。一片寂静。然后又开始上,'嘚——嘚——嘚——嘚!'没完没了的,烦死人了。

"终于上好弦了。'嗯,我想,现在该放唱片了吧,赶快放吧。'

"突然有人拍起手来。既响亮又热烈。

"'这是怎么回事?'我想。什么都没放,怎么就有人鼓掌了呢?

"我听到的声音就是这些。然后又有人上了半天弦,但是什么也没放出来,然后又有人鼓掌。我生气了,就回家了。"

我们得说,我们的森林记者没什么必要生气。

他听见的低沉的琴弦声,那是一种从他头上飞过的甲虫,也许是金龟子。

发出恐怖的大笑声的是一种大猫头鹰——灰林鸮。

它的声音就是那么令人讨厌,你什么办法也没有。

给留声机"嘚——嘚——嘚——嘚!"上弦的是夜鹰——也是晚上活动的鸟,只不过不是食肉的。夜鹰当然没有什么留声机,它叫起来就是那样的。它认为自己是在歌唱。

鼓掌的也是它,夜鹰。当然,它没有手掌,它是在空中用翅膀发出"哗——哗——哗!"的声音,听起来很像掌声。

它为什么要这么做,这个问题编辑部解释不了:我们自己也不知道。

可能它就是高兴这么做吧!

游戏和舞蹈

鹤在沼泽地上举行舞会。

它们围成一圈,有一只或两只走到中间来开始跳舞。

一开始没什么——只是用两条长腿蹦跳着。接下来又有了更多的花样:开始大跳特跳,一段接一段——能把你笑死!一会儿转圈,一会儿跳跃,一会儿下蹲,跟踩着高跷跳俄罗斯民间舞一样!站在周围的那些鹤,挥动着翅膀,有节奏地打着拍子。

而猛禽们的游戏和舞蹈是在空中。

隼表现得特别出色。它们飞上云端,并在那里展现身手敏捷的奇迹。有时候,一下子收起翅膀,从令人头晕的高度,像一块石头似的冲下——眼看要到地面了,才又展开翅膀,划个大圈,重新腾空而起。有时候,停留在很高很高的空中,张开翅膀盘旋着,好像用一条线把它们跟云朵连起来一样。有时候,突然在空中做起前滚翻来,像真正的空中小丑一样,筋斗连着筋斗地翻向地面,它们翻着惊险的筋斗,盘旋着,挥动着翅膀。

最后飞来的一批鸟

春天快结束了。最后一批在南方过完冬的鸟,飞到我们列宁格勒州来了。

正如我们期待的那样,这些鸟是最鲜艳、最五彩缤纷的。

现在,草地上长满了花朵,灌木和乔木上长满了新叶,它们很容易躲避猛禽。

在彼得宫的小溪上,人们看见了翠鸟,它穿着像宝石一样的蓝褐色礼服。它是从埃及飞来的。

在小树林里,黄鹂有时发出笛声一样的叫声,有时发出流浪猫一样的叫声,它们身上是金色的,但翅膀是黑色的。它们是从南非飞来的。

在潮湿的灌木丛里出现了蓝色胸脯的歌鸲和五彩斑斓的鸫鸟,在沼泽地上出现了金黄色的鹡鸰,像天鹅绒一样。

粉红色胸脯的伯劳鸟、脖子上有一圈绒毛的流苏鹬、蓝绿色的佛法僧也飞来了。

秧鸡徒步走来了

还有一种有翅膀的怪物——秧鸡——从非洲徒步走来了。秧鸡飞行很困难,而且也不是很快。鹞和隼很容易在它飞行的时候抓住它。

但是秧鸡跑起来却不是一般的快,而且还能非常隐蔽地躲在草丛里。

所以它更愿意徒步穿越整个欧洲旅行,隐蔽地在草地和灌木丛间穿行。只有万不得已的时候,它才展开翅膀飞,而且只在晚上飞。

现在我们这儿的秧鸡整天在高高的草丛里鸣叫:

咯——咯!咯——咯!

你可以听见它的声音,但是想把它从草丛里轰出来,看看它是个什么样子,那你就试试吧!

有人笑,有人哭

森林里大家都很快乐,只有桦树在哭泣。

在强烈阳光的照射下,树液在桦树整个白色身体里流得越来越快。穿过树皮上的小孔,树液流到外面来了。

人们认为桦树的树液是既有益又好喝的饮料。他们割开树皮,把树液收集到瓶子里。

流失了许多树液的树,就会枯萎并死亡,因为树液对于树的重要性,就像血对于人的重要性一样。

松鼠开荤

松鼠已经吃了一冬天的素食。它一直在啃松果,吃秋天时储备的蘑菇。现在是它开荤的时候了。

许多鸟已经建好了窝,下好了蛋。有一些甚至都孵出雏鸟来了。

松鼠对这个很拿手:它找到树枝上和树洞里的鸟窝,把雏鸟和鸟蛋掏出来当作午餐。

这个可爱的啮齿动物在破坏鸟窝这件事情上,一点也不输给任何食肉动物。

我们的兰花

这些有趣的花,在我们北方不常出现。你一看见它们,就会情不自禁地想起它们那著名的亲戚——生长在热带森林里的奇兰。奇兰在树上也

第三期　载歌载舞月

能见到，而我们这里的兰花——只生长在地上。

我们这里的一些兰花，有令人惊奇的根：像几只伸开手指的胖乎乎的手。花有时非常漂亮，有时却很难看。但是，手参兰、舌唇兰、角盘兰，这些花闻起来都好香啊！你会沉醉于它们的芬芳当中。

但是我们这里的兰花中，最奇妙的一种，我最近才第一次见到，那是在罗普莎。这是一种我不认识的植物，它有五朵美丽的大花。我把一朵花向上翻起，但是马上就厌恶地抽回了手。有一只奇怪的红褐色苍蝇躲在那里。我用麦穗拍它一下，它动也不动。我仔细看了看。这不是苍蝇，它的身体像天鹅绒一样柔滑，带有浅蓝色斑点，有毛茸茸的短翅膀，有头，有一对触角。这是花的一部分——那时候我还不知道——它叫蜂兰。

巴甫洛娃

找浆果去！

草莓成熟了。在阳面你会看见已经熟透了的草莓果实，它又香又甜！你一吃就会忘不了。

黑莓也成熟了。沼泽地上的云莓也快成熟了。黑莓在灌木丛上有许多果实。草莓极少有超过五个的。而云莓最吝啬：它在茎端只有一个果实，还不是每棵都有，有一些只开花不结果。

巴甫洛娃

阎甲虫

我找到了一只甲虫，但我既不知道它叫什么名字，也不知道应该喂它吃什么。

它长得很像瓢虫。只不过瓢虫是红色的，带有白点，而这只却是全黑的。它的身子是圆的，只比豌豆大一点，有6只脚，还会飞。它背上有两只坚硬的黑色翅膀，在黑色翅膀下面还有两只柔软的黄色翅膀。它抬起黑色翅膀，伸出黄色翅膀，就飞起来了。

有趣的是，当它感觉到危险的时候，就把脚藏在肚子底下，把触角和头也缩起来。当你把它拿在手里，你决不会说它是一只甲虫。这时候，

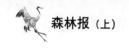

它更像是一粒黑色的水果糖。

但是等过了一会儿,谁也不碰它,它就首先伸出所有的脚,然后是头,然后是触角。

恳请你们告诉我,这只甲虫是什么动物?

12岁的露西亚·柳朵尼娜

来自编辑部的回复

你把自己的小甲虫描述得很好,我们一下子就认出它来了。这是一只阎甲虫,也叫龟甲虫。它行走得很慢,跟乌龟一样,也能藏进自己的铠甲里,这也跟乌龟一样。它的铠甲很深,所以它能把脚、头和触角都缩进去。

阎甲虫有很多种——黑色的和其他颜色的。它们都吃腐烂的植物和粪便。

有一种阎甲虫是黄色的,浑身长着细毛——它住在蚂蚁窝里,想飞去哪儿就飞去哪儿,然后又回到蚂蚁窝里来。蚂蚁们也不招惹它,而且在保护自己蚂蚁窝的同时,也保护自己的房客——阎甲虫,使它不受敌人的伤害。

摘自少年自然科学家日记

燕 子 窝

5月28日。在邻居家小房子的屋檐下面——正好就在我的窗户的对面——有一对燕子开始筑巢了。我对这件事感到非常高兴:现在我可要看看,燕子是怎么建造自己可爱的圆房子的,我会从头到尾地看到它们建造的过程。它们什么时候开始孵蛋,以及怎样喂养自己的小燕子,这一切我都能知道了。

我仔细观察着燕子们飞去哪里采集建筑材料:是去村庄之间的河里。它们落到岸边,用嘴挖起一块泥土,然后马上衔着这块泥土飞向小房子。它们轮流换班,把泥土贴在屋檐下的墙上,然后赶紧再去运一块新泥土。

5月29日。很遗憾,对于这个新的建设工程并不是只有我一个人感到高兴:邻居家的猫今天上午爬上了屋顶。这个家伙是一个灰色的流浪汉,身上的毛被扯掉了好几块,在跟别的猫打架的时候还失去了右眼。

它一直盯着飞来飞去的燕子们,而且已经开始往屋檐下面窥探:窝

第三期 载歌载舞月

怎么还没建好？

燕子们发出了惊慌的叫声，猫不从屋顶上走开，它们就不再筑巢。难道它们要就此离开了吗？

6月3日。这几天燕子们建好了窝底部的基座——像一把精致的镰刀。邻居家的猫经常爬上屋顶，吓唬它们，妨碍它们干活。今天下午燕子们再也没回来过。显然，它们放弃了这个建筑工程。它们会给自己找到一个更清净的地方，而我就什么也看不到了。

真是令人遗憾，太令人遗憾了！

6月19日。这几天一直都很热。镰刀似的巢基在屋檐下被晾干了，并变成了灰色。燕子们一次也没出现过。白天整个天空被乌云遮住了，白花花的雨倾泻而下。这是真正的倾盆大雨。窗外好像挂起了一大片由玻璃棍儿组成的帘子。雨水在街上汇集成了一条条小溪，奔流着。小溪变成了小河，你已经蹚不过去了：河水泛滥了，发出哗哗的声音，像疯了似的，两岸的稀泥，一踩，差不多要没到膝盖了。

雨下到黄昏才停，一只燕子飞到屋檐下来了。它贴到巢基上，待了一会儿，就飞走了。

我想："也许不是邻居家的猫把燕子们吓跑的，而只不过是这几天它们没地方去采集筑巢用的泥土？也许，它们还会再飞来？"

6月20日。飞来啦，飞来啦！而且不是一对儿，是一整群——还是个委员会。它们在屋顶上盘旋着，向屋檐下看看，激动地叫着——好像在争论着什么。

它们商量了10分钟，然后一下子都飞走了。只留下了一只。它用爪子抓牢巢基，身子一动不动地待着，只是用嘴在修理巢基，也许她是用自己那带有黏性的涎水在泥土上涂抹。

我相信，这是一只雌燕——它是这个窝的女主人。因为很快又飞来了一只雄燕，它嘴对嘴地把一块泥土递给了雌燕。雌燕开始继续筑巢，而雄燕又飞去找新的泥土。

邻居家的猫又来到了屋顶。但是燕子们并不害怕它，也不叫，一直工作到太阳落山。

这说明，我的眼前还是会出现一个窝，只要邻居家的猫不把爪子从屋檐上伸向它。但是其实燕子们知道，差不多要把自己的窝建在什么地方。

森林记者 维利卡

斑鹟的窝

5月中旬的一天,晚上8点左右,我在我家花园里发现了一对斑鹟。它们待在桦树旁边的棚子顶上,桦树上有我安放的圆洞鸟房,上盖是可以打开的。然后雄鸟飞走了,留下了雌鸟。它在圆洞鸟房上坐下,但是不进到里面去。

过了两天又看见了雄鸟。它飞进圆洞鸟房待了一会儿,然后又出来落在了一根苹果树的树枝上。

一只红尾鸲和它们开始打架。这不难理解:它们都想住在圆洞鸟房里。红尾鸲想从斑鹟那里把圆洞鸟房抢过来,但是斑鹟坚守着不肯放弃。

两只斑鹟在圆洞鸟房里住下来了。雄鸟要么在唱歌,要么在圆洞鸟房里钻进钻出。

有一对儿苍头燕落在了桦树顶上,但雄斑鹟不理它们。这也不难理解:苍头燕跟斑鹟不存在冲突,苍头燕自己筑巢,不住在圆洞鸟房里,而且它们吃的也不一样。

又过了两天。

这天早晨,有一只麻雀飞到斑鹟家里来了。雄斑鹟向它扑了过去,两只鸟在圆洞鸟房里开始大打出手。

突然一切都安静下来了。

我跑到桦树近前,用棍子敲敲树干。麻雀从圆洞鸟房里钻了出来。而斑鹟没有跟着出来。雌斑鹟在圆洞鸟房附近盘旋着,惊慌地叫着。

我害怕雄斑鹟死了,于是向圆洞鸟房里看了一眼。

雄斑鹟还活着,但是羽毛蓬乱;在窝里有两颗蛋。

雄斑鹟在圆洞鸟房里待了很长时间。它飞出来的时候十分虚弱,掉在了地上,母鸡们追逐着它。我怕它遭遇不测,就把它带回了家,喂它苍蝇吃。晚上又把它放回圆洞鸟房里去。

过了七天,我又看了一眼圆洞鸟房。一阵腐烂的气息向我袭来。在窝里我看见雌鸟正在孵蛋。雌鸟身旁,雄鸟在墙边躺着,已经死了。

我不知道是不是麻雀又闯进来了一次,或者在第一次战斗之后,死神就降临了。

我把死了的雄斑鹟拿出来的时候,雌鸟也没飞出来,它后来还是把雏鸟孵化出来了。

沃洛佳·贝科夫

林中战争

(续 前)

你们是否还记得,在林地上住下的记者们在给我们的报道中写到,他们日复一日地等待着林地变绿,到那时就会有小云杉从地里长出来。

这件事真的发生了:一阵温暖的雨过后,在一个晴朗的早晨,林地变绿了。不过这是什么东西从土里钻出来了?

根本不是小云杉!不知道从哪儿来的粗鲁的野草一族抢在小云杉前头了。它们长得又快又密。不管小云杉怎么努力,也没法从土里钻出来,它们已经晚了一步:林地被野草战士们占领了。

这样,第一场激斗开始了。

小云杉用它们的顶梢当做锋利的长矛,困难地刺穿头上那厚厚的野草。顽强的野草一族用尽全力挤住小云杉。激斗既在地面上进行,也在地底下进行。

像凶恶的鼹鼠一样,野草和云杉的根都很顽强,在地底下到处乱窜。它们互相交错着、缠绕着、挤压着、勒绞着,为的是争抢那营养丰富的、充满盐分的地下水。许多小云杉就这样从没见过阳光:它们在地下就被野草的根勒死了,野草的根十分强韧,像细铁丝一样。

那些好容易钻出地面的小云杉,受到野草的草茎令人窒息的拥抱。

野草紧紧抓住小云杉结实的树干。野草的草茎是有弹力的,交织在一起,小云杉努力用锋利的顶梢把野草拨开,想钻到上面来。草地不给它们见到阳光的机会。

在极少数情况下,才有个别云杉战胜了野草的强大力量,钻了出来。

林地上的战斗进行得最激烈的时候,在河的另一边,桦树刚刚开花。可是杨树已经准备好远征:它们要空降在河对岸。

它们的穗状花序张开了。从每个穗状花序里都飞出几百个带刷毛的小种子,好像独脚的小伞兵,头上顶着白色的降落伞。

风快乐地抓住种子的刷毛,在空中转啊转的,似乎种子比绒毛还轻,像一朵白云被吹到了河上。风一撒手,把种子大面积地播撒在整个林地上——一直播撒到云杉之国的边上。

独脚小伞兵像雪一样落到云杉和野草的头上。第一场雨就把它们冲下来,塞进了土里。它们不见了。

日子一天天过去了。林地上的战争继续着。不过已经很明显,野草无法跟云杉竞争了。

野草用尽全力向上伸展,但是很快就停止了生长。而云杉还在继续生长。

于是野草一族的日子不好过了。小云杉在它们头上伸展开自己阴暗的枝杈,夺走它们的阳光。在树荫里,野草很快衰弱下来,并无力地倒伏在地面上。

但是从地里钻出了另一支军队——小杨树。它们一小撮一小撮地来到这个世界上,慌慌张张地挤在一起,而且从头到脚都在发抖。

它们来晚了,它们没有力量跟云杉斗争。

云杉在把阴暗的枝杈伸到它们头上,小杨树缩起身子,在树荫里迅速变得虚弱,最后打蔫了。

杨树是非常喜欢阳光的。没有阳光它们是无法生存的。

云杉就要胜利了。这时又有一批空降兵乘坐着双翼滑翔机降落在林地上,并开始消失在地底下。它们是新的敌人。这是桦树种子。它们像闹着玩似地飞过了河,也散播在整个林地上。

它们会战胜第一批占领军——云杉一族——吗?我们的记者不知道。

在下一期《森林报》上,我们将刊登他们新的报道。

集体农庄历

集体农庄庄员们的工作很多:在播完种后把粪肥运到田地,增强化肥的肥性,翻动粪肥,为秋耕准备好田地。然后开始忙菜园里的工作:第一件事是种土豆,然后是播种胡萝卜、芜菁、种黄瓜、食用芜菁、白菜。这时亚麻也长起来了,该给它除草了。

孩子们也没在屋里闲着。他们也是田地里、菜园里和花园里的好帮手。他们帮忙种地、除草,给树修剪枝叶。集体农庄里的事可真不少啊!他们制作够一整年用的桦枝帚,拔嫩荨麻。荨麻是做菜汤用的;嫩荨麻和酸模做的菜汤是绿色的,美味可口。他们还捕鱼:鲤鱼、斜齿鳊、红鳍鱼、石首鱼、欧鳊鱼、雅罗鱼等。而其他的鱼就用鱼竿钓,用鱼饵捕捞鲈鱼、梭鱼。

晚上他们用捞网(在长棍的一头装上网架,在网架上装一个像口袋一样的网,就是捞网)捕捉各种鱼。

夜里他们在岸边设下捕虾的吊篮,并坐在火堆旁,等着多捕些虾。同时互相讲着故事:有可笑的,也有吓人的。

再也听不见从麦田里传来灰松鸡的叫声。越冬黑麦长到齐腰高了;春播作物也长起来了。

灰松鸡还住在老地方,但是它已经不能叫了:窝就在旁边,而窝里有蛋,蛋上是正在孵蛋的雌松鸡。现在得沉默不语,不然就会招来灾难:顺着声音,鹰、孩子们、狐狸,都可能会过来,这些都是破坏鸟窝的能手。

我们给大人们帮忙

假期一开始,我们少先队小队就开始给集体农庄里的大人们帮忙。我们给农田除草,杀灭害虫。

我们既休息又工作。这办法不错。

接下来还有很多工作,很多任务。就要开始收割庄稼了。我们会去打粮,帮助集体农庄里的女庄员们扎捆。

森林记者 安娜·尼基金娜

新 森 林

在俄罗斯联邦中部和北部地带,春季植树造林结束了。新林地将近10万公顷。

这个春天,在苏联欧洲部分的草原地区和森林草原地区,那里的集体农庄开辟了将近25万公顷的新的护田林带。

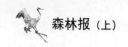

同时集体农庄还开辟了大量的林木培育场,它们在年底之前能供应超过10亿棵树苗,既有乔木,又有灌木。

秋天,俄罗斯联邦的林业部门还将种植数十万公顷的新森林。

列宁格勒塔斯社

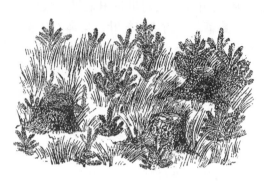

集体农庄新闻

迎面的风是个好帮手

从突击队员集体农庄的亚麻田里传来了抱怨声。小亚麻抱怨说,在田里出现了敌人——杂草——杂草不给它们活路。

集体农庄派集体农庄庄员去帮助亚麻。他们对这些杂草敌人很冷酷,而对亚麻却百般爱护。他们脱下鞋子,赤着脚,小心翼翼地迈着步子,而且一直迎着风走。突击队员用脚将亚麻踩得弯向地面。但是,亚麻被踩过之后,迎面的风把亚麻的茎一推,就把亚麻托起来了。亚麻又站起来了,好像什么事情也没发生过。而它的敌人被消灭了。

小牛初体验

今天第一次有一群小牛来到了牧场。它们撒着欢儿,扬起尾巴跑着。

绵羊脱掉了外衣

在红星集体农庄的剪羊毛室里,十个经验丰富的剪羊毛能手正在用电推子给绵羊剪羊毛。他们剪着,好像给绵羊把外衣解下来了似的:所有的羊毛都从绵羊身上剪下来了。

小羊找妈妈

当牧羊人把剪好毛的绵羊放回到小羊身边时,小羊们问:这些绵羊里谁是我的妈妈?

众鸟欢唱。

颜色鲜艳的蘑菇往往有毒。

妈妈你在哪儿？你在哪儿？小羊伤心地咩咩着。牧羊人帮每一只小羊都找到了自己的妈妈，然后又去剪羊毛室赶来另一群羊。

牲畜越来越多了

集体农庄里牲畜的数量每天都在增长。这个春天出生的小马驹、小牛犊、小绵羊、小山羊、小猪崽，真是好多啊！

昨天一夜的工夫，在小溪村，学生们的牲畜数量就增加到了四倍。以前只有一只山羊，现在有了四只：妈妈生下了三个孩子。

果园里的重要日子

果园的伟大日子来临了。草莓开花了，樱桃的圆形灌木丛被雪白的花朵覆盖着，而昨天梨树也发芽了。再过一两天苹果树也要开花了。

在新生活集体农庄里

在新生活集体农庄里，南方蔬菜——西红柿，昨晚搬到了池塘旁的新居。以前它们是生长在温室里的。黄瓜在西红柿隔壁住下了。西红柿是强壮的少年，准备要开花。黄瓜是婴儿，它们还躺在白色的襁褓中，刚刚露出了小鼻尖。土地妈妈掩护着婴儿，不让贪婪的鸟类看见它们。黄瓜能来得及长大，并赶上西红柿吗？

帮助那些六条腿的朋友们

一提到跟农业有关的昆虫，我就会想起一群群小小的，但是对庄稼非常有害的敌人。我们忘记了，除了那些敌人，有多少六条腿的朋友在田里为我们工作。我们忘记了，它们在给植物授粉这件工作上起着多么巨大的作用。许多种有翅膀的六腿朋友——蜜蜂、野蜂、姬蜂、甲虫、苍蝇、蝴蝶，把花粉从一朵花转移到另一朵花上，黑麦、荞麦、大麻、苜蓿、向日葵……它们都是通过昆虫授粉的。

有时候，这些小朋友的力量不足以给我们所有的庄稼授粉，所以我们不得不用自己的手帮助它们。

给黑麦、荞麦、大麻、苜蓿授粉要用绳子。两个人，拿着一根长绳子的两头，从开花植物的顶梢拖过去，把顶梢拖得弯下来。这样，花粉就从花上落下来，随风飘散到整个田野，或者粘在绳子上，被拖到别的花上去。给向日葵授粉时，把花粉收集到一小块兔子皮上，然后用这块兔子皮把花粉扑到所有正在开花的向日葵花盘上。

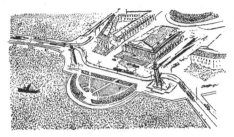

城市新闻

列宁格勒的驼鹿

5月31日清晨,在梅契尼科夫医院旁边发现了一只驼鹿。近几年这已经不是第一次有驼鹿出现在城市里了。人们认为,驼鹿是从邻近地区的森林里来到列宁格勒的。

海上来的客人

这几天,胡瓜鱼从芬兰湾密密麻麻地游进了涅瓦河,它们是来涅瓦河产卵的。渔夫们累得精疲力竭:他们用渔网捕捞到了大量的胡瓜鱼。

产完卵后,胡瓜鱼就又回到海里去了。

海洋深处来的客人

有许多不同的鱼从海洋游进河里产卵。小鱼出生后又从河里游回海洋。

但是只有唯一的一种鱼是出生在海洋深处,然后游进河里生活。它出生在大西洋的藻海。

这种鱼叫小扁头。

没听过这种名字吧?

这也难怪:这种鱼只有小时候在海里叫这个名字。

那时候它全身透明,连肚子里的肠子都看得见,扁扁的像一片叶子。长大之后就变得像一条蛇了。

到那时人们才想起它的真正名字:鳗鱼。

小扁头住在藻海里三年。到第四年它变成小鳗鱼,还是透明得像玻璃似的。

第三期　载歌载舞月

现在这些透明得像玻璃似的小鳗鱼游进了涅瓦河。

从自己的出生地出发，神秘的大西洋深处出发，它至少游了2,500千米。

试验飞行

你在公园里、大街上或林荫道上走的时候，注意头顶吧——会有小乌鸦或小椋鸟从树上，要不就是小燕子或小麻雀从屋顶上——掉到你头上。它们恰巧现在从窝里飞出来，刚刚开始学习飞行。

斑胸田鸡在城市里漫步

最近市郊的居民在夜里听见低沉的、断断续续的叫声："呼——呼！……呼——呼！"叫声起初是从一条沟里传来，然后又从另一条沟里传来。这是斑胸田鸡——一种生长在沼泽里的秧鸡，它步行着穿越了城市。它是秧鸡的近亲，也像秧鸡一样，步行着穿越了整个欧洲来到我们这里。

采蘑菇去

在一场温暖的大雨过后，你可以出发去城外采蘑菇了：红菇、桦菇和白菇从地底下钻出来了。这是第一批夏季蘑菇——统称为麦穗菌，这是因为它们出现的时候，正是越冬黑麦开始抽穗的时候。夏天一结束，它们很快就消失了。

当你发现丁香花开始凋谢的时候，你就知道：春天结束了，夏天开始了。

有生命的云

6月11日，许多人正在列宁格勒的涅瓦河畔散步。空中没有云，天气非常热。街上的房屋和柏油路都发烫了，令人喘不过气来。孩子们在嬉闹。

突然在大河那边出现了一片灰色的云。

所有人都停下来看那片云：云移动得非常低，差不多贴着水面——然后人们眼看着它逐渐变大。

它发出沙沙声和刷刷声,把散步的人们笼罩起来,人们这才明白了,这不是云,而是一大群蜻蜓。

一瞬间,周围的一切发生了奇妙的变化。

由于这么多小翅膀一起移动,刮起了一阵轻微的凉风。

孩子们停止了嬉闹。他们兴高采烈地看着阳光穿过彩色的云母似的蜻蜓翅膀,空气中闪耀着七彩的光芒。

散步的人们的脸都变成了彩色的:小彩虹,小光斑、小星星在他们的脸上闪动着。

这朵有生命的云,带着刷刷声,在河岸上空移动,升高,消失在房屋后面。

这些小蜻蜓刚一出生,就成群结队地飞去寻找自己新的居住地。而它们在哪里出生,会在哪里落脚,谁也没有了解到。

这种成群结队的蜻蜓在各个地方都很常见。如果你看见了,不妨注意一下这些小蜻蜓从哪里来,到哪里去。

列宁格勒州的新兽

最近几年,猎人们常在我们州的艾菲莫夫区和邻近几个区的森林里,遇见一种当地居民不认识的野兽,它跟狐狸差不多大。这是乌苏里浣熊狗,或者简称为浣熊。

它是怎么到这儿来的?

非常简单:用火车运来的。

运来了50只浣熊,并放生到了我们州的森林里。10年之后它们的数量会变得非常多,已经允许捕猎它们了。

乌苏里浣熊能提供非常珍贵的毛皮。整个冬天都可以捕猎它们:它们在我们这里不冬眠。它们在故乡本来是冬眠的,因为那里的冬天比我们这里要冷得多。

鼹 鼠

有些人以为,鼹鼠是啮齿类动物,像其他地底下的老鼠那样,在地底下到处乱窜,吃植物的根。但这是对鼹鼠的污蔑,它根本不是老鼠,还不如说它是披着柔软的天鹅绒外衣的刺猬。它也是以昆虫为食的动物,吃金龟子和其他有害昆虫的幼虫,所以它对我们非常有益。它并不危害植物。

第三期　载歌载舞月

　　不过，鼹鼠经常在花园或菜园里的田垄上挖洞，扔出一团团的泥土——所谓的鼹鼠之患，这样会破坏花朵或美味的蔬菜。如果有人不能容忍这一点，可以心平气和地在地里埋一根高杆子，并在上头装一个小风车。

　　风一吹，风车就转，风车一转，杆子就抖动，土地也会一起颤动，弄得鼹鼠洞里嗡嗡响，这样所有的鼹鼠就都四散奔逃了。

少年自然科学家 尤拉

蝙蝠的声纳

　　夏天的夜晚，从敞开的窗外飞进来一只蝙蝠。

　　把它赶走，赶走！姑娘们尖叫起来，赶快用头巾包住自己的头。而一位谢了顶的老爷爷，埋怨地嘟囔着："它是冲着屋里的亮光来的，钻你们的头发干什么呢！"

　　不久之前，科学家们还不能明白，在晚上，在黑暗中，蝙蝠是怎么分辨飞行路线的。

　　蒙上它的眼睛，堵上它的鼻子，它依然能避开空中所有的障碍，甚至是屋里一根拉紧的细线，它还能敏捷地躲过扑网。

　　随着声纳的发明，这个谜团才解开了。现在可以确定，所有的蝙蝠在飞行中都用嘴发出超声波——一种频率很高，人耳听不见的叫声。这种声音能从任何障碍物上反射回来，而蝙蝠灵敏的耳朵能"接收"信号："前方是墙！"或者"有一根线"，或者"有个小蚊子"。只有又细又密的女性头发不能很好地反射超声波。

　　谢了顶的老爷爷，当然没什么可害怕的，而现在女孩子们的发型，事实上会让蝙蝠以为是"屋里的亮光"，于是向着其中一个冲过去。

我们给风打分

　　风在微小的时候，是我们的朋友。

　　夏天，在炎热的中午，如果一丝风也没有，我们就会热得喘不过气来。完全无风的时候，烟囱里的烟笔直地向天空升去。如果空气以不到0.5米/秒的速度移动，我们是感觉不到风的——于是我们给它打上0分。

　　微风的速度是1~1.5米/秒，或60~90米/分钟，或3.5~5.5千米/小时。这是步行的速度，烟囱里出来的烟柱已经是斜的了。我们觉得脸上凉丝丝的，不发闷了。我们给微风打上1分。

轻风的速度是2～3米/秒，也就是120～180米/分钟，或7～11千米/小时。大约是人奔跑的速度。树上的叶子沙沙作响。我们在风的记分簿上给轻风记上2分。

软风吹动的速度是4～5米/秒，也就是14.5～18千米/小时，差不多是马奔跑的速度。它摇动小树枝，快乐地推动纸船。我们在记分簿上给它打上3分。

气象学上的和风能扬起路上的灰尘，激起海里的波浪，摇动树上的粗枝。它的速度是6～8米/秒。人们给它打上4分。

疾风吹动的速度是9～10米/秒或32～36千米/小时。这大约是乌鸦飞行的速度。它使树的顶梢喧哗，使森林里的细树干摇曳，使大海上涌起波浪。它能吹散蚊蝇。疾风被标记上5分。

大风开始不厚道了。它使劲摇晃森林里的树木，把晾在绳子上的衣服扔在地上，把人头上的帽子吹掉，把排球吹到一边，让人打不了。它吹动的速度跟客运列车的速度一样，39～43千米/小时。好在气象学家是采用12分制，而不是我们学校里的5分制，不然就没法打分了。气象学家给它打上整整6分。

更多关于风的打分请看《森林报》第八期：我们这儿最猛烈的风在秋天。

打 猎

我们的国土面积非常大。在列宁格勒附近，春天的狩猎期刚刚结束，北方的河水才刚刚开始泛滥，打猎活动正进行得如火如荼。许多狂热的猎人正争先恐后地向北方赶去。

前往春汛地区

天空布满乌云，今天的夜晚如秋夜一般阴沉。

我和塞索伊奇乘一条小船在森林中的小河里行进，河两岸又高又陡。我在船尾划着桨,他在船头。

塞索伊奇什么野兽和野禽都打,但是不喜欢钓鱼,甚至瞧不起钓鱼的人。今天他虽然是冲着鱼而来,但是他今天也一点没变:他要去"猎"鱼,而不是用钓钩、渔网或者其他渔具捕鱼。

经过了高高的河岸,我们来到了广阔的春汛地区。有些地方的灌木从水里伸出顶梢来。远处是树木模糊的树影。再远处是森林,像一堵阴暗的墙一样。

夏天,这里有一条长满灌木的河岸,把小河与一个不大的湖隔开。湖里有一股小水流通往小河。但现在没什么寻找它的必要了:到处是足够深的水。小船能在灌木丛之间穿行。

在船头的铁板上准备好了干树枝和松脂木。塞索伊奇划着了火柴,生起了一堆火。

随船移动的火堆照耀着平静的湖水和船两侧黑色的、光秃秃的灌木树枝。

但是我们没工夫往两边看,我们向下注视着,注视着被照亮的河水深处。我轻轻划动船桨,不让它露出水面。小船静静地前行着。

我的眼前出现了一个奇幻的世界。

我们已经在湖里了。湖底好像藏着一些巨人,他们的身体埋在泥里,头顶凌乱的长发无声无息地晃动着。这到底是水藻还是水草呢?

这是一个漆黑的深潭,瞧不见底。也许它并不那么深:火堆的光最多只能照进水里两米深。但是往这黑色的深潭里看,真可怕:谁知道有什么东西藏在那儿。

从下面,从黑暗中,一开始慢慢地,后来越来越快,越变越大,升上来一个银色小球。

它朝着我的眼睛冲过来了,眼看就要蹦出来,打在我的脑门上……

我不由自主地把头一缩。

小球变成了红色,露出了水面——然后就炸裂了。

只是一个沼气泡。

我这不就是乘着一只飞船在一个未知星球上空飞行么!

有几个小岛在我们船下溜过,上面长满了又密又直的森林,那是芦苇吗?

　　一个黑色的怪物把自己多节的触手弯曲着向我伸来。这个怪物既像章鱼,又像乌贼,不过它的触手更多,更难看,更吓人。这到底是什么啊?

　　原来只是一棵淹没在水里的树,一棵盘根错节的柳树桩子。

　　塞索伊奇的动作使我抬起了眼睛。

　　他站在船上,左手举起了一根鱼叉:塞索伊奇是个左撇子。他的眼睛注视着水里,闪着光,好一副威武的样子。看起来,这个身材矮小、长着胡子的战士想要用长矛将脚下的敌人击败。

　　鱼叉的柄有两米长。一端有五个钢制的尖刺,闪闪发光,每个尖刺上还有锯齿。

　　塞索伊奇朝我转过脸来,他的脸被火堆照得通红,他冲我做了个怪相。我把小船停住了。

　　猎人小心翼翼地把鱼叉伸进水里。我向下看着,只能看见在深处有一个笔直的黑色条状物。起先我以为是根棍子,后来才开始明白,这是一条大鱼的背部。

　　塞索伊奇慢慢地把自己的武器伸向深处。斜插着,然后人和鱼叉都静止不动。

　　他突然把鱼叉直着立起——一瞬间用力插进大鱼黑色的背部。

　　湖水一阵翻腾,他把自己的猎物拖了上来:在鱼叉的尖刺上挂着一条两千克重的雅罗鱼。

　　我们继续前行。很快,我发现一条不大的鲈鱼。它把头钻进水下的灌木丛里,一动不动。看起来好像在沉思似的。

　　它离水面很近,我都能看见它身体侧面的黑色条纹。

　　我看了一眼塞索伊奇。他摇摇头表示反对。

　　我明白了:他觉得这个猎物太小。我们放过它吧。

　　我们就这样在湖里绕来绕去。水下王国的迷人画面在我眼前不断出现,即使是要再次把船停下,看猎人如何击败水下猎物,我都无法把视线移开。

　　又有一条雅罗鱼、两条大鲈鱼、两条细鳞的金鲑鱼从湖底来到了我们船上。天快亮了。现在我们来到了田野上方。一根根燃烧的树枝和通红的木炭掉进水里,发出嘶嘶声。有时在头上有看不见的野鸭飞过,呼呼地扇着翅膀。森林像一个阴沉的小岛,小猫头鹰在上面用温柔的声音诉说着:"我睡着呢!我睡着呢!"一只小野鸭在灌木丛后面叽里叽里地叫着,声音很悦耳。我看见船头前面的水里有一节小圆木,我把小船拐向一边,免得碰上它,却突然听见塞索伊奇急切地低声说:

　　"停下!停下!有梭鱼!……"他激动得声音都变了。

鱼叉柄的另一端端系着一根绳子,他麻利地把绳子绕在手上,非常仔细地瞄了半天,小心翼翼地把自己的武器伸进水里。

他使出全身力气向梭鱼刺去。

这条鱼居然拖着我们游了好久!幸亏鱼叉刺得深,它没办法挣脱。

这条梭鱼估计有7千克重。

塞索伊奇终于把它拖上了船,这时天已经差不多大亮了。松鸡发出响亮的、含含糊糊、叽叽咕咕的叫声,这叫声从四面八方穿过薄雾传到我们耳朵里来。

"听,"塞索伊奇高兴地说,"现在我来划船,你来打,别错过机会。"

他把烧剩的树枝扔进水里,我们对调了一下船上的位置。早晨的清风欢快地吹散了薄雾,天晴了。这是一个美妙明亮的早晨。

林边的树木被一层绿色的薄雾笼罩着,我们沿着林边划着船。光滑的白桦树干、粗糙的黑云杉树干从水里笔直地伸出来。朝远处看,树木好像吊在空中似的。朝近处看,两片树林出现在眼前:一片顶梢朝上,另一片顶梢朝下。镜子般的水面,奇妙地荡漾着,映射着一根根黑色的和白色的树干,打碎了,摇散了细树枝的轮廓。

"准备!"塞索伊奇低声地吩咐着。

我们沿着银色的水面,来到了一片桦树林。在顶梢光秃秃的树枝上栖息着一群松鸡。令人惊讶的是,这些分量不轻、体形巨大的鸟类居然没有把纤细的树枝压断。

雄松鸡身体健壮,头小尾长,尾巴上像拖着两条辫子一样。它们是黑色的,在明亮的天空中十分显眼。淡黄色的雌松鸡就显得比较朴素、轻盈。

在桦树林底下也有一排黑色和淡黄色的大鸟,它们待在水里,向下摇晃着脑袋。我们已经离它们很近了。塞索伊奇无声地划着桨,让小船沿着桦树林前行。为了不惊动这些警惕的鸟,我慢慢地举起了双筒枪。

所有的松鸡都伸长了脖子,把小脑袋转向我们。它们觉得很奇怪:这是什么东西在游?它危险吗?

鸟的思想是迟钝的。我们离最近的松鸡只有50步了。它不安地转动着小脑袋:要是发生什么意外的话应该往哪里飞呢?它双脚踏步,身下的小树枝被它压弯了。它连续地地挥舞了两三下绷紧的翅膀,保持住平衡。

不过它的同伴们都一动不动,于是它也放心了。

我开了一枪。轰鸣的枪声沿着水面向森林传过去,像遇到了一堵墙一样,发出了回声。

黑松鸡的身体扑通一声掉在了水里,溅起了一片七彩的水花。大群的松鸡,噼里啪啦地扇着翅膀,一下子都从桦树上落荒而逃。

我急忙向一只飞走的松鸡开了第二枪,没打中。

但是一大早就打到这么一只浑身长满美丽羽毛的鸟,还能不知足么?

"干得好!"塞索伊奇向我表示祝贺。

我们捞起了湿淋淋的、大头朝下的死松鸡,不慌不忙地慢慢划船回家了。

一群群野鸭在水面上快速地飞过,两岸松鸡们的嘟囔声越来越响亮,越来越热烈,还生气地发出"啾——啾"的声音。太阳升到森林上空了。

云雀在田野上空清脆地叫着。虽然一夜没睡,但是我却一点也不困。

本报特派记者从船上发回的报道

诱 捕

熊在我们周围行凶作恶。一会儿是听说在一个集体农庄里咬死了一头小牛犊,一会儿是听说在另一个集体农庄里咬死了一匹小马驹。

在会议上,塞索伊奇说得很有道理:

不能等熊冲进我们的牲口群,得采取措施。加弗里奇的小牛不是死了吗,把它交给我,我用它做诱饵。如果熊在我们的牲口群周围图谋不轨,东张西望,它就会上套。它一上套,就再也伤不了咱们的牲口了。瞧我的吧!

塞索伊奇是我们这儿最好的猎人。

集体农庄把加弗里奇的小牛交给了他,行动吧!他办事我们放心。

塞索伊奇把小牛放到大车上,运进森林。把它卸在森林里一块干净的空地上,把牛身子翻过来,头朝向太阳升起的地方。

塞索伊奇是一个打猎能手。他知道头朝南或朝西的动物尸体,熊是不会碰的:它会怀疑是诡计。

在牛身子周围,他安放了一个低矮的架子,这个架子是用没剥皮的桦树枝做成的。在离架子20步的地方,他找到两棵并排站立的树,在离地两米的地方搭了个台子:一个由木杆子组成的平台,猎人晚上坐在上面,等着野兽的到来。

这就是全部工作。不过他没爬到台子上去,他在家过的夜。

一个星期过去了,他一直在家睡觉。早上找个时间到架子那儿去一趟,绕着它走一圈,卷根烟抽一会儿,就回家了。

第三期 载歌载舞月

我们的集体农庄庄员们开始取笑他。小伙子们挤眉弄眼地说：

怎么了，塞索伊奇，家里的火炕上睡得比较香吧？你不喜欢守在森林里是不是？

而他对他们说：

小偷不在，就那么守着是白费劲。

他们对他说：可小牛都发臭了。

他说：要的就是这个。

你拿他没办法：他就是那么稳当。

塞索伊奇知道该干什么。他也知道熊已经不是第一天在牲口群周围转悠了。只不过如果嘴边有一个死牲口，它就不会扑向活牲口了。

塞索伊奇知道，熊闻到了腐臭味；猎人的眼睛很敏锐，他在小牛旁边的架子周围发现了熊的爪子印，虽然这爪子印跟人的脚印很相像。但是熊还没碰过小牛，显然它还不饿，它等着小牛变得更美味，也就是小牛完全腐烂的时候。这个毛茸茸的生活在森林里的家伙就好这口儿。

死小牛在森林里躺了两周了，而塞索伊奇还是在家睡觉。

终于，根据脚印判断：熊越过了架子，从尸体身上撕掉了一大块肉。

就在那个晚上，塞索伊奇拿着枪爬上了架子。

森林里的夜晚很安静，鸟兽都在睡觉。

但不是所有的动物都在睡觉。猫头鹰拍着毛绒绒的翅膀，无声地飞过，它们在找寻草地里发出沙沙声的老鼠。刺猬在森林里游荡，寻找青蛙。兔子在咔嚓咔嚓地啃着苦涩的杨树皮。一只獾在土地里寻找它所熟识的植物细根。还有熊，它悄无声息地靠近了诱饵。塞索伊奇的眼皮直打架——晚上的这个时候，他一般都在熟睡——他在打盹儿。

突然他打了个哆嗦：有什么东西在嘎吱嘎吱地响！……

难道这是他的错觉？

不！虽然没有月光，但是北方的夏夜就算没有月光也是很明亮的。他能清楚地看到在白桦树架子上有一只黑色的野兽。

熊已经在大吃大嚼，一点也不客气。

"别着急！"塞索伊奇心里想着，"我有更好的东西招待你——铅丸子。"

他把枪对准了熊的左肩胛骨。

突然轰的一声枪响，传遍了整个森林。兔子吓坏了，从地上蹦起半米多高；獾吓得呼噜呼噜直叫，跑回自己的洞里去了；刺猬缩成了一个刺球；老鼠溜进了洞里；猫头鹰无声无息地钻进大云杉的阴影里去了。

但是又是一片寂静。那些夜行的动物,壮了壮胆子,又开始各自忙碌开了。

塞索伊奇从台子上爬下来,走近架子,然后卷了一支烟,抽了起来。他不慌不忙地踱回家:天亮了,多少得睡一会儿。

当集体农庄的人们醒来的时候,塞索伊奇对小伙子们说:

喂,汉子们,套上车,去森林里把熊拉来吧。它再也伤不了咱们的牲口了。

 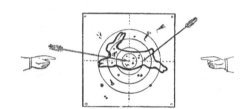

射箭要命中靶子   竞赛要答对题目

打靶场

第三次竞赛

1. 哪些甲虫是用它们出现的那个月来命名的?
2. 螽斯是如何发出噼里啪啦的声音的?
3. 沙锥鸟是如何发出羊叫声的?
4. 为什么棕红色的鹭鸟被称作"水中公牛"?
5. 蜘蛛有几条腿?
6. 甲虫有几只翅膀?
7. 哪些鸟在从南方到我们这里的途中是用步行的?
8. 雏鸟破壳而出之后,椋鸟屋里的蛋壳到哪儿去了?
9. 谁的耳朵长在脚上?
10. 哪种鸟的叫声像猫在打架?
11. 青蛙的卵和蟾蜍的卵有什么区别?
12. 秧鸡的个头儿有多大?
13. 哪种鸟会发出"吠叫"?
14. 哪些鸣禽是最后飞来我们这里的?
15. 丁香在春天开花还是在夏天开花?

16. 树木根部，闹闹哄哄，树木中部，丁丁当当；树木上部，影影绰绰。（谜语）

17. 能使赶路的人一路畅通，能使懒惰的人奋发图强，能使患病的人恢复健康。（谜语）

18. 白得像雪，黑得像甲虫，绿得像草地，像精灵一样在树上转来转去。（谜语）

19. 挂起大网，不用手绑。（谜语）

20. 又长又细，落进草里，自己躲起，生儿育女。（谜语）

21. 我不来时求我来，等我来了躲起来。（谜语）

22. 似牛无角，额宽眼细，成群不吃草，谁也惹不了。（谜语）

23. 谁生下来就长胡子？

24. 一个说："让我们跑起来！"另一个说："让我们躺下来！"第三个说："让我们摇摆起来！"（谜语）

公告栏

精彩表演

快去看！

在偏僻的，长满了青草和芦苇的林中湖泊上可以看见最有趣的表演。要看这个表演得在岸边给自己搭个棚子并躲在里面。

在明亮的朝霞里，从草丛里游出两个衣着华丽的演员——两只令人惊讶的鸟，它们的嘴很细，是红色的，脸颊两旁是蓬松的领子，在朝阳的光线中，闪着明亮的铜色光泽。这是两只䴙䴘。安静地坐着吧，看它们能耍什么把戏。

瞧！它们肩并肩地游着，像是队列整齐的士兵。突然，好像听见了一声"分开游"的命令似的——它们就游向两边。

它们急剧地转身，嘴对嘴，像鞠躬似的。

接下来，它们伸长了脖子，仰起

头,张开嘴,好像在致辞。

突然嘴巴向下,一下子就钻进了水里,甚至都没发出水声!过了一会儿,它们先后从水里钻出来,在水上站了起来,好像站在地上似的。它们挺直了自己长长的身子,把自己从水底衔起的苔藓递给对方,就好像交换两条绿色的小手帕似的。

你忍不住鼓起掌来,它们一下子就消失在芦苇中了!

"锐目"称号比赛

第二次测验题

如何区分这些动物?

怎样通过落在水面上的样子,区分潜水的矶凫和野鸭?(图1)

我们这里有两种兔子:灰兔和白兔。冬天时谁也不会把它们弄混:一个是灰色,一个是白色。而到了夏天,它们俩都是灰色,那么如何区分它们呢?(图2、图3)

下面是三种小兽。它们有什么区别,都叫什么名字?(图4—图6)

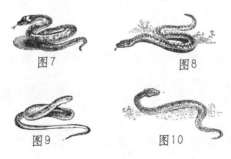

这是三种蛇和一种无腿蜥蜴。哪个是蜥蜴?哪些是有毒蛇,它们用什么发动攻击?哪些是无毒蛇?(图7—图10)

森林报

第四期　鸟儿筑巢月（夏天的第一个月）　　6月21日至7月20日　太阳进入巨蟹星座

一年——分为12个月的太阳诗篇

　　6月——蔷薇花开。候鸟搬完了家。夏天开始了。现在白天最长；在遥远的北方完全没有黑夜：太阳不落山。在潮湿的草地上，现在花朵身上阳光的颜色越来越多：金莲花、马蹄草、陆莲花，它们把草地映照成一片金色。

　　这一时期——黎明阳光灿烂——人们采集药用植物的花、茎、根，并储存起来，为的是如果突然身体感觉不舒服，可以把积聚在它们体内的太阳的生命力转移到自己身上。

　　一年里最长的一个白天已经过去了——6月21日——夏至日。

　　从这天起，白天慢慢地开始缩短，就像春光来临时那么慢。不过感觉还是挺快的，民间说："在篱笆缝里已经能看到夏天的头顶了……"

　　所有的鸣禽都有了窝，所有的窝里都有了蛋——什么颜色的都有。透过薄薄的蛋壳隐约能看见小生命。

森林大事记

各住各处

　　孵化雏鸟的时候到了。在森林里每位居民都造好了自己的房子。我们的记者决定了解一下，鸟兽虫鱼们都住在哪儿，是怎么住的。

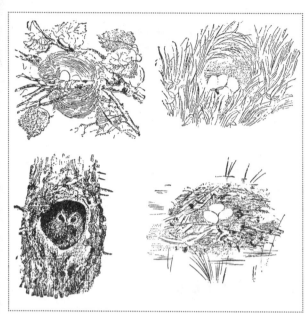

了不起的房子

原来,整个森林从上到下现在都被住宅占满了。一点闲着的地方也没有了。地面上、地底下;树上面、树里面;草丛里;半空中。

半空中是黄鹂的房子。黄鹂用大麻、草茎、毛发和绒毛编成一个轻巧的小篮子,把它挂在桦树枝上。小篮子里放着黄鹂的蛋。令人惊讶的是,即使风摇动树枝,蛋也不会被打破。

草丛里是云雀、林鹨、白颊鸟和许多其他鸟类的房子。我们的记者最喜欢的是柳莺的窝棚。它是用干燥的青草和青苔搭成的,有棚顶,侧面有入口。

在树里面——树洞里面——是飞鼠(一种松鼠,前后爪之间有皮膜)、天牛、小蠹虫、啄木鸟、山雀、椋鸟、猫头鹰及其他一些鸟类的房子。

在地底下是鼹鼠、老鼠、獾、灰沙燕、翠鸟和各种昆虫的房子。

凤头是一种会潜水的鸟,它的窝浮在水面上,是用沼泽里的水草、芦苇和水藻搭成的。凤头随着这个窝在湖里漂来漂去,像乘着木筏似的。

水蛾和水蜘蛛在水下给自己盖了房子。

谁的房子最好

我们的记者决定选出最好的房子,却发现判断什么样的房子最好不是那么容易的事情。

鹰的巢最大,是用粗树枝搭成的,建在巨大的粗松树上。

黄头戴菊鸟的巢最小。整个巢只有小拳头那么大,其实它自己的身材比蜻蜓还小。

鼹鼠的房子最巧妙。它的房子里面有好几个备用的通道和入口,你不管怎样也无法在它的房子里抓住它。

昆虫们尽情享受着自己的美好时光。

林中草地上鲜花竞放。

第四期 鸟儿筑巢月

卷叶象鼻虫（一种有长吻的甲虫）的房子最精致。它把桦树叶子的叶脉咬断，当叶子开始枯萎的时候，把叶子卷成卷并用唾液粘起来。雌象鼻虫就把自己的卵产在这个卷筒形的小房子里。

打着领带的鹬鸟和喜欢晚上活动的夜鹰，它们的房子最简单。鹬鸟就把自己的四颗蛋直接放在河岸边的沙地上，而夜鹰把蛋放在树下枯叶中的小坑里。它们俩在造房子这件事上都没花太大的力气。

善于学舌的柳莺的房子最漂亮。柳莺把自己的窝搭在桦树枝上，用苔藓和轻巧的桦树皮装点它。柳莺还从某个乡间别墅捡来散落在花园里的各色彩纸，作为房子的装饰材料。

长尾山雀的巢最舒适。这种鸟还被称作长勺鸟，因为它长得像一只舀汤用的长柄汤勺。它的巢，里面是用绒毛、羽毛和兽毛编的，而外面粘着苔藓。整个窝是圆的，像个小南瓜，它的入口也是圆的，小小的，在巢的正中间。

水蛾幼虫的房子最轻便。

水蛾是有翅膀的昆虫。它们不飞的时候，就把翅膀收在背上，用翅膀盖住全身。而水蛾的幼虫是没有翅膀的，光秃秃的，没有任何遮挡。它们住在小溪和小河的水底。

水蛾的幼虫找到一根火柴那么大的小树枝或小芦苇，在上面粘一个沙泥做成的小筒，然后倒着爬进去。

这真是太方便了，想睡觉的话，全身藏在小筒里，安安稳稳地睡，谁也不会看见你；想活动的话，伸出前腿，带着房子在水底爬一会儿，房子一点也不重。

甚至有一只水蛾在水底找到了一根香烟嘴儿，在里面安家之后就带着它到处旅行。

银色的水蜘蛛的房子最令人惊讶。这种蜘蛛在水下的水草之间铺开一张网，再用毛茸茸的肚子把一些气泡带到网下面。水蜘蛛就住在这个由

空气组成的房子里。

还有谁会造房子？

我们的记者还找到了鱼和老鼠的巢穴。

棘鱼给自己建了一个真正的巢。巢是雄鱼建的,它只选用分量最重的草茎,即使把这些草茎用嘴从河底衔到河面上,它们也不会漂浮。雄鱼把这些草茎固定在沙底,用自己的唾液把它们粘成墙壁和天花板,再把所有的孔隙用苔藓堵上。在巢的墙壁上雄鱼还留出了两扇门。

小老鼠的窝跟鸟窝完全一样。它用草叶和撕成细丝的草茎编成自己的窝。小老鼠把窝安放在杜松树的树枝上,离地差不多有两米高。

谁用什么造自己的房子

森林里造房子的材料是各种各样的。

会唱歌的鸫鸟,它的窝是圆形的,鸫鸟给窝的内壁涂上烂木屑,就像我们用水泥抹墙一样。

家燕和毛脚燕用唾液把烂泥粘起来,以这样的方式来筑巢。

五子雀总是沿着垂直的树干头朝下奔跑,它住在洞口很大的树洞里。为了使松鼠进不去它的家,五子雀十分聪明地用黏土把洞口糊上:就留下一个小洞口,只够它自己进出。

像宝石一样的蓝褐色翠鸟,它的巢是最有趣的。它在河岸上挖了一个很深的洞,用一层细鱼刺当作自己小房间的地板。这不就是一条软软的垫子么。

住在别人的房子里

谁要是不会或者懒得自己筑巢,就会把自己安顿在别人的房子里。

杜鹃把自己的蛋下在鹡鸰、画眉、白喉莺及其他勤恳持家的鸟的窝里。

森林里的黑嘴鸫找到一个旧乌鸦窝,就在里面孵化雏鸟。

白杨鱼非常喜欢被遗弃的虾洞,这种虾洞在水底的沙壁上。白杨鱼

第四期　鸟儿筑巢月

在虾洞里产卵。

有一只麻雀的办法非常巧妙。

它起先在屋檐下建了一个窝——被男孩子们捣坏了。

后来又在树洞里建了一个窝——银鼠把所有的蛋都掏走了。

于是麻雀住进了一个巨大的雕巢。在这个雕巢的粗树枝之间，可以轻松地建起麻雀的小屋。

这回麻雀可以安稳地生活了，它谁也不怕了。这么小的鸟，巨大的雕根本看不上眼。但是无论是银鼠、猫，还是鹞子，甚至是男孩子们，都破坏不了麻雀的窝了：谁不怕雕啊。

集体宿舍

在森林里也是有集体宿舍的。

蜜蜂、黄蜂、野蜂和蚂蚁建的房子能容纳下成百上千的住户。

白嘴鸦占领花园和小树林作为自己的殖民地，造了许多窝，鸥鸟占领了沼泽、沙丘和浅滩，而崖沙燕在陡峭的河岸上打了无数小洞，弄得河岸像个筛子一样。

窝里到底有什么？

窝里有蛋，所有鸟的蛋都不一样。

不同的鸟有不同的蛋，这是有原因的。

沙锥鸟的蛋尽是些大大小小的斑点，歪脖鸟的蛋是白色的，稍微带点粉红色。

这是因为，歪脖鸟把蛋放在又深又暗的树洞里，不容易被发现。而沙锥鸟的蛋直接放在草墩上，完全是露天的。如果它们是白色的，就谁都能看见了。所以它们的颜色跟草堆一样，你倒是有可能无意中踩着它们。

野鸭的蛋也几乎是白色的，而它们的巢在草堆上是露天的。但是野鸭也想出了自己的花招。当野鸭离巢的时候，它拔下自己肚子上的绒毛盖在蛋上。这样蛋就不会被发现了。

为什么沙锥鸟的蛋两端是尖尖的，而大型食肉兀鹰的蛋是圆的？

这也很容易理解，沙锥鸟体型很小，只有兀鹰的1/5大，但是沙锥鸟的蛋却很大。它的蛋两端尖尖的，便于头对头地放在一起，这样能尽量少占地方，要不然沙锥鸟就没办法用自己小小的身体盖住这么大的蛋，更别

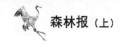

提孵化它了。

那么为什么小沙锥鸟要跟大兀鹰一样,下这么大的蛋呢?

这个问题要等到雏鸟出世的时候,在下一期《森林报》上来回答了。

狐狸用什么办法占了獾的家

狐狸家出大事了,洞里的天花板掉下来了,差点砸到小狐狸。

狐狸一看,大事不好,得搬到别处去了。

于是狐狸来到了獾的家。獾的家很不错,是獾自己挖的,有几个出入口,还有几条在遇到突然袭击时的应急通道。

它的洞很大,两家住没问题。

狐狸恳求獾收留它们,獾不同意。它是一个严格的主人,喜欢干净整洁,哪儿都得一尘不染,怎么能让一个有孩子的家庭住进来呢。

獾把狐狸赶走了。"好啊,"狐狸想,"你这么对我!你等着!"

狐狸假装到森林里去了,其实是躲在灌木丛后,坐在那儿等着。

獾一看狐狸走了,就从洞里爬出来,向森林走去——它去找蜗牛吃。

狐狸飞快地钻进洞里,在地上拉了一堆屎,把洞里弄得乱七八糟,然后跑了。

獾回来一看,天哪,怎么这么臭!它恼火地哼了一声,就上别处给自己另外挖一个洞去了。这正是狐狸所希望的。

狐狸把小狐狸们带过来,开始住在这个舒适的獾洞里了。

有趣的植物

池塘里已经开始漂起了浮萍。有些人说那是苔草。但是苔草是苔草,浮萍是浮萍。浮萍是一种有趣的植物,跟别的植物长得都不像,细小的根,会漂浮的绿色小圆片,圆片上还有椭圆形的凸起。这些凸起是它的茎和枝,像小烧饼似的。浮萍没有叶子,虽然有时候会开花,但这非常少见。浮萍不需要开花,它繁殖起来既简单又快速,只要有一个小烧饼似的枝从小烧饼似的茎上脱落下来,这一株植物就变成两株了。

浮萍的生活很不错,很自由,没有什么能把它限制在一个地方。旁

第四期　鸟儿筑巢月

边有野鸭游过的时候，它就附着在鸭脚上。野鸭飞去另一个池塘，它也就跟着去了。

巴甫洛娃

随要随取

在草地和空地上，紫色的矢车菊开花了。当我看见它们的时候，就会想起伏牛花，因为它们都会变小魔术。

矢车菊的花不是一朵花，而是一个花序。它那蓬松的、长得像角一样的漂亮小花，是结不出果实的。真正的花在中心，是许多绛紫色的小管子。每根管子里都有一根雌蕊和几根会变魔术的雄蕊。

只要碰一碰那绛紫色的小管子，它就会歪向一边，从它的小孔里喷出一小团花粉。

过一会儿，你要是再碰它一下，它就又歪向一边，又喷出一小团花粉。这简直就是一个魔术么！

这些花粉可不是白糟蹋的，而是供给每只昆虫随要随取。拿走也行，吃也行，沾在身上也行，只要多少带点花粉给另一朵矢车菊就可以了。

巴甫洛娃

神秘的夜行大盗

在森林里出现了神秘的夜行大盗。森林居民们很不安。

每天夜里都有几只小兔子失踪。小鹿啊、榛鸡啊、琴鸡啊、松鸡啊、兔子啊、松鼠啊，每到夜里都惶惶不安。灌木丛里的鸟儿、树上的松鼠、地上的老鼠，都无法预知在哪里会被袭击。神秘的凶手，总是从草里、从灌木丛里、从树上突然现身。可能还不是一个，而是一整伙强盗。

森林里有一个狍子家庭：一只公狍子、一只母狍子和两只小狍子。几天前的一个夜晚，它们去了林中空地。公狍子站在离灌木丛八步远的地方负责警戒，而母狍子和两只小狍子在空地中间吃草。

突然从灌木丛里冲出来一个黑色的东西，只一蹦，就扑到了公狍子背上。公狍子倒在地上。母狍子和两只小狍子逃进了森林。

当早上母狍子回到林中空地的时候，公狍子只剩下了两只角和四个蹄子。

昨天晚上遭到袭击的是驼鹿。它在穿过茂密的森林时，发现在一棵树的树枝上，好像有一个丑陋的大瘤子。

驼鹿在森林里算是个大块头，它谁也不怕。驼鹿有一对大犄角，连熊也不敢对它发起攻击。

驼鹿来到树下，刚想抬起头看看这个树枝上的大瘤子是什么东西，突然一个可怕的、足有30千克重的东西压在它脖子上。

驼鹿吓了一跳，它当然完全没有心理准备，一晃脑袋，把强盗从背上甩了下去，然后头也不回地拔腿就跑。它都不知道是谁在夜里攻击了它。

森林里没有狼，就算有它也爬不上树。熊已经钻进了密林深处——它正在换毛，而且它也没法从树上蹦到驼鹿的脖子上。这个神秘大盗究竟是谁呢？暂时还无人知晓。

夜鹰的蛋莫名其妙地不见了

我们的记者找到了夜鹰的窝。在窝里有两个蛋，而雌夜鹰在人们靠近的时候，就飞走了。

我们的记者并没有动这个窝，只是把这个窝所处的位置仔细地记录了下来。

一小时以后他们回到了这个窝，但是里面的蛋不见了。

过了两天人们才弄清楚这件事：雌鸟把蛋用嘴衔去了另一个地方。它担心人们会捣坏它的窝。

勇敢的小鱼

我们已经讲过雄棘鱼在水下做的窝是什么样子的。

当建设工程结束时，雄棘鱼给自己挑选了一条雌棘鱼，并把它带回了家。雌棘鱼从这边的门进来，产了卵，就立刻从另一边的门离开了。

雄棘鱼又去找了另一条雌棘鱼，然后是第三条、第四条，但是所有的雌棘鱼都离开了它，只留下自己的鱼卵让它照顾。

这下雄棘鱼只能独自照看房子，家里堆满了鱼卵。

河里有许多对新鲜鱼卵感兴趣的家伙。可怜的身材矮小的雄棘鱼不得不保卫自己的窝,使其不受凶猛的水下恶魔侵扰。

不久前就有一条贪吃的鲈鱼袭击了雄棘鱼的窝。身材矮小的窝的主人勇敢地投入了与恶魔的战斗。

雄棘鱼有五根尖刺:三根在背部,两根在腹部。它把所有的尖刺都竖起来,敏捷地刺向鲈鱼的鳃。

鲈鱼全身都披着坚硬的铠甲——鳞片,而只有鳃是没有鳞片覆盖的。

鲈鱼被勇敢的小个子吓了一跳,就逃走了。

谁是凶手

这里说的就是"神秘的夜行大盗"里提到的那个凶手。

今天夜里,在森林里,松鼠的尸体在树上被发现,这完全是一起谋杀案。我们查验了事发地点,根据凶手留在树干上和树下地面上的脚印,我们终于弄清楚了,谁是那个神秘大盗,也就是不久前杀死公狍子、并搞得整个森林惶惶不安的家伙。

根据脚爪印迹我

们得知,这是凶猛的林中大猫——猞猁,它号称是北方森林里的豹子。

小猞猁已经长大了,猞猁妈妈带着它们在森林里四处游荡,还在树上爬来爬去。

夜里它们的视力跟白天时一样好。谁要是在睡觉前没选好藏身之所,那可就遭殃了。

六只脚的"鼹鼠"

我们的一位森林记者从加里宁州给我们发来报道:

"我为了锻炼身体,在地上竖了一根杆子,在掘土的时候,随着泥土蹦出来一只小野兽。前腿带脚爪,背上有两片薄膜,像翅膀一样,身上覆盖着棕黄色的毛,完全是浓密的短绒毛。这只小野兽身长五厘米。长得

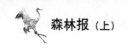
森林报（上）

又像黄蜂又像鼹鼠。根据它有六条腿，我判断出这是一只昆虫。"

编辑部的解释

这只奇妙的昆虫叫蝼蛄，确实长得非常像个小野兽。蝼蛄与鼹鼠有许多共同点。二者都有宽阔的前爪（前掌）：都是挖土的能手。另外小蝼蛄的前脚长得像剪刀。这很有必要，这样它在地下行进的时候才能剪断植物的根。而鼹鼠体形大，身体壮，对于这些根，它能用自己有力的爪子扯断或用牙齿咬断。

蝼蛄的两腭上，各有一层角质的薄片，像牙齿一样。

蝼蛄生命的大部分时光是在地下度过的，跟鼹鼠一样在泥土里挖通道，在通道里产卵，然后在上面跟鼹鼠一样堆个小土堆。除此之外，蝼蛄还有一对柔软的大翅膀，它的飞行技术不错，在这一点上鼹鼠望尘莫及。

在加里宁州蝼蛄很少见，在列宁格勒州就更少，但是在南方的各州它们的数量非常多。

如果有谁想找到这种奇妙的昆虫，那么就在有点潮湿的土地里找，特别是在水边、花园和菜园里找。可以这样抓住它：选定一个地方，每天晚上往那个地方的土地里浇水，并用木屑盖住这个地方。到夜里蝼蛄就会钻到木屑下面的泥里。

救命刺猬

玛莎很早就起来了，往身上披件衣服，就赤着脚跑到森林里去了。

在森林里的小丘上有许多草莓。玛莎兴高采烈地采了一小筐，然后转身往家跑，一路上，她在被露水打湿的冰凉的草墩上蹦蹦跳跳。但是她突然脚底一滑，痛得大叫起来：她的一只光脚，在从草墩上滑下去的时候，被什么锋利的尖东西扎出血了。

原来，在草墩下有一只刺猬。它马上缩成一只球并呼呼地叫了起来。

玛莎哭了起来，坐到邻近的草墩上，开始用衣服擦掉脚上的血。刺猬不出声了。

突然，有一条大蛇径直向玛莎爬来，它是灰色的，背上有黑色的锯齿形花纹——是一条有毒的蝮蛇！玛莎吓得手脚都软了。蝮蛇向她爬来，咝咝作响，伸出分叉的舌头。

这时，刺猬突然展开身体，快速地小步跑向蝮蛇。蝮蛇扬起身体前

第四期　鸟儿筑巢月

部冲向刺猬——像是甩出了一条鞭子。但是刺猬敏捷地把自己的刺伸向它。蝮蛇发出可怕的嗞嗞声，一转身，想躲开刺猬逃走。刺猬冲向蝮蛇，用牙齿从后面咬住它的脑袋，并用爪子踩住它的背。

这时玛莎如梦方醒，跳起来逃回家去了。

蜥　蜴

我在森林里的一个树桩旁逮到了一只蜥蜴，并把它带回了家。我把它养在一个宽大的玻璃罐里，里面铺着石子和沙子。我每天给玻璃罐换草换水，还往玻璃罐里放苍蝇、甲虫、昆虫幼虫、蠕虫、蜗牛。蜥蜴张开大嘴，狼吞虎咽地把它们都吃了。它特别喜欢吃白色的菜粉蝶。蜥蜴快速地把头转向菜粉蝶一边，张开嘴，伸出自己分叉的舌头，然后跳起来扑向那美味佳肴，如恶狗扑肉一般。

一天早晨，我在石子之间的沙土里找到将近10个长圆形的白色的蛋，蛋壳又软又薄。蜥蜴为这些蛋挑选了一个阳光照得到的地方。过了一个多月，蛋壳破了，从里面钻出来了动作敏捷的小蜥蜴，它们长得非常像它们的妈妈。

现在这一家子爬上了石子，舒服地晒着太阳。

森林记者　谢斯嘉科夫　摘自少年自然科学家日记

燕 子 窝

6月25日。燕子每天都在我眼前辛勤地衔泥筑巢，而这个窝一点点地变大了。它们上午很早就开始工作，中午休息2～3个小时，然后又开始修修补补，搭搭建建，在太阳落山前两个小时结束一天的工作。它们不能一刻不停地筑巢：晾干泥土需要时间。

有时候，其他的燕子飞来它们这里做客，如果邻居家的猫不在的话，它们就待在屋檐上，叽叽喳喳地小声说着什么。新居的两位主人也不会赶它们。

现在燕子窝已经开始变得像个下弦月了，就是月亮由圆转缺，两个尖角向右的样子。

我完全明白，这个燕子窝是怎么变成这个形状的，为什么窝的左右

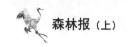

两边不是均匀增长的。因为是雄燕和雌燕同时在建造它，而它们的努力程度不一样。雌燕衔泥回来的时候，总是落在左边；它非常努力地筑巢，一直在左边忙活，而且飞去衔泥的次数比雄燕多得多。雄燕总是一走好几个小时——估计是在云端下跟别的燕子追逐打闹。雄燕总是落在右边。所以，毫无疑问，它干活的速度没有雌燕快，它的右半边巢的进度也远远落后于雌燕的左半边巢。这就是这个建设工程进行得不均匀的原因。

雄燕真是太懒了！它怎么好意思偷懒呢？它可是比雌燕强壮啊。

6月28日。燕子已经不衔泥了，而是在往窝里放干草和绒毛——它们要铺垫子。我真没想到，它们把整个工程计算得如此精确；本来就应该让一边比另一边增长得快些！雌燕已经把它所负责的左边搭到了顶，雄燕所负责的右边没建完就停工了——这样就形成了一个不完整的泥球，右上角留了一个洞口。这当然是必须的啦：其实这就是它们的出入口！要不然燕子们怎么钻进自己的房子里？看来我冤枉雄燕了。

今天晚上是雌燕第一次在窝里过夜。

6月30日。窝的建设工程结束了。雌燕已经不出家门了——大概它已经下完第一个蛋了。雄燕经常给它带一些小虫来，它叽叽喳喳地唱着——它是在庆祝，是在高兴。

"委员会"又飞来了——就是那一整群燕子。所有燕子都按照顺序一边飞，一边往窝里看，它们在燕子窝附近的空中拍动着翅膀，可能甚至还亲吻了幸福的女主人伸出洞口的嘴。它们叽叽喳喳地叫了一阵，飞走了。

而邻居家的猫时不时地爬上屋顶，往屋檐下看着。它是不是在焦急地等待着小燕出世呢？

7月13日。雌燕在窝里已经待了两个星期了，除了在中午最热的时候出来，其他时候都待在窝里——中午的时候柔弱的蛋不会变凉。它在屋檐下盘旋着捉苍蝇吃，然后飞去池塘，在那里贴着水面飞行，喝几口水，喝饱之后就又飞回窝里去了。

而今天两只燕子都开始频繁地飞进飞出自己的窝。有一次我看见雄燕的嘴里叼着一片白色的蛋壳，而雌燕嘴里叼着一只苍蝇。这说明，窝里已经有小燕子了。

7月20日。太可怕了，太可怕了！邻居家的猫爬上了屋顶，并把整个身体从屋檐上倒挂下来，它想用爪子去够燕子窝。而小燕子们在窝里吱吱地叫着，听起来十分可怜！

不知从哪儿飞来一整群燕子。它们尖叫着，飞得很快，差点撞上猫的鼻子。哎呀，它差点用爪子抓到了一只！哎呀！……它扑向了另一只！……

太好了！这个灰色的强盗没计算好，它从屋顶上滑了下去，嘭的一声！

摔倒是没摔死，不过也够它受的了。这个家伙"喵！"了一声，一瘸一拐地走了。

活该！这回它再也不会吓唬小燕子了。

森林记者 维利卡

小苍头燕和它的妈妈

我们家的院子绿树成荫，花草繁茂。

我在院子里走着，突然从我脚下飞出一只小苍头燕，头上还有两撮绒毛。它飞起来，一下又落下来了。

我抓住它并把它带回家。父亲建议我把它放在打开的窗户前。

过了不到一小时，小苍头燕的父母就飞来喂它了。

小苍头燕就这样在我这儿呆了一整天。到了晚上我关上窗户，把它放进笼子里。

早上我五点左右醒来，看见鸟妈妈站在窗台上，嘴里还叼着一只苍蝇。我从床上跳起来，打开窗户，自己躲在屋角开始观察。

很快鸟妈妈又出现了，站在窗外。小苍头燕开始吱吱地叫，它想吃东西。这时候鸟妈妈才不再犹豫，飞进房间里来。它蹦到笼子边，隔着笼子给小苍头燕喂食。

然后鸟妈妈飞走去找新的食物，我把小苍头燕从笼子里拿出来，把它放回到院子里去。

当我想再看看小苍头燕的时候，它已经不在原地了：鸟妈妈把自己的孩子带走了。

沃洛佳·贝科夫

铁 线 虫

在河里、湖里和池塘里，甚至就是在小坑里，有一种神秘的生物——铁线虫。老人们说：这是有生命的马鬃。似乎在人们洗澡的时候，它能钻进人的皮肤，在皮肤下面钻来钻去，令人奇痒难忍……

铁线虫确实很像一根红棕色的粗头发，更像一根用钳子钳断的铁

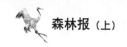

丝。它非常硬，你把它放在石头上，用另一块石头敲击它，它都不会有事。在这种情况下，它一会儿伸长，一会儿缩短，直至缩得像一个乱七八糟的线团。

其实铁线虫是一种无害也无头的软体虫。雌铁线虫的肚子里装满了卵。它的卵在水里变成幼虫，幼虫带有角质的长吻和小钩。它们附着在水栖昆虫的幼虫身上，钻进这些幼虫的身体里，用外皮把自己包裹起来。如果它们的"主人"不被某个水蜘蛛或昆虫吞进肚子，它们的一生也就完了。如果能进到新"主人"的身体里，铁线虫幼虫就会变成无头的软体虫，钻进水里，使迷信的人们害怕。

一位少年自然科学家的梦

一位少年自然科学家要在班级里作报告，题目是《森林和田野的害虫：如何与它们斗争》，他正努力准备着。

他读到这样两段："在机械除虫和化学除虫上的花费超过137,000,000卢布。手工捉拿13,015,000只甲虫，若把它们装上火车，需要用到813节车厢。""为了和昆虫作斗争，每公顷土地上需要消耗20～25个人的劳动日。"

少年自然科学家读得头都晕了。拖着一大串零的数字像长蛇一样，在他眼前晃来晃去，转来转去，还是躺下睡会儿吧。

恶梦折磨了他一整夜。一队队看不到尽头的甲虫、幼虫和毛虫，从阴暗的森林里爬出来，快速地穿过田野，围在他周围，要闷死他。他用手捻它们，用水龙带向它们喷洒杀虫剂，它们也不见减少，还是在不停地涌来。它们经过的地方只留下一片荒漠……少年自然科学家被吓醒了。

早晨，他发现事情原来没那么可怕。在自己的报告中，少年自然科学家建议在鸟儿节之前制作大量椋鸟屋、山雀房、圆洞鸟房。鸟儿除了会唱歌，杀灭甲虫、幼虫和毛虫的本事比人类强得多，而且还完全不要工钱。

请验证一下

据说，在有围栏的养殖场上方，或者在没有盖的笼子上方，交叉着拉几根绳子，那么任何猫头鹰甚至雕，在进攻睡在养殖场或笼子里的鸟类之前，都必定会先落在这些绳子上。在猫头鹰看来，绳子是很坚硬的。但是它只要一落到绳子上，就会脚朝上地翻过来，因为这些绳子太软，而且绷得不是很紧。

脚朝上地翻过来之后，这只猛禽就会头朝下地吊到早上：它害怕以这种姿势扇动翅膀会掉到地上摔死。天亮的时候你就可以去把这个小偷从绳子上取下来了。

请验证一下看看是不是这样。可以试试用粗铁丝代替绳子。

钓鲈指示器

还有这样一种说法：如果你想在某条河或某个湖里钓鲈鱼，就从那里连带着河水或湖水抓几条小鲈鱼，然后把它们养在鱼缸里，或者就养在一个原先用来装果酱的大罐子里，这样你就知道今天是不是值得上那个湖里（或者那条河里）下钩。所要做的事是，只需在动身去钓鱼之前，给这些小鲈鱼喂点吃的。如果它们活泼地游过来抢食吃，这说明，今天湖里适合钓鱼；鲈鱼和其他鱼类会容易上钩。而如果它们在罐子里不游过来吃东西，这说明，今天水里的鱼没什么食欲。这也意味着，气压不合适，马上就要变天了，也许会有雷雨。

鱼类对空气中和水中发生的变化非常敏感，根据鱼类的表现能够预测几个小时后的天气。只不过每一个钓鱼爱好者都应该验证一下，这种活的晴雨表，在室内和在露天环境下是不是同样准确。

天上的大象

天边飘过一片乌云，黑压压的，像一只大象。它时不时地把鼻子拖到地上。它一这么做，从地上就扬起一片灰尘，像根柱子似的，旋转着，旋转着，越来越大——终于跟天上的大象的鼻子连在一起了。这就形成了一根大柱子，它上顶天，下挨地，不停地旋转着。大象把这根柱子搂进自己怀里——向远处的天空奔去。

天上的大象降临到了一座小城市——就停在它上空。突然从大象身上落下了大雨点。好大的雨啊——这是一场真正的、神奇的倾盆大雨！屋顶上，人们头上撑起的伞上，都啪啦啪啦地响了起来——你能想到吗？是小蝌蚪、小青蛙、小鱼！它们掉到街上的水洼里，在水洼里到处乱窜。

后来人们才搞明白，这块像大象似的乌云，在龙卷风（从地上一直卷到天上去的旋风）的帮助下，从森林里的一个小湖里吸起了大量的水，连同水里的小蝌蚪、小青蛙、小鱼也带起来了。然后在天上跑了好几千

米，把自己所有的战利品都扔进了这座小城市，然后又继续向前跑去了。

绿色的朋友

从前，我们的森林似乎是无边无际的。

而我们这里的森林主人在过去十分懒散，不知道珍惜和爱护森林，毫无节制地砍伐森林，消耗土地。

森林被毁灭的地方，就变成了沙地和沟壑。

没有了森林的保护，从遥远沙漠刮来的热风就会向田野袭来。高温的沙子覆盖了田地，农作物死亡，谁也救不了它们。

没有了森林的保护，河流、池塘、湖泊开始干涸，田地上出现了沟壑。

但是人民赶走了那些懒散的森林主人，肩负起了巨大的责任。人民开始向干旱、热风、沙地、沟壑宣战。

于是，绿色的朋友——森林就成了人民重要的帮手。

哪里有我们的河流、池塘、湖泊受到炽热阳光的伤害，我们就把森林派往哪里。茁壮的森林挺起自己魁梧的身躯，用繁茂的树冠替它们遮挡住阳光。

凶恶的热风，从遥远的沙漠带来高温的沙子，覆盖住耕地。人民栽种树木，保护耕地不受伤害。森林大汉面对凶恶的热风挺起胸膛，用铜墙铁壁把热风挡在田地外面……

哪里有水土流失，哪里的沟壑和峡谷疯狂增长，贪婪地蚕食我们的耕地，我们就在哪里植树造林。绿色的朋友——森林——在那里用强有力的根，牢牢地抓住土地，把它加固，阻止沟壑蔓延，不让它蚕食我们的耕地。

对抗旱灾的战斗正在进行中。

重造森林

季赫温斯基区正在那些被过度砍伐的地方进行人工造林。这里已经种植了面积达250公顷的松树、云杉和西伯利亚落叶松。另外，人们还在230公顷过度砍伐的土地上对土壤进行翻松，使那些未被砍伐的树木的种子能落进土壤里并迅速生长。

人们在10公顷土地上栽种了西伯利亚落叶松。小树发出了许多嫩芽。繁殖这一品种可以为列宁格勒州的森林增加贵重建筑用木材的产量。

人们开辟了一个树木培育场，栽种了许多针叶树和落叶树，将来可成为建筑用木材。

人们还计划培育许多果树和能提供橡胶的灌木——疣状卫矛。

列宁格勒塔斯社

林中战争
（续前）

野草一族和杨树命运悲惨，小桦树也一样：它们被云杉镇压了。

现在云杉在林地上称霸，再没有别的敌人了。我们的记者卷起帐篷，搬到了另一块林地：前年冬天，而不是去年冬天，人们在那里进行了伐木活动。

在那里，记者们亲眼目睹了霸主云杉在战争第二年所遇到的情况。

云杉一族很强大。但是它们有两个弱点。

第一个弱点——云杉的根在地底下分布得很广，但是扎得不深。秋天，在宽广的林地上，强风到处乱窜。许多小云杉被刮倒了，被从地里连根拔起。

第二个弱点——云杉在幼年时期，还没有变得强壮起来，所以很怕冷。小云杉所有的嫩芽都被冻死了，有些树枝还很瘦弱，也被寒风刮断了。到了春天，在这片被云杉所占领的土地上，一棵小云杉也没剩下。

云杉不是每年都能结很多种子。虽然云杉在一开始很快取得了胜利，但这胜利并不稳固，因为云杉在很长一个时期内无法恢复战斗力。

而狂暴的野草一族，第二年春天刚一从土里钻出来，就立刻投入了战斗。这回它的对手是杨树和桦树。

可是小杨树和小桦树都长大了，很轻易地就把那些细细的、柔韧的野草从身上甩掉了。别看被野草一族紧紧地包裹住，其实小杨树和小桦树是能从中受益的。去年的枯草，像一条厚毯子似的覆盖在地上；它腐烂后会散发出热量。小树苗刚从地里钻出来，很柔弱。新长出来的野草覆盖住它们，能保护它们不受早晨寒气的伤害。

小杨树和小桦树都生长得很快，矮小的野草无法赶上它们的速度，于是落后了,马上就不见天日了。

每一棵小树,长到比野草高的时候,就会在野草上方伸展开自己的树枝。虽然杨树和桦树没有云杉那样又密又暗的针叶,不过这没关系。它们的叶子很宽大,这些叶子能形成大片的树荫。

如果小树分布得很稀疏的话,野草一族还能够忍受。但是在整个林地上,桦树和杨树都是密密麻麻地成群生长。它们并肩作战,互相伸展开手臂似的树枝,一排排地紧密联结起来。

这简直成了一个密不透风的树荫帐篷了。阳光透不进来,野草在底下就只有死路一条。

很快记者们就看到,战争的第二年,以杨树和桦树的完全胜利而告终。

于是记者们又搬去了第三块林地。

他们在那里会看到什么?我们将在下一期报纸上继续刊登。

百钓百中

天气与捕鱼

夏天,如果遇到大风或暴雨,鱼儿们就会游到宁静的地方去:深坑、草丛、芦苇丛都是不错的选择。如果一连几天都是阴雨天,鱼儿们就会游进最僻静的地方,变得无精打采,就算是喂给它们食物,它们也没兴趣吃。

天气炎热的时候,鱼儿们会寻找凉快的地方——从地下涌出的泉水降低了这些地方的水温。如果气温很高,鱼儿们就只有在早晨和傍晚愿意上钩,因为这些时候天气比较凉爽。

在夏天干旱的时候,河流和湖泊的水位会降低,鱼儿们就钻进深坑里。但是深坑里食物很少,所以,只要找到一个好地方,就能捕到不少鱼,如果使用香饵,效果就更好了。

最好的香饵就是麻油饼,把它用平底锅煎一下,然后用咖啡磨碾碎,用研钵捣烂。把它们跟黑麦面粉,或跟小麦、大麦、燕麦,或跟煮烂

小鸟们伸长了脖子要吃的。

动物们各有各的房子。

第四期　鸟儿筑巢月

了的豌豆、米粒、黄豆，跟荞麦粥和燕麦粥混在一起，它们就会散发出新鲜麻油的味道。鲫鱼、鲤鱼、丁鲷鱼都非常喜欢这个味道。要连续几天喂它们吃这种香饵，这样它们就会习惯这个地方。然后在它们后面还会有一些食肉鱼跟过来：比如鲈鱼、梭鱼、梭鲈、赤梢鱼。

短时间的阵雨和雷雨会使水变清，同时也会激起鱼儿们的强烈食欲。雾散去以后，天气好的时候，鱼也容易上钩。

气压计显示的数字，鱼上钩的多少，云朵、随日出散开的晨雾、露水都可以成为预测天气变化的依据，而且每个人都能自己学会。明亮的深红色霞光，说明空气中有许多水蒸气——可能要下雨。淡黄色的霞光则正相反，说明空气干燥，在接下来的几个小时里不会下雨。

除了用普通鱼竿——带浮标或者不带浮标（飞钓法），以及用绞竿来钓鱼，还可以乘着小船用长绳钓鱼。这种方法，只需要准备一根既足够长（50米左右）又足够结实的线绳，上面要装一个钢丝或电线做的把手——另外还需要鱼钩。把鱼钩栓在线绳上，放出25—50米拖在小船后面。小船上得有两个人：一个人划船，另一个人拉绳子。鱼钩拖在水底或者水中。那些食肉的鱼——鲈鱼、梭鱼、梭鲈——看见在它们头上移动的鱼钩，还以为是一条鱼，扑过去一口吞下，绳子就被扯动了。拉绳子的人感到有鱼上了钩，就开始一点一点地把绳子收上来，同时战利品也就被拉上来了。用这个方法经常能捕到大鱼。

在湖上，两岸又高又陡，长满了灌木，堆满了倒掉的树木，位于两岸下面的深坑是最适合用长绳钓鱼的地方。另外还有水草和芦苇附近的宽阔水面，也适合用长绳钓鱼。在河里划船得在悬崖中间的水道里，以及在又深又静的水面上，还得躲开石滩和浅滩，要么高一点，要么低一点。用长绳钓鱼的时候，小船得慢慢地划，特别是在无风天，因为在这种时候，即使桨只是轻轻地碰一下水面，鱼隔着老远也能听到。

捉　虾

5月至8月是捉虾最好的时候。要捉虾必须得了解它们的生活。

小虾是从虾卵里出生的。虾卵的数量能达到一百，它们被雌虾放在腹足（河虾有10只脚；前面的两只叫螯）和尾巴上。雌虾把虾卵在身上放一个冬天，在夏天开始的时候，虾卵裂开来，从里面生出跟蚂蚁一样大的小虾。虾过冬的地点，现在谁都知道，而以前人们认为，只有最精明的人才知道。虾在河岸和湖岸上的洞穴里过冬。

虾在出生后的第一年，要换8次甲壳（这是它的外骨骼）；成年后，一年换一次。换壳的时候，虾躲在自己的洞穴里，直到身上的新甲壳长硬了才出来。脱壳时的虾对于许多鱼而言都是非常美味的食物。

虾在夜间活动。白天它待在洞穴里，但是，只要感觉到有猎物，即使有太阳，它往往也会从洞里蹿出来。在这种时候，可以看见从水底冒上来一串串气泡：这是虾在呼气。水里的一切小生物都是虾的食物：比如水栖昆虫、小鱼。不过它最喜欢的是腐肉。在水下，隔得老远，它都能闻到腐肉的气味。

人们就是用这种诱饵来捉虾：一块腐肉、死鱼、死青蛙什么的，趁晚上虾从洞穴里出来，在水底来回游荡，寻找猎物的时候捉它，这时候它的头是朝前的（虾只有在逃跑的时候，才倒退着走。）。

把诱饵系在虾网上，虾网要绷在两个直径30—40厘米的木箍或铁丝箍上，千万不能让第一只虾就把诱饵从虾网上抢走了。用细绳把虾网系在长竿的一段，从岸上把虾网伸到水底。那里有许多虾，它们很快就钻进虾网出不来了。

还有一些更复杂的捉虾方法，不过最简单，而收获也经常会最大的方法是：在水浅的地方，趟着水走过去，用手抓住虾背，把它直接从洞里拖出来。当然，有时候手指会被虾螯钳住，虽然这一点也不可怕——所以我们并不建议胆小鬼用手捉虾。

如果随身带一口小锅，还有盐和佐料，你就可以当时在岸上煮开一锅水，把盐和作料放进锅里煮虾吃。

在温暖的夏夜，望着满天星斗，在河边或者湖边用小锅煮虾吃，真是太美妙了！

第四期　鸟儿筑巢月

集体农庄历

黑麦长得比人还高，已经开花了。和在森林里一样，一只雄松鸡带着自己的雌松鸡，在黑麦之间走来走去，后面还跟着它们的小松鸡，像小黄球在滚动一样：小松鸡已经出壳并从窝里跑出来了。

集体农庄庄员们在割草，有的地方用镰刀割，有的地方用割草机割。割草机在草场上驶过，挥动着光秃秃的翅膀，在它身后，高高的、颜色鲜艳、气味芬芳的青草不断倒下，一列一列均匀而整齐，像用尺子量过似的。

菜园里的田垄上长出了青葱，小伙子们正在把它们拔出来。

女孩子们和男孩子们正在采集浆果。在这个森林月开始之前，山丘阳面上那甜甜的草莓就熟了。而现在正是草莓最好吃的时候。森林里的黑莓、蛤塘果也快熟了。在长满苔藓的林中沼泽里，一串串的云莓从白色变成了红色，又从红色变成了金色。想吃的话就摘吧，摘哪个都行！

孩子们采完了浆果，可是家里的活儿还一大堆呢：运水、浇整个菜园子、给田垄拔草，这些都得干。

集体农庄新闻
巴甫洛娃报道

牧草诉苦

牧草在诉苦。它们抱怨说，集体农庄庄员欺负它们。牧草刚准备开花，其中一些已经开花了。白色的羽毛状柱头从小穗里伸了出来，沉甸甸的花粉挂在细细的丝上。

突然间，来了一批割草的人，把所有的牧草都齐根割了下来。现在它们可开不了花了！还得再往上长！

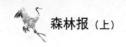

森林记者们对这件事情进行了调查。调查结果表明：割下来的牧草现在正在被晾干。人们得给牲畜们准备够吃一冬的干草。所以集体农庄庄员们把所有的牧草割下来晾晒成干草，这个行为是完全正确的。

田里喷洒了奇妙的水

把这种奇妙的水喷到杂草身上，杂草就死了。对于杂草来说，这种水是致命的。

而把这种奇妙的水喷到农作物身上——农作物还像以前一样朝气蓬勃，快快乐乐地站着。对于农作物来说，这种水是生命水。这种水不仅对农作物没有害处，还对它们的生活有好处：能使它们摆脱它们的敌人——杂草。

太阳的牺牲品

在共青团员集体农庄里，有两只小猪在散步时被晒伤了背。被晒伤的地方起了水泡。人们马上为小猪找来了兽医。在天气炎热的时候，是禁止小猪去散步的，就算是跟它们的妈妈一起去也不行。

来避暑的人失踪了

不久前有两位女客人来到河岸集体农庄避暑。她们居然神秘地失踪了。经过漫长的寻找，终于在距离集体农庄三千米远的一处干草垛上找到了她们。

原来她们俩迷路了。事情是这样的。早晨她们去游泳，记住了自己在路上经过一片淡蓝色的亚麻田。下午她们打算回家，开始寻找淡蓝色的亚麻田——却找不到了。她们就这样迷路了。

两位女客人不知道，亚麻在早上开花，白天它的花就谢了，而亚麻田就从淡蓝色变成了绿色。

母鸡的疗养地

今天早上集体农庄里的母鸡去疗养了。它们享受了所有的便利条件：坐汽车去，而且还不用离开自己的房子。

母鸡的疗养地就在收割完了的田地里。麦子被运走了，只剩下麦秆和掉在地上的麦粒。为了使这些麦粒不至于白白浪费，于是就把母鸡运来这里疗养。这里将完全成为一个"母鸡小镇"。但并不是永远——只是暂时的。等母鸡把地上最后一些麦粒吃掉之后，就又运上汽车去一个新地方——继续吃麦粒。

绵羊妈妈的忧虑

绵羊妈妈们很担心：它们的小羊就要被带走了。但是三四个月的小羊已经成年了，不能再跟在妈妈身后转悠。该是它们学会过独立生活的时候了。以后小羊就要单独在一起吃草了。

准备上路

浆果成熟了：有马林果、茶蔗子和醋栗。它们该上路了，从集体农庄和国营农场上城里去。

醋栗不怕路途遥远：带我去吧，我能坚持，而且越早动身越好——我还没熟透，还硬着呢。

茶蔗子说：把我好好摆一摆——我能到达目的地。

而马林果还没上路就已经泄了气：最好还是别碰我了，就把我留在原地！我最害怕赶路了。颠簸是生活中最糟糕的事情，颠着颠着就颠成一堆果酱了。

没有秩序的食堂

在五一集体农庄的池塘里，有几根小木桩露出水面。这是一块招牌：鱼用食堂。在每一个这样的水下食堂里都有一张带隔板的大桌子，但是没有椅子。

每天早晨，木桩周围的水就像开锅了一样：鱼儿们焦急地等待着早餐。鱼儿们是不怎么守纪律的：不是你撞着我，就是我碰着你。

七点钟，大厨房的人乘着小船给食堂送饭菜来了：有煮土豆、用杂草种子做的团子、晒干的金龟子和其他好吃的东西。

在这个钟点，食堂里的鱼可真是太多了：每个食堂里至少有四百条鱼在共进早餐。

一个少年自然科学家讲的故事

我们的集体农庄位于一片小橡树林旁。很少有杜鹃飞来这片小橡树林，一般咕咕两声就跟我们再见了。而今年夏天，我却开始经常听到杜鹃的叫声。刚好这时候集体农庄的牛群被赶去小橡树林放牧。今天中午牧童

跑来大叫着:"母牛们发疯了!"

我们所有人赶紧跑到小橡树林去,那里发生的事情真是太可怕了!母牛们乱跑乱叫,用尾巴抽打自己的背,像没看见一样地往树上撞,似乎是不把脑袋撞碎或者不把我们都踩死就不罢休。

我们迅速把牛群赶到别的地方去。这到底是怎么一回事呢?

都是毛虫惹的祸。一条条褐色的大毛虫,身上的毛又多又蓬,像野兽一样凶恶。所有的橡树上都爬满了毛虫,有些树枝已经是光秃秃的:上面的叶子都被吃光了。毛虫身上的毛脱落下来,被风吹到空中,它们迷了母牛们的眼睛,扎得母牛们好痛,真是太可怕了!

这时来了很多杜鹃!我从来没见过这么多杜鹃!而且,除了杜鹃,还有黄鹂和松鸦。黄鹂是金色的,身上带黑色条纹,十分美丽;松鸦是樱桃红色的,翅膀上带淡蓝色条纹。它们从四面八方聚集到小橡树林里来了。

你能想象得到吗!战斗在小橡树林里进行了还不到一个星期,所有的毛虫都被消灭了。鸟儿们真是好样的,对吗?如果没有它们,我们的小橡树林就完了。真是太可怕了!

尤 拉

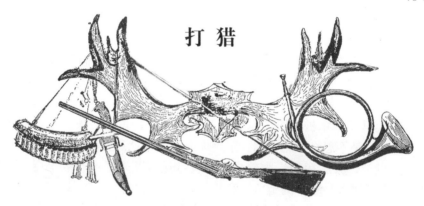

既不猎鸟,也不猎兽

夏天打猎既不是猎鸟,也不是猎兽。甚至都不是打猎,而是战争。人们在夏天有许多敌人。比如说,你开辟了一个菜园,种下了蔬菜,经常浇水。那你能不能使它们不受敌人侵害呢?

用竿子立个稻草人还不够。稻草人能够对付麻雀和其他鸟类,不过效果也不是太好。

第四期　鸟儿筑巢月

菜园有这样一些敌人，不仅是稻草人，就连带枪的人也吓唬不了它们。用棍子打不死它们，用枪也射不死它们。

对付它们只能开动脑筋，得擦亮眼睛，时刻警惕。它们个儿不大，捣乱的本事可不小。

会跳的敌人

蔬菜上出现了一种背上有两条白色条纹的小黑甲虫。它们像跳蚤一样在叶子上蹦来蹦去。赶快敲警钟：菜园危险了。

金花虫是一种可怕的敌人。两三天的工夫它就能毁掉一片面积达几公顷的菜园。蔬菜的嫩叶刚长出来，金花虫就在上面咬得千疮百孔，把叶子边缘啃得曲曲折折——这样菜园就完了！金花虫对于各种芜菁和白菜的伤害尤其巨大。

歼灭金花虫

要这样对付金花虫。配备上系着小旗子的长矛，把小旗子两面厚厚地涂上胶水，只留下底下一条边（约7厘米宽）不涂。

带着这种武器到菜园里去，在田垄间来回地走，在蔬菜上方挥舞小旗子，只让那条没涂胶水的边碰着蔬菜。

金花虫往上一蹦，就被胶水粘住了。但这还不能认为我们已经胜利了。新的敌人还会成群结队地向菜园发动进攻。

第二天早上，草上还挂着露水的时候，就得起床，用一面细筛子，把炉灰、烟灰或者熟石灰撒在蔬菜上。对于集体农庄里大面积的田地，这项工作不是手工进行，而是用飞机来撒。

这些东西对蔬菜没有害处，但是能把金花虫从菜园里赶走。

会飞的敌人

蛾蝶比金花虫还可怕。它们偷偷地在蔬菜上产下自己的卵。从卵里钻出毛虫啃食蔬菜的叶子和茎。

最危险的蛾蝶，有的在白天活动：菜粉蝶（体形较大，翅膀是白色的，上面有黑点）和芜菁粉蝶（样子跟菜粉蝶差不多，只不过体形稍小）；有的在晚上活动：菜螟蛾（体形小，翅膀下垂，身体前部是赭黄

色）；菜夜蛾（身上有茸毛，灰褐色）和菜蛾（体形很小，浅灰色，长得像衣蛾）。

跟它们作战要徒手进行：就用手找到它们的卵并挤碎。还有就是像对付金花虫一样，撒炉灰、烟灰或者熟石灰。

还有一种更可怕的敌人，直接对人发动进攻。这种敌人就是蚊子。

在静止的水面上，有许多身上有毛的小软体虫和用眼睛勉强能看见的蛹，蛹的头与身子相比大得不相称，上面有两个小角。

这是蚊子的幼虫和蛹。这里还有蚊子的卵：一些粘在软体动物身上，漂浮着；另一些附着在水草上。

两种蚊子

有两种蚊子。人被第一种蚊子叮了之后，只是有点痒，起个小包。这是普通的蚊子，不太可怕。人被第二种蚊子叮了之后就会得沼地热，科学家把这种病叫疟疾。人得了这种病就会觉得身上一会儿热，一会儿冷。症状减轻一两天，然后又开始折腾。

这第二种蚊子叫作疟蚊。

从外观上看，两种蚊子很相像，只不过雌疟蚊的吸吻（针刺）旁边还有触须。雌疟蚊的吸吻上带有病菌。当疟蚊叮人的时候，这些病菌就会进入人的血液，并对血液进行破坏。这样人就得病了。

所有这些结论是科学家们在用高倍显微镜观察了蚊子的血液后得出的。用肉眼你是什么也看不到的。

杀灭蚊子！

光用手是拍不死所有的蚊子的。

科学家们在蚊子还是幼虫，待在水里的时候，就开始和它们作斗争了。

取一小瓶沼泽里带有蚊子幼虫的水。往这瓶水里滴一滴煤油，看看会发生什么事情。煤油会在水里散开。幼虫像小蛇一样卷曲起来。大脑袋的蛹一会儿沉到瓶底，一会儿又快速地浮上水面。

幼虫用尾巴，蛹用小角，它们都想冲破那一层煤油膜。

煤油把水面封满了，没给幼虫留下一点呼吸的空隙，于是所有的幼虫都闷死了。人们就是用这个方法和许多别的方法跟蚊子作斗争的。在沼泽地带，人们被蚊子打扰得不得安宁，就往静止的水面上倒煤油。

一个月往水里倒一次煤油,就足以使水里的蚊子断子绝孙了。

罕见的事

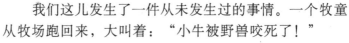

我们这儿发生了一件从未发生过的事情。一个牧童从牧场跑回来,大叫着:"小牛被野兽咬死了!"

集体农庄庄员们惊叫起来,而挤奶女工们群情激愤。那是我们这儿最好的一头小牛,还在展览会上得过奖。所有的工作都被放下了,人们都跑去牧场一探究竟。

只见牧场上,被咬死的小牛倒在树林旁一个偏僻的角落里。它的乳房被咬掉了,后颈部也被咬破了,但是其他地方没有伤痕。是熊咬的,猎人谢尔盖说。它总是这样:咬死了就扔在这儿,等肉臭了再来吃。没错,猎人安德烈表示同意,这没什么可争论的。

"大家先各自回去吧,"谢尔盖说,"我们会在树上搭个台子。今天就这样了,估计熊明天晚上会来。"

人们这时想起了我们的第三位猎人——塞索伊奇。他个子小,在人群里很不显眼。

"你跟我们一起等熊来吗?"谢尔盖和安德烈问。塞索伊奇没有说话。他走到一边,在地上仔细看着什么。"不对,"他说,"熊不会上这儿来的。"

谢尔盖和安德烈耸了耸肩膀:"随你怎么说吧。"集体农庄庄员们各自回家了,塞索伊奇也走了。谢尔盖和安德烈砍了几根木头,在最近的松树上搭了一个台子。他们看见塞索伊奇带着枪和他的猎狗小霞又回来了。他又仔细观察了一下小牛周围的土地和几棵树。然后他就钻进树林里去了。

这天夜里,谢尔盖和安德烈就躲在台子上埋伏着。一夜过去,没什么动静。又过了一夜,还是没什么动静。再过了一夜,依然没什么动静。两个猎人等得不耐烦了。于是开始交谈:

"可能塞索伊奇发现了什么,是我们没注意到的。""熊确实没有来。那我们去问问他?""问熊?问熊干什么?""问塞索伊奇。没别的办法。""那就去吧。"

他们去找塞索伊奇,他刚从树林里出来。这个,谢尔盖和安德烈说,被你说中了,熊确实没有来。这是为什么呢,能给我们讲讲吗?

"你们听说过这样的事吗,"塞索伊奇问他们,"熊扑倒母牛,只咬掉乳房,而不吃牛肉?"两个猎人面面相觑:"熊确实是不干这种胡闹事儿的。"

"你们看过地上的脚印了吗?"塞索伊奇继续问。"嗯,看过。脚印很宽——差不多有1/4俄尺(1俄尺约相当于71厘米)。"

"那么脚爪印也很大吗?"这下可把两个猎人问住了。"我们没注意到有脚爪印。""是啊。要是熊的脚印,你一眼就能看见脚爪印。现在请你们告诉我:哪种野兽在走路时,是把脚爪缩起来的?"

"狼!"谢尔盖开始胡诌。塞索伊奇只是哼了一声:"你这也算对脚印有研究?""你别扯了,"安德烈说,"狼的脚印跟狗脚印一样,只不过大一点,窄一点。猞猁在走路时才缩起脚爪,它的脚印是圆形的。"

"一点没错,"塞索伊奇说,"就是猞猁咬死了小牛。""你在开玩笑吗?""不信的话,看看口袋里是什么。"谢尔盖和安德烈奔到口袋旁,打开口袋——里面是一张红褐色带斑点的猞猁皮。

看,真相大白了,咬死我们小牛的就是它!至于塞索伊奇怎样在森林里追上了猞猁,怎样打死了它,就只有他和他的猎狗小霞知道了。他们自己知道,但是绝口不提,跟谁也不说。

猞猁攻击母牛这种事情确实非常罕见。但是居然就在我们这儿发生了。

东西南北
苏联各地
无线电通信站

注意了!注意了!

这里是列宁格勒《森林报》编辑部。

今天是6月22日,夏至日——一年之中白天最长的一天——我们现在进行无线电通信,接收来自我们苏联各地的消息。

无论是冻土带还是沙漠,原始森林还是草原,大海还是高山,请加入我们。

现在正值盛夏,也是白天最长,夜晚最短的时候,请跟我们说说:你们那里在发生着什么?

第四期 鸟儿筑巢月

你们听！你们听！这里是北冰洋的岛屿

你们说的是什么黑夜啊？我们都忘了夜晚和黑暗是什么样了。

最长的白天在我们这里：一天24小时都是白天。太阳在天上一会儿上升，一会儿下降，但就是不往海里落。这种情况要持续差不多三个月。

现在天总是亮的，我们这里的青草在地里生长的速度，叶子和花朵开放的速度，都像童话里描述的那样，不是按天计算，而是按小时计算。沼泽里长满了苔藓。甚至连光秃秃的石头上都铺满了各种颜色的植物。

冻土也苏醒了。我们这里没有美丽的蝴蝶和蜻蜓，没有伶俐的蜥蜴，没有青蛙和蛇，更没有那些一到冬天就钻进地下，在洞穴里睡上整个冬天的野兽。这就是我们这里的实际情况。我们这里的土地被永久冻土覆盖着，即使是仲夏也只有表面部分化开一点。

一群群蚊子在冻土上嗡嗡作响，虽然听说蝙蝠行动灵便，喜欢吃这些吸血的家伙，但是我们这里没有蝙蝠。在夏天，它们就算飞来了我们这里，也无法生活，它们只在夜晚捕食蚊子，而我们这里的夏天完全没有黑暗，连黄昏也没有。

我们这里的岛屿上，野兽种类不多。只有旅鼠（一种跟老鼠一样大、短尾巴的啮齿类动物）、雪兔、北极狐和驯鹿。另外有时还有巨大的白熊从海里游到我们这里来，在冻土上游荡，找寻猎物。

但是我们这里的鸟多得数不清！虽然在各处背阴的地方还有积雪，但是已经有大批的鸟类飞到我们这里来了。有各种各样的鸣禽：比如角百灵、鹨鸟、鹡鸰鸟、雪鹀。此外还有鸥鸟、潜鸟、鹬鸟、野鸭、大雁、管鼻鹱、海鸠、滑稽的大鼻子海鹦及其他你可能连名字都没听过的令人惊讶的鸟。

到处是叫声、喧闹声、歌声。整个冻土带，甚至连它上面光秃秃的岩石，都被鸟巢占满了。在有些岩石上，数以千计的鸟巢一个挨着一个，连石头上只能容纳一枚蛋的小深坑都被鸟巢占据了。这个闹腾劲儿，简直就是一个真正的鸟类市场！如果有猛禽胆敢接近这个地方，就会飞起一大群鸟向它扑过去，叫声震耳欲聋。鸟嘴会像雨点一般啄在它身上——可不能让自己的孩子受一点委屈。

这就是现在我们冻土带上的欢乐场面。

你们可能会问:"既然你们这儿没有黑夜,那么鸟兽们什么时候休息、睡觉呢?"它们几乎不睡觉:它们没有时间睡觉。稍微打个盹儿,就又要开始忙碌了:有的给雏鸟喂食,有的筑巢,有的孵蛋。谁都有一大堆事情,谁都匆匆忙忙的——因为我们这里的夏天非常短。

到了冬天再睡也不晚,足够它们把一整年的睡眠都补回来。

这里是中亚沙漠

而我们这里正相反:大家都在睡觉。

我们这里的太阳很厉害,把植物都晒枯萎了;谁都不记得上一场雨是什么时候。令人惊讶的是,并不是所有的植物都会被晒死。

有刺的骆驼草,差不多有半米高,它想出了一个好办法,把自己的根伸到地下五六米深的地方去吸地下水。其他的灌木和草木,不长叶子,却长满了绿色的细毛;这样它们可以少蒸发水分。而我们沙漠里的矮树,完全不长叶子;只有绿色的细树枝。它们被称为梭梭树。

沙漠上方扬起了风沙,像乌云一样遮住了太阳。突然,传来一阵可怕的喧闹声和呼啸声;好像有几千条蛇在咝咝作响。

但这不是蛇,是梭梭树的细树枝被强风吹动,在空中发出沙沙声。

而蛇现在正睡着呢。连黄鼠和跳鼠最害怕的红沙蛇都躲在沙子深处睡着呢。

那些小兽也在睡着呢。细腿的黄鼠用一个土疙瘩把洞口堵起来,不让阳光射进自己的洞里;它只在早上出来给自己找点吃的。现在它得跑得老远才能找到一棵还没晒枯的小植物。黄鼠索性钻到地底下去了,它将睡很长很长时间:整个夏天、秋天、冬天,直到第二年的春天。一年里它只活动三个月,其他时间都在睡觉。

蜘蛛、蝎子、蜈蚣、蚂蚁,为了躲避炎炎烈日,有的待在石头下面,有的钻进地底下,有的钻进树荫里,它们只在夜里出来。而且,你既看不见行动敏捷的蜥蜴,也看不见行动迟缓的乌龟。

野兽们搬到沙漠的边缘地带去住了——那里靠近水源。鸟儿们早就孵出了雏鸟,带着它们飞走了。只有善于飞行的沙鸡还在坚持:它们能毫不费力地飞行上百千米,到最近的小河,自己先喝饱水,再往嗉子里装满水,急急忙忙地带回自己的巢喂给自己的小鸟。但是只要这些小鸟学会了飞行,就连沙鸡也不会继续留在这可怕的地方了。

不怕沙漠的只有我们苏联人。苏联人利用先进的设备,在能挖灌溉渠的地方都挖了灌溉渠,为的是把遥远山上的水引到沙漠里来。这样就能把不毛之地变成绿色的草场和农田,让沙漠也能长出花园和葡萄园。

在沙漠里,没有人的地方,风就成了主人——它是人们的头号敌人:风会搬动干燥的沙丘,掀起沙浪,把沙子赶进村庄,将房屋掩埋起来。不怕风的只有我们人类:人同水和植物结成了联盟,严格地给风画了一道界限。在有人工灌溉的地方,树木形成了铜墙铁壁,青草用无数的细根抓住沙子,这样沙丘就无法移动了。

确实,沙漠的夏天跟冻土带的夏天一点也不像。有太阳的时候,所有的生物都在睡觉。只有在夜里漆黑一片的时候,那些被太阳无情折磨的弱小生命,才能稍微透口气儿。

你们听!你们听!这里是乌苏里大森林

我们这儿有令人惊讶的森林:既不像西伯利亚的原始森林,也不像某些地方的热带雨林——这里都是松树、落叶树、云杉,还有爬满了刺蔓和野葡萄藤的阔叶树。

我们这儿有不少野兽:驯鹿和印度羚羊、普通棕熊和西藏黑熊、黑兔、猞猁、虎、豹、棕狼和灰狼。

鸟类也不少:低调朴素的灰松鸡和五彩斑斓的雉鸡、苏联灰雁和中国白雁、普通野鸭和五颜六色的鸳鸯(令人惊讶的是,它们住在树上),还有白脑袋长嘴巴的朱鹭。

白天,原始森林里又闷又暗,宽大的树冠结成一顶密不透风的绿色帐篷,连阳光都透不进来。

夜晚我们这里是漆黑的——白天也是漆黑的。

所有的鸟现在都下好了蛋或是孵出了雏鸟,所有野兽的孩子们也都长大了,它们正在学习捕食的本领。

这里是库班草原

我们这里的田野十分平坦,一望无际,许多机械的和马拉的收割机

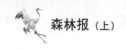

正在田野里收割农作物。火车已经把我们的麦子运到莫斯科,运到列宁格勒去了。

鹫、鸢、鹰和隼在收割完庄稼的田地上空翱翔着。

猛禽们终于可以好好收拾一下这些盗窃粮食的家伙们了:比如野鼠、田鼠、黄鼠和仓鼠。现在隔得老远就能看见它们从洞里向外探头。想想都觉得可怕,这些坏家伙在庄稼还没开始收割的时候,偷吃了多少粮食啊!

现在它们正在搜刮散落在土地上的麦粒,用来装满它们的地下仓库,为过冬储备粮食。野兽们也不落在猛禽们的后面:狐狸在活捉老鼠吃;艾鼬对我们来说益处最大,它毫不留情地消灭所有啮齿类动物。

这里是阿尔泰山

深谷里又闷热又潮湿。在夏天的炎炎烈日下,露水一清早就蒸发掉了。晚上,草场上空浓雾弥漫。水蒸气上升,打湿了山坡,冷却后凝结成白云,漂浮在山顶上。你看,在天亮以前,群山上空总是云雾缭绕。

白天太阳升得老高,水蒸气又变成水滴,于是乌云密布,下起了大雨。

山上的积雪不停地消融,只有在那些最高的白色山峰上,冰雪才终年不化,完全是一片冰原和冰川。在那么高的地方,气温很低,连中午的太阳都不能使冰雪融化。

但是在这些山顶下,雨水和融化的雪水奔流着,汇成小溪,沿着山坡滚滚而下,从岩石上直泻下来,成为瀑布。这些水一直流进河里。这已经是一年中的第二次,和春天时一样,河水暴涨,冲出堤岸,在山谷里泛滥。

我们这儿的山里什么都有:山脚的山坡上是原始森林;往上是肥沃的高山草场;再往上是一片苔藓和地衣,跟在最遥远最寒冷的冻土带一样;在山顶就是一片冰天雪地,永远是冬天,跟北极一样。

在那难以想象的高度上,没有鸟兽生活。只有强壮的鹫和兀鹰能飞上去,用敏锐的眼睛寻找猎物。可是在山顶以下,就像一个多层楼房一样,现在居住着许多不同的居民,它们有的住在高层,有的住在低层。

雄山羊住得最高,那里是光秃秃的峭壁。比雄山羊住得低一点的是雌山羊和小羊,还有跟火鸡一样大的雪鸡。

在肥沃的高山草场上,居住着一群群犄角巨大的山绵羊——盘羊,雪豹老是跟在它们身后。这里既居住着肥壮的旱獭,又居住着许多鸣禽。再往下,在原始森林里,居住着松鸡、雷鸟、鹿、熊……

以前,农作物只能种在山谷里。现在我们的耕地越来越往山上扩展

第四期　鸟儿筑巢月

了。在山上已经不能用马来耕地，而要用长着长毛的高山牦牛来耕地。我们辛勤地劳动，为的是从我们的土地里获得最好的收成。我们一定能实现这个目标。

你们听！你们听！这里是海洋

我们伟大的国家，被三个无边无际的大洋围绕着：西面是大西洋，北面是北冰洋，东面是太平洋。

我们从列宁格勒出发，乘坐轮船，经过芬兰湾和波罗的海，来到大西洋。在这里我们经常遇到外国船只——英国的、丹麦的、瑞典的、挪威的，有商船也有客轮，还有捕鱼的帆船。这里能捕到鲱鱼和鳕鱼。

从大西洋我们来到北冰洋。沿着欧洲和整个亚洲的海岸线，有一条伟大的北方航路。北冰洋属于我们，这条航路也属于我们，它是勇敢的俄罗斯航海家开辟的。以前北冰洋被认为是无法穿越的，到处都是浮冰，充满了死亡的危险。而现在我们的船长们已经能驾驶着一队队船只，由力大无比的破冰船开道，在北冰洋上自由地航行。

我们在这些无人居住的地方见到了许多奇迹。一开始我们经过了墨西哥湾暖流，在那里我们遇见了漂浮的冰山，太阳照得冰山闪闪发亮，晃得我们睁不开眼睛。我们在那里捉到了许多鲨鱼和海星。

接下来这股暖流转向北方，流向北极，于是出现了巨大的冰川，它们在水面上静静地浮动着，一会儿分裂开，一会儿又重新合上。我国有飞机在上空进行侦察，并告诉船只，在冰川之间哪里可以通过。

在北冰洋的岛屿上，我们看见了数以千计的大雁，它们十分无助。大雁的大羽毛从翅膀上脱落，它们无法飞行了，人们用网很容易逮住它们。还有长着大牙的海象，它们从海里爬上浮冰休息。我们还看见了各种各样令人惊讶的海豹。有一种头上有皮囊的大海兔，它们会突然把头上的皮囊吹得鼓起来，就像带了个钢盔似的。我们还看见了虎鲸，虎鲸牙齿锋利，移动迅速，专门猎食须鲸和它们的孩子。

不过关于须鲸的事情，等下回，我们到了太平洋的时候再说：那里的须鲸更多。再见！

我们的来自苏联各地的夏季无线电通讯到这里就结束了。

我们下一次的播出时间是在9月22日。

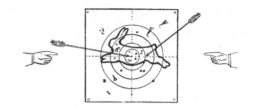

打靶场

第四次竞赛

1. 夏天从哪天（按日历）开始？这一天有什么特别之处？
2. 哪种鱼会筑巢？
3. 哪种小兽在草地上及灌木丛里筑巢？
4. 哪些鸟不筑巢，而是在小坑里、在沙子里孵化雏鸟？
5. 这些鸟的蛋是什么颜色？（图1）
6. 蝌蚪是先长前腿还是先长后腿？

图1

7. 普通棘鱼身上的刺是如何分布的，有多少？
8. 城市里的燕子（尾巴短）和农村里的燕子（尾巴像叉子），它们的巢有什么区别（在外观上）？
9. 为什么不能用手碰鸟巢里的蛋？
10. 雄萤火虫有翅膀吗？夜里用一个玻璃杯罩住一只发光的雌萤火虫。它的光就会引来雄萤火虫。
11. 哪种鸟在巢里用鱼骨做垫子？
12. 为什么苍头燕雀、金翅雀、柳莺的巢很少在树枝上被发现？
13. 是不是所有的鸟类都在夏天孵化一次雏鸟？
14. 我们这里有食肉性植物吗？
15. 谁在水下用空气盖房子？
16. 孩子还没出生就已经交给别人去抚育，谁会这么做？
17. 一只老鹰飞越非常遥远的地方，张开翅膀，遮住太阳。（谜语）
18. 树倒一棵棵，山起一座座。（谜语）
19. 在小树枝头，我们的肚子摇摇晃晃。（谜语）
20. 纵身入水，水花四溅。（谜语）
21. 扫不出，带不走，时间一到，自己离开。（谜语）
22. 只拔韧草，不穿草鞋。（谜语）

小鹿出生不久便能站起来了。

鹤们在练习捕食的技能。

23. 没有身体却能活,没有舌头却能言,谁也没有见过面,声音大家全听见。

24. 不是裁缝,身上却总带着针。(谜语)

公告栏

"锐目"称号比赛

第三次测验题

"谁住在这儿?"

在花园里有两个树洞,两个树洞里都能听见雏鸟的叫声。仔细看过之后,如何得知哪些鸟住在这些树洞里?(图1、图2)

谁住在这里的地下,眼力再好的人也看不见它?(图3)

谁住在这里的这些小洞里?(图4)

这个树上的用苔藓做成的小房子是属于谁的?(图5)

这两个洞很像,而且也是一个主人挖的。而住在这两个洞里的是不同的动物。都是哪些动物?(图6、图7)

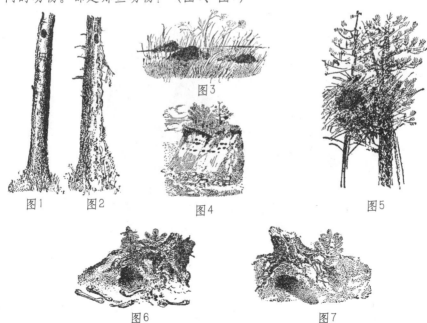

珍惜朋友!

我们这里的男孩子们总是喜欢掏鸟巢——他们这么做并不是因为有什么必要,而只是恶作剧。他们没想过,这样做会给自己和祖国带来巨大的损失。科学家们计算过,每一只鸟,即使是最小的鸟,在一个夏天里,能给我们的农业和林业带来价值25卢布的利益。而且每个巢里有4—24个鸟蛋或同样多的雏鸟。你自己计算一下,破坏一个鸟巢,会给国家带来多大的损失。

伙伴们!

你们要组织一个鸟巢护卫队,不让任何人破坏鸟巢。不允许猫跑进灌木丛和树林,如果跑进了,就把它们从那里赶出来:猫会捉鸟吃,还会破坏鸟巢。要告诉所有人,为什么要珍惜鸟类,鸟类怎样出色地保护我们的森林、田野和花园,怎样挽救我们的庄稼,使庄稼不受害虫的侵害。那些害虫又多又小,难以捕捉,只有鸟类才能对付它们。

森林报

第五期 幼鸟出世月（夏天的第二个月）　　7月21日至8月20日　太阳进入狮子星座

一年——分为12个月的太阳诗篇

　　7月是夏天的巅峰时期，它不知疲倦地管理着一切。它命令黑麦向大地低头。燕麦已经穿上了长袍，而荞麦却连衬衣也还没有。

　　绿色的植物用阳光制造自己的身体。成熟的黑麦和小麦像一片金色的海洋，我们把它们储存起来，够吃一年的呢。我们还为牲畜储存干草：一片片的青草已经收割完了，被堆成一座座小山似的草垛。

　　鸟儿们变得沉默起来：它们已经顾不上唱歌了。所有的鸟巢里都有雏鸟。雏鸟出生的时候，身上光秃秃的，什么也看不见，在很长时间里需要父母照顾。不过现在地上、水里、森林里，甚至空气中——到处都有小家伙们可以吃的东西，人人有份！

　　森林里到处都是多汁的小果实：比如草莓、黑莓、醋栗、茶蔗子；在北方有金色的云莓，在南方的花园里有樱桃。草场脱掉了金色的外衣，换上了点缀着甘菊的花衣裳：白色的花瓣反射着热烈的阳光。在这个时候，可不要小看生命的创造者——太阳神的威力：他的爱抚可是会把人烧伤的。

森林大事记

森林里的小孩子们

各有几个孩子?

罗蒙诺索夫市郊外的大森林里住着一只母驼鹿。它今年生下了一头小驼鹿。

白尾鹰的巢也在这片森林里,现在巢里有两只小鹰。黄雀、苍头燕、鸦鸟——各有5个孩子。歪脖啄木鸟有8个孩子。长尾山雀有12个孩子。灰松鸡有20个孩子。在棘鱼的窝里,每颗鱼卵都生出了一条小鱼,总共有100条。鳊鱼有几十万条小鱼。鳕鱼的孩子就数不过来了:估计有几百万条小鱼。

没有父母照顾的孩子

鳊鱼和鳕鱼完全不管自己的孩子,产下鱼卵就游走了。而小鱼们未来怎么生活,全凭它们自己。这也是没有办法的事情,如果你有几十万个孩子,你也照顾不过来。

青蛙有1,000个孩子——它也不管它们。

可想而知,孩子们没有父母照顾,生活起来是不容易的。在水下许多贪吃的怪物,它们都喜欢吃美味的鱼卵和青蛙卵,还有小鱼和小青蛙。

在小鱼长成大鱼、蝌蚪长成青蛙之前,得有多少伙伴丧命,得遇到多少危险,想想都觉得恐怖!

尽职尽责的父母们

但是母驼鹿和所有的鸟妈妈们都是尽职尽责的父母。

母驼鹿愿意为了它的独生子拼命。就是熊想对母驼鹿发起攻击,它也会前后腿协同作战,用蹄子给熊一顿招呼,让熊以后再也不敢靠近小驼鹿。

我们的几名记者在田野里遇到一只小松鸡:它从他们脚边跳出来,然后钻进草地里想躲起来。

第五期　幼鸟出世月

记者们捉住了小松鸡，于是它叫了起来！不知从哪儿跑来了松鸡妈妈。它看见自己的孩子在人家手里，就咕咕叫着奔过来，然后又摔在了地上，但还在拖着翅膀一瘸一拐地往前赶。

记者们以为松鸡妈妈受伤了，就扔下了小松鸡，奔向松鸡妈妈。

眼看着一伸手就能抓到它了，但是松鸡妈妈突然往旁边一闪，扇动翅膀，从地上飞起来，然后若无其事地飞走了。

我们的记者们又回去找小松鸡，它连影也没有了。原来松鸡妈妈为了救小松鸡，装作受伤的样子，把记者们从小松鸡身边引开。它把自己的每一个孩子都保护得好好的：它的孩子并不多，总共只有20个。

鸟儿们的劳动日

天刚蒙蒙亮，鸟儿们就已经在空中飞了。

椋鸟每天工作17个小时，家燕18个，雨燕19个，红尾鸲超过20个。

我核对过，确实是这样。它们每天不工作那么长时间是不行的。

为了给自己的孩子喂食，雨燕每天得运送食物至少30—35次，椋鸟将近200次，家燕300次，红尾鸲超过450次。

至于这些鸟类在整个夏天消灭掉的危害森林的昆虫和它们的幼虫，更是多得不可计数！它们真是在孜孜不倦地工作呢！

森林记者　斯拉德科夫

沙锥鸟和秃鹰的孩子是什么样的？

这是小秃鹰刚刚破壳而出的样子，嘴上有个小白疙瘩，这是"破壳齿"。小秃鹰在该出壳的时候用它敲破蛋壳。

小秃鹰会渐渐长大，它将成为凶残的猛禽，成为啮齿动物的天敌。

而现在它还是个样子滑稽的小不点，一身绒毛，看不太清东西。

它是那样虚弱无力：一步也离不开爸爸妈妈。如果爸爸妈妈不给它喂食，它就会死掉。

不过在雏鸟里面，也有勇敢的小伙子：它们刚一出壳，就能自己站起来，开始给自己找食物了，它们既不怕水，也能自己躲避敌人。

看，这是两只小沙锥鸟。它们刚从壳里出来一天，就已经离开鸟巢自己找蚯蚓吃了。

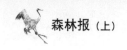

因为沙锥鸟的蛋很大，小沙锥鸟在蛋里的时候就已经开始发育了。（见《森林报》第四期）

我们刚刚提到过的松鸡的孩子，也是很勇敢的。它刚一出生就能到处乱跑。

还有一种野鸭——秋沙鸭。

它刚一来到这个世界上，就一拐一拐地来到小河边，扑通一声跳进水里，开始游泳了。它已经能潜水、伸懒腰、在水面上欠身——跟成年鸭子一样。

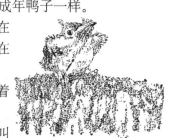

旋木雀的孩子可真是娇弱无比。它已经在窝里待了两个星期，现在刚刚飞出来，正待在一个树桩上。

它现在正气鼓鼓的：妈妈好长时间没带着食物飞回来了，这令它很不满。

它已经出生快三周了，但还是吱吱地叫着，要求妈妈喂它吃毛虫和其他好吃的东西。

岛上的殖民地

在一个岛上有一片浅沙滩，那里住着许多小海鸥，它们正在避暑。

它们每天晚上都睡在沙坑里，一个沙坑里睡三只。整个浅滩上都是沙坑，好一个海鸥的大殖民地。

白天，它们在大海鸥的带领下学习飞行、游泳和捕捉小鱼。

老海鸥既进行教学，也机警地保护着自己的孩子们。

一有敌人靠近，它们就聚成一群，对着敌人尖声大叫，这个场面谁见了都会害怕。

连海上巨大的白尾鹰都会吓得远远逃开。

雌雄颠倒

有许多人在我们广阔国家的不同地方看见了一种令人惊讶的鸟，于是写信给我们。这个月，在莫斯科郊外、在阿尔泰山、在卡玛河畔、在波罗的海上、在雅库什和哈萨克斯坦，人们见到过它。这是一种既可爱又漂亮的鸟，长得很像在城里卖给年轻的钓鱼人的那种鲜艳的浮标。它对人非常信任，就算是走到离它只有五步远的地方，它依然在你面前靠着河岸游

第五期　幼鸟出世月

来游去,一点也不害怕。

其他的鸟现在都待在巢里,或者正在孵化雏鸟,而这些鸟正在集结成群,进行全国旅行。

令人惊讶的是,这些羽毛鲜艳的漂亮小鸟都是雌的。所有其他的鸟都是雄鸟比雌鸟更鲜艳,更漂亮,而这些鸟正相反:雄鸟灰头土脸,雌鸟光彩照人。

还有更令人惊讶的事情,这些雌鸟完全不管自己的孩子。在遥远的北方,在冻土带,它们把自己的蛋放进小坑,然后就飞走了!而雄鸟留下来孵蛋,给雏鸟喂食,保护雏鸟的安全。

简直是雌雄颠倒!

这种鸟叫瓣蹼鹬,它的嘴是圆柱形的。

你到处都能见到它:今天在这里,明天在那里。

可怕的雏鸟

两只纤细、温顺的鹡鸰鸟在巢里生下了六只光秃秃的雏鸟。其中五只的样子都很正常,而第六只是个丑八怪:浑身上下皮肤粗糙,青筋暴露,头很大,两只凸眼睛,眼皮耷拉着。它一张嘴,保管吓你一跳:完全是一张血盆大口。

第一天小六安静地待在窝里。只是在鹡鸰鸟们带着食物飞回来的时候,才费劲地抬起自己粗重的头,张开嘴发出微弱的叫声,好像在说:喂我吧!

第二天早上很冷,爸爸妈妈飞去寻找食物,小六微微地动起来。它低下头,用头抵住巢底,叉开两腿,开始往后退。

它的屁股撞着了它的一个小兄弟,于是就开始挤这个小兄弟。它甩开自己的翅膀,像钳子一样夹住小兄弟,它就这么着把小兄弟掮在肩上,一个劲地往后退,一直退到鸟巢边上。

小兄弟个小、体弱,也看不见东西,在小六的背上挣扎着,像待在一个勺子里。小六用头和两腿支撑着,把小兄弟越抬越高,一直把它抬到跟鸟巢上沿平齐。

这时候,小六浑身一使劲,屁股猛地一挺,就把从小兄弟从鸟巢里挤出去了。

鹡鸰的巢搭在河岸上方的悬崖上。

光秃秃的小鹡鸰鸟扑通一声碰在卵石

上，一下子就摔死了。

而凶恶的小六，自己也差点从鸟巢里掉出来，它在鸟巢边上摇摇晃晃，摇摇晃晃，好在大脑袋够分量，它才坠回到巢里去。

这件可怕的事情只发生在两三分钟里。

然后精疲力尽的小六在巢里一动不动地待了一刻钟。

父母们飞回来了。小六伸长青筋暴露的脖子，迷迷糊糊地抬起沉重的脑袋，好像什么也没发生过一样，张开嘴，吱吱地叫着，好像在说：喂我吧！

吃饱了，休息够了，小六又开始收拾第二个小兄弟。

这个小兄弟没那么好对付：它拼命地挣扎，总是从小六的背上滚下来。不过小六是不会罢休的。

过了五天，小六睁开了眼睛，它看见窝里只有它自己了：所有的五个兄弟都被它扔出去摔死了。

直到出生后的第十二天，小六终于长出了羽毛，这回真相大白了，两只鹡鸰鸟抚养的原来是一只被丢弃的小杜鹃。

但是小六叫得十分可怜，活像死去的那些鹡鸰鸟自己的孩子，它是那么的惹人怜爱，抖动着翅膀，要东西吃。两只纤细、温顺的鹡鸰鸟无法拒绝它，也无法抛弃它让它饿死。

两只鹡鸰鸟自己过着半饥半饱的生活，它们总是忙着喂饱小六，从早到晚地给它送来肥美的毛虫。它们得把整个脑袋伸进小六的血盆大口里，才能用食物填满它的辘辘饥肠。

秋天快到了，鹡鸰鸟把小六养大了。然后小六就飞走了，一辈子再也没和这两只鹡鸰鸟见过面。

小熊洗澡

有一个我们认识的猎人，他正在林中河岸边走着，突然听到了一阵巨大的树枝折断的声音，嘎吱嘎吱地响。他吓坏了，连忙爬上一棵树。

从密林里走出一只棕色的大母熊和三只小熊，它们向岸边走来。三只小熊里有一只最大的，俨然已经是另两只的保姆了。

母熊坐了下来。

熊哥哥用牙齿咬住一只小熊的脖颈，把它浸入水里开始涮。

小熊尖叫着，挣扎着，但是熊哥哥一直咬着不放，直到在水里把它涮干净。

第五期　幼鸟出世月

另一只小熊害怕冷水,一溜烟跑进森林。

熊哥哥追上它,给了它一顿巴掌,然后跟第一个一样,把它浸入水里开始涮。

涮着涮着,熊哥哥一不小心把它甩进了水里。小熊大叫起来!母熊立刻跳进水里,把小熊拖上岸,然后给了熊哥哥几个耳光,打得可怜的熊哥哥嚎叫起来。

回到地上,两只小熊觉得这个澡洗得十分舒服:天气这么热,它们还穿着又密又蓬的皮大衣。洗完澡它们凉快多了。

洗完澡,四只熊又消失在森林中,而猎人从树上爬下来回家了。

浆　果

许多不同种类的浆果成熟了。人们正在花园里采摘覆盆子、红色和黑色的茶蔗子,还有醋栗。

覆盆子在森林里也能找到。它是一种灌木。覆盆子的茎很脆,你要穿过一片覆盆子的灌木丛,就会折断它的茎,所以脚下会发出噼里啪啦的响声。但是对于覆盆子,这没什么损失。这些现在吊着浆果的茎,只能活到冬天。看,这就是它们的接班人。从地下的根茎中长出了许多嫩茎。它们毛茸茸的,浑身长着小刺。到明年夏天就该轮到它们开花结果了。

在灌木丛和草丘上,在林地上的树桩旁,越橘就要成熟了,浆果的一面已经红了。

越橘也是一种灌木,浆果一堆堆地长在茎梢上。有几棵越橘,一串串的浆果又大、又多、又重,都弯下来贴到苔藓上了。

我真想挖出这样一棵小灌木,移植到自己家里培育一下,看看浆果能不能变得更大。但是,如果不让越橘自由生长,它就无法长得很好。越橘是一种很有趣的浆果。它的浆果过了一冬天还可以吃,只要把它用开水泡一下,或者捣出浆汁来,就可以吃。

为什么越橘不会变质呢?它自己有防腐的办法。在越橘里有一种苯酸。苯酸可以使越橘不变质。

巴甫洛娃

吃猫奶长大的兔子

我家的猫在春天生了几只小猫,但是这几只小猫全都被别人抱走了。刚巧这一天我们在森林里抓到了一只小兔子。

我们把小兔子放在猫身边。猫的奶水很多,而且它愿意给小兔喂奶。这样小兔就吃着猫奶长大了。它们关系非常好,甚至总是睡在一起。

最滑稽的是,猫教会了它的兔儿子跟狗打架。只要一有狗来到我家的院子,猫就扑上去一通乱抓。小兔子也跟在猫后面跑过去,也用前爪一通乱搥,弄得狗毛乱飞。附近所有的狗都怕我家的猫和它的兔儿子。

小蚁䴕鸟的魔术

我家的猫看见树上有一个树洞,心想那是一个鸟窝。猫想吃小鸟,于是就爬上了树。它把头伸进树洞,看见在树洞底部有几条小蝮蛇在弯弯曲曲地爬来爬去,还发出咝咝的声音。猫害怕了,从树上跳下来,落荒而逃!

洞里根本不是小蝮蛇,而是蚁䴕鸟的雏鸟。这是它们在对付敌人时变的一个魔术:它们把头转来转去,脖子扭来扭去——它们扭脖子的时候,看起来就像是蛇在爬行。而且它们还像蝮蛇那样发出咝咝声。谁都害怕有毒的蝮蛇,所以小蚁䴕鸟就模仿蝮蛇来吓退敌人。

当面瞒过

一只大秃鹰发现一只雌松鸡带着一整群黄色的毛绒绒的小松鸡。秃鹰想,我该吃午饭了。它看准了它们,正想朝它们俯冲下去。这时,雌松鸡发现了它。雌松鸡大叫了一声,所有的小松鸡突然间都消失了。秃鹰看了又看,一只小松鸡也没有了,好像钻进了地底下似的。它只好飞走找别的猎物当午餐去了。

这时,雌松鸡又大叫了一声,黄色的毛绒绒的小松鸡又出现在了它周围。

它们哪儿也没去,就待在这儿,只不过身子紧贴着地面。这样从上往下看,你根本看不出它们和叶子、青草和土块的区别!

食虫花

森林里有一只蚊子在飞,飞着飞着,飞到了一片沼泽上空。它觉得

第五期　幼鸟出世月

　　累了，想喝点水。它看见一朵小花：绿色的茎，茎梢上挂着白色的小铃铛，下面是深红色的圆形小叶子，像喷头一样围在茎的周围。在叶子上生有小纤毛，在纤毛上挂着一颗颗亮闪闪的露珠。

　　蚊子落在叶子上，把嘴伸进露珠里，而露珠居然有黏性，蚊子的嘴被粘住动不了了。

　　突然，所有的小纤毛都动起来了，它们像触手似的伸过来，抓住了蚊子。圆形的小叶子合上了，蚊子不见了。

　　当小叶子再打开的时候，蚊子只剩下一副空壳，掉在了地上：小花把蚊子的血都吸光了。

　　这是一种可怕的食虫花，叫茅膏菜。它专门捕捉小昆虫并以它们为食。

在水下打架

　　水下的动物们跟地上的动物们一样，也喜欢打架。

　　两只青蛙跳进了池塘，在池塘里看见了一只奇怪的蝾螈，它身子细长，大脑袋，四条小短腿。

　　"这真是一个可笑的丑八怪！"两只青蛙想，"得给它点颜色看看。"

　　一只青蛙抓住了蝾螈的尾巴，另一只青蛙抓住了蝾螈的右前腿。

　　它们使劲一拉，腿和尾巴被扯断了，蝾螈匆忙地逃跑了。

　　过了几天，两只青蛙在水下又遇见了这只蝾螈。现在它可是个真正的怪物了：原来是尾巴的地方长出了腿，原来是腿的地方长出了尾巴。

　　蝾螈的再生本领比蜥蜴还要强，尾巴断了，能重新长出来，腿断了，也能重新长出来。只不过有时候会长得颠三倒四，在它们断了肢体的地方，长出本不属于这个部位的肢体来。

不是风，不是鸟，而是水

　　我想给你们讲讲景天开花时的样子。我非常喜欢这种小植物，特别喜欢它那肥厚的、鼓鼓囊囊的灰绿色叶子，密密麻麻地长在茎上，把茎都遮住了。而且景天的花也很漂亮：像鲜艳的五角星似的。

　　但是现在这些花已经没了，它们变成了果实，也是扁扁的五角星的形状。它们紧紧地关闭着。但这并不意味着种子还没有成熟。景天的果实在天气晴朗的日子总是关闭着的。

　　现在我要强迫它们打开。我要做的只是从水洼里取点水来，一滴就

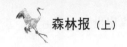

够了,把它滴在五角星的中心。这样我的目的就达到了:果实的叶子开始展开了,种子露出来了。景天的种子并不像许多其他植物的种子那样怕水,它们喜欢水。我再滴两滴水,种子就掉下来了。水抓住它们,把它们带走,并为它们播种。

帮助景天播种的不是风,不是鸟,不是动物,而是水。我曾见过生长在悬崖缝隙里的景天,是顺着石壁流下的雨水把种子带到那里的。

巴甫洛娃

潜 鸭

我去湖里游泳,看见一只潜鸭在教自己的孩子如何在水里躲避人类。大潜鸭像船一样漂浮着,而小潜鸭们潜进了水里。小潜鸭往水里一钻,大潜鸭就游过去东张西望。终于,小潜鸭们在芦苇丛旁钻出了水面,游进了芦苇丛,于是我就开始游泳了。

森林记者 波波夫·瓦连京

美妙的小果实

牻牛儿苗是生长在菜园里的一种野草,它有着美妙的小果实。这种植物很粗糙,并不好看,它的花是深红色的,也没什么特别的。

现在一部分花已经凋谢了,在原本是花的位置从花萼里伸出了一个"鹳嘴"。每个鹳嘴都是五个生长在一起的果实尾巴。它们很容易分开。这就是牻牛儿苗大名鼎鼎的小果实。它上面有个尖儿,长着硬毛,还长着尾巴。尾巴的顶端弯曲着像把镰刀,下部卷曲成一个螺旋。这个螺旋一受潮就会散开。

我把一个小果实放在手掌中,哈一口气,它果然转动起来了,硬毛刺得我手心痒痒的。螺旋没有了,散开了。但是在手掌里放一会儿,它就又卷起来了。

为什么这种植物要会变这个魔术呢?是这么回事:小果实掉下来的时候,就会落到地里,而它的尾巴就会用那镰刀似的顶端挂住小草。天气潮湿的时候,螺旋散开来,而长着小尖的小果实就钻进地里去了。

小果实可没有回头路:硬毛不放它回去,硬毛向上竖着,顶住上面的泥土不放它回去。

这可太巧妙了:植物能把自己的种子播撒到土里去。

第五期　幼鸟出世月

人们曾经把牻牛儿苗的小果实当做湿度计使用，用来测量空气的湿度，可见小果实的尾巴有多灵敏。把小果实固定在一个地方，小果实的尾巴就像指针一样能移动，并在刻度盘上指示出湿度是怎样的。

巴甫洛娃

小䴙䴘

我在河岸边走着，看见水面上有一种水鸟，既不是野鸭，也不是别的什么。我心里想，这到底是什么呢？野鸭的嘴是扁平的，而这些水鸟的嘴是尖的。

我急忙脱了衣服，下水游向它们。它们避开我，登上了对岸，我跟着它们。眼看要抓住它们了，它们又逃回了岸边！我继续跟踪它们，它们又避开了我。它们引领着我顺流而下，可把我折腾坏了，我差点游不回岸上！就这样也没能抓住他们。

后来我又见过它们许多次，但是我已经不再跟着它们了。它们果然不是小野鸭，而是䴙䴘的孩子——小䴙䴘。

森林记者　库罗奇金

摘自少年自然科学家日记

夏末的铃兰

8月5日。我家的花园在小溪旁，花园里种着铃兰。它的花很素雅，像瓷白色的小铃铛，绿色的小茎很柔韧，长长的叶子清凉而鲜嫩。它的花散发着美妙的芬芳，是那样的纯洁，富有朝气。在春天，我早早起来，穿越小溪去采铃兰，每天我都能采一束新鲜的铃兰带回家。我把它们放在水里，这样一整天，屋里都满是铃兰的芬芳。在我们列宁格勒郊区，铃兰在6月开花。

就是现在——夏末——我最爱的花带给我新的喜悦。

我偶然间发现，在它们的大尖叶子下面有什么淡红色的东西。我跪下去，拨开叶子，那下面是一颗颗橘红色的小果实，硬硬的，有点呈椭圆形。它们跟花一样漂亮，像是希望我把它们做成耳环，送给我所有的女朋友们。

森林记者　维利卡

淡蓝色和翠绿色

8月20日。今天我早早起来,往窗外一看,不由得惊叫起来:一片淡蓝色,草地完全是淡蓝色的!整片草地上的草都被露珠坠弯了腰,整片草地都在闪闪发光。

白色和绿色混合起来,就显出了淡蓝色。所以露珠挂在鲜嫩的草上,就把草地变成了淡蓝色。

有几条绿色的小径,穿过草地,从灌木丛通向板棚。板棚里放着一袋袋的麦子,有一窝灰松鸡,趁着人们还在睡觉,来啄食村里的麦粒。这就是它们,在打谷场上——淡蓝色的松鸡,胸前有一个巧克力色的马蹄形图案。它们吱吱地叫着,趁人们还没醒来,赶快吃。

而远方——森林旁——还没收割的燕麦也是一片淡蓝色。一个猎人手里拿着枪,在那里走来走去。我知道,猎人是在暗中监视那一窝小琴鸡。这些小琴鸡经常在妈妈的带领下,走出森林来到田野里觅食。在淡蓝色的燕麦田里,它们经过的地方是绿色的:琴鸡在经过的时候碰掉了露水。猎人一枪也没开,显然雌琴鸡已经带着自己的孩子回到森林里去了。

森林记者 维利卡

请爱护森林!

如果闪电降临干燥的森林,那就糟糕了。如果有人在森林里丢下一根未熄灭的火柴,或者没把篝火完全熄灭,那也糟糕了。

一点点火星,像一条纤细的小蛇,离开火堆的残烬,钻进苔藓,钻进一堆枯叶。突然间,它蹿了出来,舔了一下灌木丛,奔向一堆枯枝……

一秒也不要耽搁:这是意外之火,趁它还很小很弱,你独自就能对付它。快折一些带叶子的新鲜树枝,用尽全力扑打火焰,别让它扩大,别让它转移!把你的伙伴们也叫来帮忙。

如果你手边有铁锹或者结实的木棍,就可以把土挖开,用土和一块块草皮把火盖灭。

如果火没被土盖住,又蹿了起来,并且从一棵树蔓延向另一棵树,这场火就算烧起来了,还可能变成大火。赶紧飞奔着去敲响警钟,把人们都叫来灭火。

林中战争

（续前）

我们的记者所搬去的第三块林地，在上面进行过的伐木工作是在十年前。而这块林地一直是在杨树和桦树的统治之下。

胜利者们谁也不把自己的土地让给别人。每年春天，野草一族都想从土里钻出来，但是很快它们就在由叶子制造的帐篷似的树荫下枯萎了。云杉每两三年结一次种子，而且也会把它们落到地上。不过这些种子也没能从土里钻出来：它们被桦树和杨树压制住了。

小杨树和小桦树不是每天在长，而是每小时都在长。它们耸立着，树冠在林地上空密密麻麻地连成一片。它们觉得太拥挤了，于是开始发生内斗。

每棵小树都想为自己夺取更多的地下和地上空间。每棵小树都是越长越宽，挤压推搡邻近的小树。林地上拥挤不堪。

强壮的树比瘦弱的树长得快：强壮的树根系发达，枝干颀长。强壮的树长得很高，而且把树枝像手臂一样伸到邻近的树头上，这些邻近的树就被强壮的树的树枝遮住了。于是它们从此不见天日。

最后一批瘦弱的树在浓密的树荫下死去了。身材矮小的野草一族，终于从土里钻出来了。但是它们对于那些高大的树已经构不成威胁了：任凭它们在脚下生长，正好还可以保暖。可胜利者们自己的后代——它们的种子，却落入野草这个阴暗潮湿的地窖里，窒息而死。

而云杉极有耐性，它们每两三年把自己的空中部队投放到这片草木丛生的林地上。胜利者们甚至对这些小东西不屑一顾。它们觉得无所谓：就让这些小东西在地窖里自生自灭吧。

小云杉终于从地里钻出来了。它们的居住条件真是差啊，又阴暗又潮湿。而它们为了生长，还是抓住了一点阳光，只不过它们长得又纤细又瘦弱。

但是在这里，风吹不着它们，也不会把它们从地里揪出来。即使是在狂风暴雨中，连桦树和杨树都被吹得东倒西歪，但小云杉在地窖里却是一片安宁。

食物也很充足，环境也很温暖。在这里小云杉感受不到早晨危险的寒气和冬季刺骨的严寒。秋天，桦树和杨树的落叶在地上腐烂了，散发出热量。小云杉所要忍受的只是地窖里那无尽的昏暗。

小云杉们不像桦树和杨树那样喜光；它们耐心地生长着。

我们的记者们对它们表示了同情，然后又搬去了第四块林地。

我们等待着他们的报道。

集体农庄历

收割庄稼的时候到了。我们集体农庄的黑麦田和麦子田无边无际，像海洋一样。粗壮的麦穗又高又密，每一个麦穗里都包含着许多麦粒。集体农庄庄员们工作都非常努力。很快这些金色的麦粒就会源源不断地流入国家和集体农庄的粮库。

亚麻也成熟了。集体农庄女庄员们在拔亚麻的时候会使用亚麻收割机。机械收割确实快多了。集体农庄女庄员们跟在亚麻收割机后面把一排排被割倒的亚麻扎成捆，再把亚麻每十捆堆成一垛。很快田野里就到处都是亚麻垛，像一列列士兵似的。

松鸡只好带着一家大小从越冬的黑麦田搬到春播的农田里去了。

人们在收割黑麦。饱满、粗壮的麦穗，在收割机的钢锯下，一束束地倒了下来。人们把一束束黑麦捆扎起来，堆成垛。田野里堆满了黑麦垛，好像队列整齐的运动员。

菜园里的胡萝卜、甜菜成熟了。集体农庄庄员们把它们运到火车站，火车再把它们运到城里。这几天，所有城里的居民都可以吃到新鲜美味的小黄瓜，用甜菜做红菜汤，用胡萝卜烙馅饼。

集体农庄庄员们在森林里采集蘑菇、成熟了的覆盆子和越橘。有榛子树的地方，这几天都有许多小孩：他们采集榛子，把衣服上的口袋都装

第五期 幼鸟出世月

得满满的。

而现在大人们可顾不上榛子，他们得收割农作物，得在打谷场上打亚麻，得用农具把地耕完、耙完：很快就要播种越冬作物了。

森林的朋友

在苏联卫国战争期间，我们的许多森林被毁掉了。各地林场正在努力恢复森林。我国的中学生们也在帮助他们进行这项工作。

为了种植新的松树林，需要几百千克的松子。同学们用三年的时间收集了7,500千克松子。他们还帮助翻整土地、照顾苗木，防止森林发生火灾。

森林记者 亚历山大·察廖夫

大家都有事儿干

早上，天刚蒙蒙亮，所有的集体农庄庄员就开始忙碌了。有大人的地方也有小孩。在草场上、在田野里、在菜园里，都有孩子们在帮助集体农庄庄员们。

看，孩子们带着耙子来了。他们快速地把干草耙成一堆，然后装上大车，运往集体农庄的干草棚。

孩子们也不给杂草喘息的时间：他们给种好的亚麻和土豆田除杂草，比如苔草、滨藜、木贼。

到了拔亚麻的时候，亚麻收割机在亚麻田里还没出现，孩子们就已经来了。

他们拔掉亚麻田角落里的亚麻，这样亚麻收割机就可以方便地转弯了。

对于收割完的黑麦，孩子们也有事情做。他们把掉在地上的麦穗耙到一起并收集起来。

普斯科夫州斯拉夫科夫区 大地集体农庄

集体农庄新闻
巴甫洛娃报道

有消息从田野里传到了红星集体农庄。稻谷们说："我们的一切都进展得很顺利。麦粒熟了，很快它们就会掉到地上。你们可以不用再照顾我们，甚至对田野看也不用看了。我们现在没有你们也能应付。"

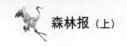

集体农庄庄员们笑了起来：

这怎么能行呢！别说看也不用看，现在才是要大忙特忙的时候呢！

田野里开来了联合收割机。联合收割机是个多面手：又会收割、又会脱粒、又会筛选。联合收割机开进田野的时候，黑麦比人还高，开出田野的时候，就只剩下矮矮的麦秆。联合收割机直接把麦粒交给集体农庄庄员们。集体农庄庄员们把麦粒晾干，装进麻袋，然后运走交给国家。

变黄了的田野

我们的一名记者曾经去过红旗集体农庄。他注意到在这个集体农庄里有两块土豆田，其中一块很大，是深绿色的；另一块很小，已经变黄了——里面的土豆茎叶变黄了，好像快要枯死似的。

我们的记者决定调查一下到底发生了什么事情。他对我们这样说：

昨天，在这片变黄的土豆田上来了一只公鸡，它挖开土地，叫来几只母鸡，请它们吃新鲜的土豆。一个过路的集体农庄女庄员看见了这一切，笑着跟自己的女伴说：

真没想到！公鸡第一个来收获我们的早熟土豆了。显然，它得到消息，知道我们明天要开始挖土豆了。

由此得知，变黄的土豆是早熟土豆，它已经成熟了，所以连它的茎叶也变黄了。而深绿色的大土豆田上种的是晚熟土豆。

森林新闻

在集体农庄的森林里从地底下长出了第一朵乳蘑菇。它又粗壮，又肥厚。蘑菇伞上有一个小坑，周围是潮湿的毛边。在蘑菇上沾了许多松针。蘑菇周围的土拱起来了。如果你把这土挖开，就能找到许多大大小小的乳蘑菇！

来自远方的一封信

鸟 岛

我们乘着轮船在喀拉海的东部海域航行。周围是无边无际的海水。

突然，在桅顶瞭望的海员叫了起来：正前方，有一座倒立的山！

"他在做梦吧？"我这样想着，于是爬上了桅杆。

第五期　幼鸟出世月

　　一切都清清楚楚，我们正向着一个堆满岩石的岛开去。这个岛头朝下地悬挂在空中。

　　这堆岩石倒挂在空中，没有任何东西托住它们。

　　我的朋友，我对自己说，你精神错乱了！

　　但是我这时反应过来了："是大气折射现象！"于是我笑了起来。这是自然界的一大奇观。

　　这里——在北极地区的海上——经常有这种大气折射现象，也就是海市蜃楼。你会突然看见远处的海岸或轮船，头朝下地挂在空中，这是它们在空气中的倒影。

　　过了几个小时，我们接近了这座远方的小岛。它当然没有头朝下地挂在空中，而是稳稳地矗立在水里，岛上到处都是岩石。

　　船长确定了方位，看了看地图，他说，这是比安基岛，位于诺登舍尔德群岛的入口处。这个岛的命名是为了纪念俄罗斯科学家瓦连京·利沃维奇·比安基。因此我估计你们可能会很想了解一下，这个岛是什么样子，在岛上有什么。

　　这个岛是由许多岩石堆垒而成的，既有巨大的圆石，也有方形的石板。岛上既没有灌木，也没有青草，只有一些淡黄色的和白色的小花在闪闪发光。在南面背风的地方，那里的岩石上覆盖着地衣和非常短的苔藓。这里有一种苔藓，长得很像我们那里的松乳菇，这种苔藓又软又多汁，我在别的地方从没见到过。海岸平缓的地方，堆满了木头，有圆木，有树干，还有木板，它们是被海水冲到这里来的，可能在海上漂了几千千米。这些树木都很干燥，只要弯起手指轻叩一下就会发出清脆的响声。

　　现在是7月底，而这里的夏天刚刚开始。不过这并不妨碍大大小小的冰块在阳光下闪着光，静悄悄地从岛边漂过。这里的雾又浓又低，如果有船只在海上航行，你只能看见它们的桅杆。不过这里很少有船经过。

　　比安基岛是一个真正的鸟类天堂。这里的鸟很多，不过它们并不拥在一起筑巢，而是自由地把自己的巢分布在全岛。在这里筑巢的有几千只鸟：野鸭、大雁、天鹅、潜鸟、各种各样的鹬鸟。在它们上方的光秃秃的岩石上，居住着海鸥、海鸠、管鼻鹱。这里的海鸥各种各样：有白色身子黑色翅膀的，有体形娇小、粉红色身子、尾巴像鱼叉的，还有巨大凶恶的北极鸥，它专吃鸟蛋、雏鸟和幼兽。这里还有体形巨大、浑身雪白的北极猫头鹰。美丽的白翅膀白胸脯的雪鸮，飞到空中，像云雀一样歌唱。北极云雀在地上边跑边唱，它的嗓子是黑色的，头上有两根尖尖的黑翎毛，像犄角一样。

这里也有兽类!

我拿了早餐,到海角后面的海岸上坐下。我坐着,旅鼠在我身边窜来窜去。这是一种不大的啮齿类动物,浑身毛茸茸的,灰、黑、黄三种颜色。

岛上还有许多北极狐。我在石头中间看见一只:它正在悄悄靠近一群还不会飞的小海鸥。突然大海鸥们发现了它,一齐叫嚷着向它冲了过去!这个小偷夹着尾巴,落荒而逃!

这里的鸟能够保护自己,也不会让自己的孩子受到伤害。不过这样一来,岛上的兽类可就吃不饱了。

我开始往海上看去。那里也有许多鸟在游泳。

我吹了一声口哨。突然从岸边的海水里钻出几个圆圆软软的脑袋,它们用黑色的眼睛好奇地盯着我:这个丑八怪是谁啊?它吹口哨干什么啊?

这是一种不大的海豹。

然后,在远处,出现了一只非常大的海豹。然后又出现了长着胡子的海象,它的个儿更大。突然,它们都消失在水里了,而鸟儿们都尖叫着飞上了空中——原来有一只白熊从岛旁经过,只从水里探出一个脑袋,它是北极最强大最凶猛的野兽。

我饿了,想把自己的早餐拿过来吃。我清楚地记得,我把它放在了身后的石头上,但是它不在那儿了。石头下面也没有。

我一下子跳了起来。

在石头后面有一只北极狐在乱窜,是这个小偷悄悄地靠近并偷走了我的早餐:它嘴里咬着一张纸,那是我当初用来包三明治的那张纸。

看这里的鸟儿们把这只体面的野兽逼成什么样了!

远航的领航员 基里尔·马尔丁诺夫

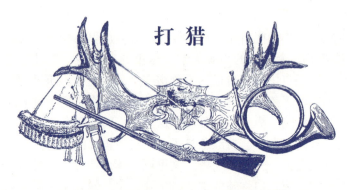

打 猎

在雏鸟还没长大,还没学会飞的时候,要怎么打猎呢?可不能打没长大的动物。法律禁止在这个时候打扰鸟兽。

不过就算是夏天，也可以打那些专吃森林里的小动物的猛禽，以及那些危险的和有害的野兽。

夜间的恐怖

夏天，你在夜里从家里出来，森林里好像有什么东西在咕咕叫，又像是在哈哈笑——太可怕了，身上鸡皮疙瘩都起来了！

而有时候，在黑暗中，从阁楼或屋顶响起一个低沉的声音，仿佛在说：

走啊！走啊！到牧场去！

而这时，在一片漆黑中，出现两点圆圆的绿色火苗——是两只不祥的眼睛，接着，一个无声无息的黑影，一闪而过，差点儿擦着你的脸。遇见这样的事情，谁会不害怕呢？

因此，出于恐惧，人们才憎恨各种各样的猫头鹰。这些猫头鹰每天晚上在森林里惊声尖笑，而在人们居住的地方，也用不祥的声音召唤着：

走啊，走啊！

即使是白天，如果它们从一个阴暗的树洞里，突然探出长着黄色大眼睛的头，用弯钩形的嘴高声尖叫着，也会轻易地吓人一跳。

另外，如果在夜间出现了一阵骚动，鸡、鸭、鹅这些家禽都大叫起来，而到了第二天早上，主人发现小鸡崽儿少了，他马上就会认为这件事是猫头鹰干的。

光天化日下的抢劫

不只是夜里，就连白天猛禽们也经常闹得集体农庄庄员们不得安宁。

老母鸡一个没注意，它的小鸡崽儿就被弯抓走了一只。

公鸡刚跳上篱笆，鹞一下就把它抓走了！一群小鸽子刚从屋顶上飞起，不知从哪儿飞来了一只隼，它冲进鸽子群，只一下，只见周围羽毛乱飞；它抓起一只被它杀死的鸽子，瞬间消失得无影无踪。

如果一只猛禽遇上了一个集体农庄庄员，对猛禽积怨已久的集体农庄庄员才不去分辨它到底是好鸟还是坏鸟呢，一律打死，谁让它长着弯钩状的嘴和长长的爪子呢。不过这个集体农庄庄员要是真的大干一场，把周围所有的猛禽都赶走，到时候他可就追悔莫及了：野鼠会在田野里大量繁殖，黄鼠会吃光所有的农作物，兔子会吃光所有的白菜。

如果集体农庄庄员们不好好权衡一下利弊的话，将会得不偿失。

谁是敌人,谁是朋友

为了避免得不偿失的情况,应当首先好好学习一下如何区分有害的猛禽和有益的猛禽。有害的猛禽专吃野鸟和家禽。有益的猛禽消灭野鼠、田鼠、黄鼠及其他破坏庄稼的啮齿类动物,以及蚱蜢、蝗虫等有害的昆虫。

比如猫头鹰,不管它们看起来如何吓人,它们几乎都是益鸟。有害的只有那些最大体形的猫头鹰,比如大耳雕和圆头林鸮。不过就连它们也会经常捕食啮齿类动物。

白天活动的猛禽里,最有害的是鹞。我们这里有两种鹞:大的苍鹰和小的鹞雀鹰。

很容易把鹞跟其他猛禽相区别。鹞是灰色的,胸脯上有杂色的波纹;它们的头很小,前额很低,长着淡黄色的眼睛;翅膀是圆形的,尾巴很长。

鹞是一种又强壮又凶恶的鸟。它们经常捕食比自己体形大的猎物,而且就算是已经吃饱,也会毫不犹豫地杀死其他的鸟。

鸢的尾巴是分叉的,根据这个特征很容易就能认出它们。鸢比鹞弱得多。它们不敢攻击大型野鸟,只能看看哪儿有又小又笨的小鸡崽儿或者吃点腐肉。

有害的还有大型的隼。隼的翅膀尖尖的,像一把弯弯的镰刀。它飞得比其他鸟类都快,而且经常在飞行中杀死猎物。因为离地很高,就算有野鸟躲开了攻击,隼也不会把胸脯撞在地面上。

最好不要骚扰小型的隼,在它们中间有许多对我们是非常有益的。

比如说红隼。

红隼经常能够在田野上空见到。它们停在空中,扇动着翅膀,就像是被一根看不见的线吊在云端似的,它是在寻找草地里的野鼠、蚱蜢和蝗虫。

鹫既有害处,又有益处,不过害处大于益处。

第五期　幼鸟出世月

猎取猛禽

有害的猛禽全年都允许射杀。猎取它们有各种不同的方法。

在巢边

在猛禽的巢边最容易捕获它们。但这也是很危险的。

为了保护雏鸟，大型猛禽会狂叫着向猎人直冲过来。射程很短，射击速度要快，不能有停顿；不然眼睛就没了。不过要找到猛禽的巢是非常困难的。鹫、鹞、隼把它们的家安在人迹罕至的悬崖上，或者密林里的参天大树上。雕和林鸮或者住在悬崖上，或者住在地面上，或者住在密林里。

伏　击

鹫和鹞经常落在干草垛上、树枝上和单独生长的枯树上，它们在寻找猎物。它们不允许人类靠近自己。

这样就要伏击它们了，也就是藏在灌木丛或石头后面，使用远程步枪射击。

带上雕

要猎取白天活动的猛禽，人们通常都会带上雕。

猎人在一个小丘上插上一个十字架，在离十字架几步远的地方往土里埋一棵枯树，然后在附近搭一个小棚子。

早上猎人带着雕来了，他把雕拴在十字架上，自己躲进小棚子。

不用等太久，只要鹞和鸢看见这个丑八怪，就会向它冲过来。鹞和鸢都想对雕进行报复，因为雕总在夜里抢走鹞和鸢的猎物。

鹞和鸢盘旋着，向雕发起进攻。它们落在枯树上，对着雕大叫。

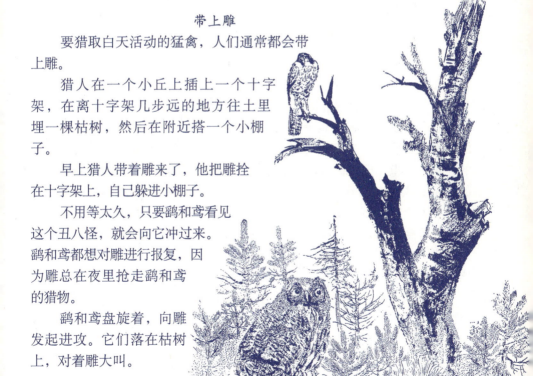

雕被拴住了，只能竖起全身的羽毛，眨着眼睛，尖叫着，除此之外别无他法。

愤怒的鹞和鸢注意不到小棚子。趁现在对它们射击吧。

漆黑的夜里

最有趣的是在夜里猎取猛禽。不难发现鹫和其他大型猛禽去哪里过夜。比如鹫，通常会选择没有岩石的地方，那里有独立生长的大树，它就在树顶上睡觉。

猎人选择了一个漆黑的夜晚，靠近了这棵大树。

睡梦中的鹫不知道树下发生的事情。猎人突然从树下用手电筒或乙炔灯向它发射一道明亮的光束。被不明光线惊醒的鹫睁不开眼睛，它被照晕了，不知道发生了什么事，就那么傻傻地待在那里。

而猎人在下面看得一清二楚。他瞄准目标，开始射击。

夏季打猎解禁了

从7月底开始，猎人们就变得焦躁不安：鸟兽们已经长大了，而州执委会还不公布打猎解禁的日期。

看，猎人们终于等到了：报纸上发布了公告，从今年8月6日开始，允许猎取森林和沼泽里的鸟兽。

每一个猎人都早已装满了弹药，把枪检查了许多遍。在5日，下班之后，所有城里的火车站都挤满了带着枪和狗的人。

这里什么狗都有！既有短毛猎犬，也有向导狗。向导狗的尾巴直直的，像铁条一样。它们的毛色各种各样：白色带小黄点的；黄色带花斑的；咖啡色带花斑的；白色，眼睛上、耳朵上、全身带黑点的；深咖啡色的，全身黑色、闪着亮光的。还有尾巴像羽毛一样的长毛塞特猎犬：白色，身上带有发出淡蓝色光泽的小黑点；白色带大黑点的；火红的，橘红的，几乎全红的；还有又大又重、行动缓慢、黑色带黄斑的。所有这些都是猎犬，带它们出来只有一个目的：为了夏季打猎。所有的狗都训练有素，一闻到鸟兽的气味就会趴伏在地上：一动不动地等着主人走近。

还有其他的一些小狗，长毛短腿，耳朵差不多耷拉到地，尾巴小小一团。这是西班牙犬。它们不会趴伏在地上，但是带着它们在草丛和芦苇丛里猎取野鸭，在茂密的森林里猎取松鸡，是非常方便的。

从水里，从茂密的灌木丛、芦苇丛里，西班牙犬四处追逐着野禽，

第五期 幼鸟出世月

它将被打死或打伤的野禽交给猎人。

大部分猎人都坐在开往郊外的火车的车厢里。所有人都看着他们和他们那些漂亮的猎犬。车厢里的对话无外乎这几个话题：鸟兽、猎犬、枪、打猎的事迹。猎人们觉得自己是英雄，他们骄傲地看着那些没有枪也没有狗的"平凡大众"。

而6日晚上、7日一大早，还是这列火车，还是这些乘客，他们要返回城里。不过，唉，许多猎人完全不是胜利凯旋的神情——瘪瘪的背囊垂头丧气地挂在背上。

"平凡大众"笑容满面地"问候"这些不久前还觉得自己是英雄的猎人们。猎物在哪里？猎物留在森林里了，放了它们一条生路。

但是有一个从某个小车站上来的猎人，人们对他啧啧称赞：他的背包鼓鼓的。他旁若无人地寻找着座位，人们让了一个座位给他。他傲慢地坐下。但是坐在他旁边的人发现了什么，大叫了起来，整个车厢都听见了：

哎！……您的猎物的脚爪怎么都是绿色的啊！这个人毫不客气地掀开了背包的一角。

从那里露出了云杉树枝的枝梢。真难为情！

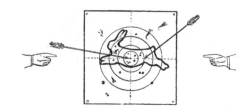

射箭要命中靶子　　　　竞赛要答对题目

打靶场

第五次竞赛

1. 鸟类什么时候有牙？
2. 什么样的牛不缺东西吃——有尾巴的还是没尾巴的？
3. 为什么这种蜘蛛叫"割草蛛"（盲蛛）？（图1）
4. 在哪个季节里食肉的鸟兽都不缺东西吃？
5. 谁会出生两次，死亡一次？
6. 谁会在成年之前出生三次？
7. 为什么人们常说："就像鹅背上的水"（形容没有任何意义）？

图1

8. 为什么狗觉得热的时候会伸出舌头，而马不会？
9. 哪种鸟的雏鸟不认识自己的妈妈？
10. 哪种鸟的雏鸟会像蛇一样从树洞里发出咝咝的声音？
11. 如何通过白嘴鸦的嘴判断它们是年老的还是年轻的？
12. 哪种鱼会一直照顾自己的孩子，直到它们长大？
13. 在蜜蜂蜇人之后，会发生什么事情？
14. 刚出生的小蝙蝠吃什么？
15. 中午，向日葵的花盘朝向哪里？
16. 雄野牛在山上走，雌野牛在山间走；雄野牛高声大叫，雌野牛不停眨眼。（谜语）
17. 早上田野是淡蓝色的，到了下午就变成了绿色的。（谜语）
18. 站着几个小老头子，他们带着红色帽子，谁要是靠近他们，就得弯下身子。（谜语）
19. 坐在一根小棍子上，穿着红衬衫，小肚子亮晶晶，装满小石子。（谜语）
20. 从灌木丛里发出咝咝的声音，朝着脚上就是一口。（谜语）
21. 在地上睡觉，早上就不见了。（谜语）

22. 谁在森林里不用斧子建造没有四角的小屋?
23. 眼睛生在角上,房子驮在背上。(谜语)
24. 天使一般的花朵,魔鬼一般的脚爪。(谜语)

公告栏

"锐目"称号比赛

第四次测验题

猜猜谁是父亲,谁是母亲,谁是孩子!
帮帮无家可归的孩子吧!

在这个雏鸟出世月里,经常能够看到从巢里掉出来的,或是失去了妈妈的雏鸟。它伏在地上,或是把头往灌木丛和草墩里钻,想要躲避你这个可怕的两足巨人,但是它的两只脚还很柔弱,也还不会飞,也不知道该怎么办。你当然会抓住它,把它拿在手里,仔细看看,心里想:

"你这个小东西是什么鸟呢?是什么品种?你的妈妈在哪里呢?"

而它只会吱吱地叫,叫声很大,很可怜:显然,它在呼唤它的妈妈。你也真想把它还给它的爸爸妈妈。但问题是:它的爸爸妈妈是谁?

你张大了嘴巴:怎么办呢?不过你还是闭上嘴,睁大眼睛吧。要猜出它是什么鸟,确实不太容易:雏鸟往往和自己的父母长得不太像。而且鸟类的爸爸妈妈经常彼此也不相像。不过,你的眼睛很敏锐。你仔细看看,这只雏鸟的双腿和嘴是什么样子。然后,你再去寻找有类似的双腿和嘴的成年鸟类——雄鸟和雌鸟。父母们的羽毛可能不太一样,而雏鸟还完全没有长出羽毛:它身上只有绒毛,或者干脆就是光秃秃的。但根据它的嘴和爪子,你马上就能认出它的父母,并把它们走失的孩子还给它们。

拖尾琴鸡

之所以这样称呼它,是因为它的尾巴拖在后面。不过你不要看它的尾巴:雌琴鸡的尾巴是另外一种形态,而小琴鸡根本还没有尾巴。

野鸭

雌野鸭的嘴是扁平的。小野鸭和雄野鸭的嘴也是扁平的。它们的脚趾间有蹼。你好好看看是什么样的蹼。不要把它跟䴘䴘弄混了。

燕雀妈妈

跟所有的鸣禽一样,燕雀的雏鸟出壳的时候很小,光秃秃的,很柔弱。雄燕雀和雌燕雀的形态、个头儿、尾巴都很相像,只是羽毛不同。只要通过爪子你就能认出小燕雀。

红脚隼妈妈

猛禽的嘴像钩子似的,脚上有脚爪。小隼鸟也是一样。

雌䴘䴘跟雄䴘䴘长得很像。通过脚蹼和嘴也能很容易认出小䴘䴘,它的脚蹼和嘴跟野鸭的完全不一样。

这里有五种不同的雏鸟和它们的父亲或母亲,画像的排列没有规律。请你拿一张纸,把这些鸟重新画一遍,顺序是:爸爸在雏鸟左边,妈妈在雏鸟右边。

森林报

第六期 成群结队月（夏天的第三个月） 8月21日至9月20日 太阳进入处女星座

一年——分为12个月的太阳诗篇

  8月是闪光的月份。夜里，一道道行动迅速的闪光无声地照亮了整个森林。

  草场在夏季里最后一次换装：现在，它变得五彩缤纷，草场上花朵的颜色越来越深——蓝色和淡紫色。阳光开始减弱，得把这最后的阳光收集并保存起来。

  蔬菜、水果要成熟了。晚熟的浆果，比如覆盆子、越橘，也要成熟了；沼泽上的红莓果、树上的花楸，也要成熟了。

  蘑菇长出来了，它们不喜欢炽热的阳光，于是躲在清凉的树荫下，活像小老头。

  而树木既不再长高，也不再长粗了。

森林里的新规矩

  森林里的孩子们都长大了，它们从自己的巢穴里爬出来了。

  春天时成双成对、深居简出的鸟儿们，现在开始带着自己的孩子在森林里到处转悠。

  森林居民们开始互相拜访。

  甚至那些凶猛的鸟兽们，也不再严格地守护自己的领地。现在猎物到处都是，足够大家吃的。

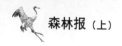

各种貂在森林里四处游荡——它们在哪儿都有东西吃：糊涂的雏鸟、没经验的小兔、不小心的小老鼠。

鸣禽们成群结队地在灌木和乔木间穿行。

鸣禽们有自己的规矩。这个规矩是这样的：我为人人，人人为我。

谁要是第一个发现了敌人，就要尖叫或者吹口哨——给大家发出警报，使大家来得及四散飞逃。如果有一只鸟遇到了麻烦，大家就要大吵大嚷，把敌人吓跑。

上百双眼睛和上百双耳朵提防着敌人，上百张尖嘴准备发动攻击。加入队伍的鸟越多越好。

对于群里的雏鸟有一条纪律：一切行动向老鸟看齐。老鸟在不慌不忙地吃麦粒，你也跟着吃；老鸟抬起头，一动不动，你也要抬起头，一动不动；老鸟夺路而逃，你也跟着夺路而逃。

训练场

鹤与琴鸡都有真正的训练场来教导自己的下一代。

琴鸡的训练场在森林里。小琴鸡们聚集在一起，看雄琴鸡要做什么。

雄琴鸡咕咕叫，小琴鸡们也咕咕叫。雄琴鸡"啾！啾！"地叫，小琴鸡们也"啾！啾！"地叫——它们的声音还比较尖细。

只不过雄琴鸡现在的咕咕叫声跟春天不一样了。春天的咕咕叫声，听起来像是在说："我要卖掉皮袄，我要买件大褂。"而现在听起来像是在说："我要卖掉大褂，我要买件皮袄。"

小鹤成群结队地飞到训练场上来了。它们学习如何在飞行时排成人字形。它们很有必要学会这件事情，这样才能在长途飞行中节省体力。

人字形里飞在最前面的，是最强壮、最有经验的一只鹤。作为头鹤，它突破空气阻力的难度更大。

当它体力消耗得差不多的时候，它就飞到队尾，由另一只体力充沛的鹤顶替它的位置。

小鹤们就这样有节奏地挥动着翅膀，头尾相接地飞行着。身体强壮一点的就飞在前面，身体瘦弱一点的就飞在后面。空气在人字形尖角的冲击下快速散开，就像一只小船在破水前进一样。

第六期　成群结队月

咕尔，勒！咕尔，勒！

鹤在鸣叫——全体注意：我们要降落了！

鹤们一个接一个地落在了地面上。在这里——田野中心的训练场上——小鹤们在学习舞蹈、体操：它们跳跃、旋转，有节奏地做着各种舞蹈姿势。还有一种最难的练习：把一块小石子抛向空中，然后再用嘴叨住它。

它们在为长途飞行作准备……

蜘蛛飞行员

如果没有翅膀，你要怎么飞？

得想点办法！看！有些蜘蛛就化身成了空中飘浮飞行员。

蜘蛛从肚子里放出一根丝，把这根丝挂在灌木丛上，风把蛛丝吹得左右摇摆，但是无法吹断它：它很结实。

蜘蛛落在地上。蛛丝吊在地面和树枝之间的空气中。蜘蛛把蛛丝缠在自己身上，缠得像一个线团，而它还在不停放丝。

蛛丝变得越来越长，风一直在吹，蛛丝摇摆得更厉害了。

蜘蛛用所有的腿牢牢地抓住地。

一、二、三！蜘蛛迎着风走过去。它咬断了挂在灌木丛上的线。

风一吹，蜘蛛被带离了地面。它飞起来了。赶快把身上的丝解开！

小气球不断上升……蜘蛛在草丛上空、在灌木丛上空高高地飞行着。

飞行员从上往下看：降落在哪儿好呢？

下面是森林，还有小河。继续飞，继续飞！看！有一个小院子，苍蝇正围着一堆粪在飞。好了！下降！飞行员把蛛丝缠在身下，用爪子把蛛丝卷成一个小球。小气球越来越低，越来越低……

一切就绪：降落！蛛丝的一头挂在了草地上，着陆了！可以在这里安家了。

秋天，在天气晴好、干燥的时候，有许多蜘蛛带着它们的蛛丝在空中飞行，按照农村里的说法：这是秋老了，灰白色的须发在闪着银光……

森林大事记

一只山羊吃光了一片树林

不是开玩笑，是真的吃光了一片树林。

这只山羊是护林员买的，他把它带回了森林，拴在了草场上。夜里山羊咬断了绳子，从草场上跑了。

周围都是森林，它能跑到哪儿去呢？好在周围倒是没有狼。

护林员找了三天，也没找到。到了第四天，它自己回来了，咩咩地叫着，好像在说：您好，我回来了。

晚上，邻近的一个护林员跑来了，原来，山羊把这个护林员的地块上的所有树苗都吃光了——那可是一整片树林啊。

树木小的时候，完全没有任何保护，任何一只牲畜都能欺负它们：把它们从土里拽出来嚼了。

山羊看上了小松树。它们是那么漂亮，像小棕榈树似的；下面是一根小红柄，上面是柔软的绿色针叶，像一把小扇子似的。想必山羊觉得它们非常好吃吧。

估计山羊不敢靠近成年松树——成年松树会把它扎成刺猬的！

森林记者 维利卡

抓 强 盗

黄色的柳莺成群结队地在森林里游荡。从一棵树飞到另一棵树，从一株灌木飞到另一株灌木，它们对每一棵树、每一株灌木都进行全方位搜索。树叶底下、树皮上、缝隙里，哪有蠕虫、甲虫、蛾蝶，就抓出来吃掉。

"啾！啾！"一只柳莺惊恐地叫了起来。所有的柳莺都警觉起来，它们看见在下面的树根之间悄悄地爬过来一只凶猛的雕，它一会儿露出一个小小的黑色的背，一会儿消失在倒掉的树干里。它那窄窄的身体像蛇一样扭动着，两只邪恶的小眼睛在黑暗中闪着光，好像两点火星。

第六期　成群结队月

"啾！啾！"四面八方的柳莺都叫了起来，整群柳莺都从树上急匆匆地飞走了。

光线充足的时候还好办，一只鸟发现了敌人，所有的鸟就都能逃脱。而夜里，鸟儿们都蜷缩在树枝下面睡觉。但是敌人是不睡觉的。一只猫头鹰在空中挥动着翅膀，悄无声息地飞近，看准鸟儿们的位置，嗖的一声冲过来！还没睡醒的鸟儿们吓得四散飞逃，而有两三只终究没能逃过猫头鹰的铁爪。天黑时的情况可真不妙！

这群柳莺从一棵树飞到另一棵树，从一株灌木飞到另一株灌木，向着森林深处越飞越远。这些身姿轻盈的鸟儿们在叶子里到处穿行，钻进了最隐秘的角落。

在密林中央，有一个粗壮的树桩。在树桩上长着一株奇怪的木耳。

一只柳莺飞到木耳跟前，它想找找看这里有没有蜗牛。

突然木耳灰色的眼皮抬起来了。眼皮下面是两只闪闪发光的圆眼睛。

这时柳莺才看清，这是一张像猫一样的脸，上面还长着一个用来吃肉的弯钩形的嘴。

柳莺吓得往旁边一闪。"啾！啾！"这群柳莺又惊慌起来。但是谁也没有飞走。所有的鸟都聚集在树桩周围：

"是猫头鹰！是猫头鹰！是猫头鹰！情况紧急！情况紧急！"

猫头鹰只是用弯钩形的嘴鸣叫着："你们自找的！居然敢吵我睡觉！"

从四面八方飞来了许多小鸟，它们都收到了柳莺的求救信号。

它们来抓强盗！

小小的黄头戴菊莺从高高的云杉上冲下来。勇敢的山雀从灌木丛里跳出来投入战斗。它们盘旋着，就在猫头鹰眼前晃来晃去，冷嘲热讽地说：

"嘿！来抓我呀！你这个无耻的夜行大盗，看你在光天化日下能怎么样！"

猫头鹰只能嘟嘟嘴，眨眨眼睛：白天它能做什么呢？

鸟还在不停地飞来。柳莺和山雀的叫声和喧闹声，把一整群勇敢强壮的林中乌鸦——松鸦，给引到密林里来了。

猫头鹰吓坏了，挥动起翅膀匆忙逃命！赶紧逃吧，趁现在还完整，不然会被松鸦啄死的。

松鸦跟在猫头鹰身后，追啊，追啊，一直把它追出了森林。

今天夜里柳莺们可以安心睡觉了：在经过这么一次穷追猛打之后，猫头鹰一时半会儿都不敢回到老地方了。

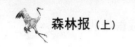

草莓

在森林的边缘地带,草莓变红了。

鸟儿们找到草莓并把它们带走。它们在远处的地方为草莓播下种子。但是草莓的一部分后代还是挨着母株草莓生长。

看!在这一棵草莓旁边,细细的匍匐在地上的藤蔓已经出现了。藤蔓的梢上是一棵新植株:一簇丛生的小叶子和根的胚芽。看!这儿还有。在这条藤蔓上有三簇丛生的小叶子。第一棵小植株已经扎根了,而最后一棵——梢头的那棵——还没发育完全。藤蔓从母株爬向四面八方。有的母株草莓还带着去年的子女,要寻找它们,就得在野草稀疏的地方寻找。看!这就有一棵:母株草莓在中间,子女们一圈圈地围绕着它,一共有三圈,每一圈有五株草莓。

草莓就是这样一圈一圈地占领土地。

巴甫洛娃

吓得拉肚子

晚上,猎人很晚才从森林里回到村子。他经过一片燕麦田,一看:这是什么东西在燕麦田里动来动去?

难道是牲畜随便走进了不该走进的地方吗?

他仔细一看,妈呀,是一只熊在燕麦田里!它肚皮朝下地趴着,用前爪搂着一把燕麦正在吮吸。它四脚伸开,得意洋洋地哼哼着:看起来燕麦的浆汁正对它的胃口。

猎人没带枪弹,他只有一颗小铅弹(他打鸟来着),不过他是个勇敢的小伙子。

他想:不管怎样,朝天上开一枪再说。不能让这熊胖子糟蹋集体农庄庄员的劳动成果。只要它不受伤,它就不会招惹我。

他压上子弹,朝天开了一枪——几乎相当于在熊的耳旁开了一枪!

熊毫无防备,一下子蹦了起来!在燕麦田边缘有一堆树枝,熊像只鸟一样飞快地越了过去。

熊逃得太急,向前摔了个大跟头,又站起来,头也不回地钻进森林里去了。

猎人一看熊这么胆小,笑出声来,然后就回家了。

而到了第二天早上,猎人想:我得去看看,熊胖子在燕麦田里糟蹋了多少燕麦。他来到昨天那个地方一看，一路上都是熊粪，直通到森林里，原来熊吓得拉肚子了。

　　猎人顺着熊粪找过去，只见熊倒在那里，已经死了。

　　看来它是被吓死的。它可是森林里最有力量、最可怕的野兽呢。

可以吃的蘑菇

　　雨后，又再次长出了蘑菇。

　　最好的蘑菇是长在松林里的白蘑菇。

　　白蘑菇——松蘑——长得又厚又紧实。它们的蘑菇伞是深栗色的，闻起来有一种非常令人愉悦的味道。

　　在林中道路两旁的浅草丛里，在有车辙的地方，长着一种油蘑。它们刚长出来的时候很好看，像小线团似的。虽然好看，但是它们非常油腻，而且总有什么东西沾在它们上面：或者是枯叶，或者是青草。

　　在松林里的草地上还生长着松乳菇。这些松乳菇是火红色的，在松林里离得老远就能看见。这里有好多松乳菇！大的松乳菇差不多有小碟子那么大，蘑菇伞被虫子蛀得到处是小洞，菌褶也变绿了。最好的是那些中等大小的，比硬币稍大。这些蘑菇非常壮实，它们的蘑菇伞的中央是向下凹陷的，边缘是向上卷起的。

　　在云杉林里也有很多蘑菇。白蘑菇生长在云杉脚下。这里也有松乳菇，但是跟松林里的不太一样。白蘑菇的蘑菇伞是浅颜色的，有点发黄，伞柄又细又高。而松乳菇的颜色就跟松林里的完全不一样了，它们的蘑菇伞不是火红色的，而是蓝绿色的，上面还有一圈一圈的纹理，像树桩上的年轮似的。

　　还有一些蘑菇专门生长在桦树下和杨树下。从它们的命名就能知道这一点——白桦菇和白杨菇。白桦菇生长在离桦树比较远的地方，而白杨菇就紧挨着杨树生长，它们只能在杨树的根系上方生长。白杨菇长得很漂亮，身材匀称，排列整齐；蘑菇伞、伞柄都像经过精雕细刻一样。

巴甫洛娃

毒蘑菇

雨后，毒蘑菇也长出来不少。在可以吃的蘑菇当中，白蘑菇是主要的一种。在毒蘑菇当中，也有一种颜色苍白的，叫鹅膏菌。大家可要提防它！这是毒蘑菇里毒性最强的一种。吃下一小块鹅膏菌，比被蛇咬一口还厉害。它是致命的。极少有人在被这种蘑菇毒倒之后，还能完全康复的。

幸亏鹅膏菌不难辨认。它跟所有可以吃的蘑菇有一个很不一样的地方，它的伞柄好像插在广口罐子里。据说，有人可能会把鹅膏菌跟香菇相混淆（它们俩都是白色的），不过香菇的伞柄很普通，谁也不会认为它是插在罐子里的。

鹅膏菌跟毒蝇伞的相似程度最高，它甚至会被称作白色的毒蝇伞。如果用铅笔画一株鹅膏菌，你都看不出这是毒蝇伞还是鹅膏菌。鹅膏菌跟毒蝇伞一样，在蘑菇伞上有许多白色的小块，而在伞柄上，有一个小领子。

还有两种危险的毒蘑菇，它们很容易被误认为是白蘑菇。它们的名字是苦粉孢和魔菌。

它们跟白蘑菇的区别在于，白蘑菇的蘑菇伞底下是白色或黄色的，而它们的蘑菇伞底下是粉红色，甚至是红色。另外，如果把白蘑菇的蘑菇伞掰开，里面还是白色的，而如果把苦粉孢和魔菌的蘑菇伞掰开，里面一开始会变成红色，然后又变成黑色。

巴甫洛娃

"雪花"

昨天在我们这儿的湖面上，飘起了雪花。轻盈的白色雪花在空中飞舞，眼看要落到水面上了，又向上飞起，盘旋着，盘旋着，从高处散落。晴空万里，阳光明媚。热空气在温暖的阳光下缓缓流动；一丝风也没有。但是湖面上却雪花纷飞。

今天早上整个湖面和湖的岸边都落满了毫无生气的雪花。

这场雪很奇怪：它既不在阳光下融化，也不反射阳光，它又暖又脆。

我们想去看看这场雪，走到岸边一看，这根本不是雪，而是成千上万只小小的会飞的昆虫——蜉蝣。

昨天它们从湖里飞出来。它们在阴暗的湖水深处整整住了三年。那

第六期　成群结队月

时候它们是样子难看的小幼虫，在湖底的淤泥里乱爬。

它们以腐臭了的水藻为食，而且从没见过阳光。

就这样过了三年——1,000多天。

昨天幼虫们爬上了湖岸，脱掉身上令人厌恶的幼虫皮，展开轻巧的翅膀，伸出三条长长的细线一样的尾巴，飞到了空中。

蜉蝣们只有一天的寿命，在空中高兴地跳着舞。

它们在阳光中跳了一整天的舞，在空气中移动着，盘旋着，像轻盈的雪花一样。雌蜉蝣落在水面上，并把自己小小的虫卵产进水里。

然后，当太阳落山，夜晚来临的时候，蜉蝣的尸体布满了湖岸和湖面。

从蜉蝣的卵里会生出幼虫。接下来又是在阴暗的湖水深处度过1,000多天，然后它们也会飞出水面，享受快乐的一天。

白野鸭

在湖水中央落下了一群野鸭。

我从岸上观察着它们，它们长着夏天的羽毛，全身灰色，有雄鸭也有雌鸭。但我惊奇地发现，在它们当中有一只浅色的野鸭，十分显眼。它待在鸭群的正中央。

我举着双筒望远镜，认认真真、仔仔细细地研究了它一下。它从嘴巴到尾巴都是浅奶油色的。当明亮的朝阳从乌云后面钻出来的时候，它突然变成了雪白色，晃得人睁不开眼睛，在这些暗灰色的同伴中显得与众不同。除此之外，它跟别的野鸭倒是没有什么不同。

在我50年的打猎生涯里，我这是第一次亲眼见到一只患有白化病的野鸭。患有白化病的动物，血液里缺少红色素；它们从生下来就全身是白色的，或者颜色非常淡。颜色对于动物是有保护作用的，没有了颜色的保护，动物在住的地方就会非常显眼。

这是只罕见的野鸭，不知是什么样的奇迹，使它能逃过猛禽的利爪。我当然很想得到它，但是现在是完全不可能的。它们落在湖水中央休息，就是为了使人们无法接近它们，对它们进行射击。而我已经无法平静下来：只能等待机会，看我什么时候能在岸边遇上它。

没想到这个机会很快就来了。

这天，我正沿着狭窄的湖湾走着，突然从草丛里飞出几只野鸭，其中就有这只白野鸭。我对着白野鸭举枪就射。但是，就在开枪的那一刻，一只灰野鸭挡住了白野鸭，这只灰野鸭被我的子弹打伤，掉了下来，而白

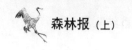

野鸭和其他的灰野鸭迅速飞走了。

这是偶然的吗？毫无疑问，是的！但是那个夏天，我在湖水中央和湖湾里还见过这只白野鸭几次，不过它身边总陪着几只灰野鸭，好像是它的护卫队一样。很自然，普通的灰野鸭总是被猎人的子弹打中，而白野鸭却在灰野鸭的保护下毫发无伤地全身而退。

至少我一直没能成功地捕获它。

这件事发生在皮洛斯湖上，它位于诺夫哥罗德州和加里宁州的交界处。

比安基

绿色的朋友

应该种什么

你们知道要造新林的话最好选用哪些种类的树吗？

据了解，我们的国家针对不同地区的植树条件，推荐了16种乔木和14种灌木。

最主要的树种是橡树、杨树、枰树、桦树、榆树、枫树、松树、落叶松、桉树、苹果树、梨树、柳树、花楸树、槐树、蔷薇、醋栗。

这些树种，所有的伙伴们都应该知道，这样就会记得，若要开辟树木培育场，应当收集哪些植物的种子。

森林记者 彼得·拉夫罗夫 谢尔盖·拉里奥诺夫

造林机器

要种植这么多乔木和灌木，光用两只手可应付不了。

机器们来帮忙了。人们设计并制造了各种各样巧妙能干的造林机器，它们既能播撒种子，又能栽种树苗，甚至还能移植大树。还有能种植林带的机器，能绿化峡谷的机器，能挖掘池塘的机器，能翻整土壤的机器，甚至还有能给树木培育场搬家的机器。

新 湖

你们列宁格勒人，河流、湖泊、池塘都很多，所以夏天不太热。而

第六期　成群结队月

在我们"克里木人"区，池塘非常少，湖泊则完全没有。有一条小河流过，在夏天就干涸了，我们只要卷起裤脚，就能赤着脚蹚过去。

我们集体农庄里的花园和菜园，过去总是饱受干旱的困扰。

但是现在，花园和菜园不缺水了。我们区的集体农庄庄员们开掘了新的水库，一个容积为500万立方米的大湖。

无论是灌溉500公顷菜园，还是养鱼或养水鸟，这个湖里的水都够了。

第聂伯彼得洛夫斯克州"克里木人"区
少先队员 万尼亚·普隆琴科 莲娜·卡巴琴科

我们要帮助新生林成长

我们的人民此刻正忙于伟大的和平劳动：在伏尔加河、第聂伯河和阿穆河上，人们正在建设史无前例的水电站；人们通过运河将伏尔加河和顿河连接起来；人们还栽种森林带，保护田野不受沙尘暴的侵袭。我们这些在校学习的少先队员，也想帮助大人们共同进行这项有意义的事业。每一个少先队员都记得在国旗下立下的誓言，要成为自己祖国当之无愧的居民。这也就是说，用自己的双手，竭尽所能，建设我们美好的国家，这是我们的责任。

沿着伏尔加河，植上了成百上千的小橡树、小枫树、小枪树，遍布整个草原。现在小树们还很弱小，每一棵都有许多敌人：有害的昆虫、啮齿类动物；还有干燥的热风。

我们学校的共青团员和少先队员们决定帮助小树们抵御敌人的进攻。

我们知道，一只椋鸟每天能消灭200克蝗虫。这些椋鸟如果住在离森林带不远的地方，对森林带会有非常大的益处。我们制作了350个椋鸟屋，悬挂在小树们附近。

黄鼠和其他啮齿类动物对小树们的害处非常大。我们将消灭黄鼠：往它们的洞里灌水，用老鼠夹子捕捉它们。老鼠夹子将由我们自己制作。

我们州的集体农庄将在护田林带上进行补种，为此他们需要许多树种和树苗。今年夏天，我们将收集100千克树种。在学校里我们将开辟树木培育场，为森林带培育橡树、枫树及其他树木的树苗。我们还将组织少先队员巡逻队，防止森林带上出现火灾、牲畜踩踏及缺损。

当然，这些都是少先队员们应该做的。但是，如果全苏联在校学习的少先队员都能跟我们做同样的事情，将会十分有利于我们的祖国。

萨拉托夫市 第六十三七年制男校全体学生

林中战争
(续前)

第四块林地,在30年前进行过砍伐,以下是我们的记者们在那里所了解到的事情。

瘦弱的小桦树和小杨树都死在了自己强大的姐姐们手下,在小树林的低处幸存的全都是云杉。

当强壮的桦树和杨树还在高处一会儿歌舞升平、一会儿激烈战斗的时候,云杉正在树荫里悄悄地生长。古老的历史又重演了:哪一棵树比邻近的树长得高些,就成了胜利者,把邻近的树毫不留情地杀死。

被杀死的树枯萎了,跌倒在地,这样就在树叶组成的帐篷上露出一个大洞。阳光穿过大洞照射进地下室,直接洒在小云杉头上。

小云杉被阳光吓病了。

它们得过一阵子才能习惯阳光呢。

小云杉一点点地康复了,换上了新的针叶。然后它们就迅速长高,它们的敌人都来不及把破了洞的帐篷修补好。

这些幸运的云杉首先在身高上赶上了高大的桦树和杨树。其他强壮多刺的云杉,也追随它们,把长矛似的顶梢伸到了高处。

麻痹大意的胜利者——杨树和桦树,这才发现,它们容留了多么可怕的敌人在地下室居住。

我们的记者们亲眼见到了不同树木之间进行的可怕的肉搏战。

阵阵猛烈的秋风刮起了,它使聚集在这里的各个林木部族激动起来了。阔叶树扑向云杉,用像手臂一样的树枝抽打自己的敌人。

就连胆小的杨树,它们平时只会发抖和沙沙作响,现在也糊里糊涂地挥舞着树枝,努力同黝黑的云杉搏斗,折断云杉的树枝。

但是杨树不是好战士。它们的柔韧性很差,它们的树枝很脆。强壮的云杉根本不怕它们。

桦树就是另一回事儿了。它们树干紧实、身体强壮,柔韧性好。就算是一阵小风吹过,它们那富有弹性的树枝也会舞动起来。而只要桦树的树枝舞动起来,周围的树就都要当心了,被它的树枝扫到是很可怕的。

第六期　成群结队月

桦树跟云杉展开了肉搏战。它们用自己柔韧的树枝抽打云杉的树枝，并抽落了一簇簇针叶。

云杉被桦树折断树枝的地方，那里的针叶就会枯萎。云杉被桦树缠住树干的地方，那里的整个树梢也会枯萎。

云杉能抵挡住杨树的攻击，但对于桦树的攻击，可就抵挡不住了。云杉是一种坚硬的树木。它虽然不容易被折断，但也不会弯曲：它无法挥舞自己笔直的树枝。

林木部族之间的战争，最后的结局是怎样的，我们的记者们在这个地方无法看到：要想看到结局，他们得在这里住上许多年。因此他们动身去寻找别的地方，看看在哪里各个树种之间已经结束了全部战斗。

记者们在哪里找到了这样的地方，他们会在下一期报纸出版之前告诉我们。

我们帮助恢复森林

我们的少先队加入了造新林的工作。我们收集各种树木的种子，并把它们交给我们这儿的集体农庄和护林站。在学校里的地块上，我们开辟了一个小型树木培育场，在树木培育场里，我们种下了橡树、枫树、山楂树、桦树、榆树。这些树的种子都是我们自己收集的。

少先队员　歌莉娅·斯米尔诺娃　尼娜·阿尔卡吉耶娃

园　林　周

我国决定每年在乡村和城市举办园林周。在中部和北部各州，园林周在10月初举办，而在南部地区，园林周在11月初举办。

第一届园林周，是为了迎接十月革命30周年的庆祝活动而举办的。当时在各地的集体农庄里，新开辟了几千个花园。在国营农场、农机站、学校、医院的院子里，在道路和街道的两旁，在集体农庄庄员、工人和职员住宅周围的空地上，新栽了几百万棵果树。看！少年林学家和少年园艺家为了迎接这个伟大的节日，给国家准备了多么好的礼物！

现在，为了迎接园林周，在国有树木培育场里，准备了超过十万株苹果树、梨树的树苗，还准备了大量的浆果类和观赏类植物的幼苗。现在在没有花园的地方，也该开始准备开辟花园了。

塔斯社

集体农庄历

在我们这儿的各个集体农庄里,庄稼快要收割完了。现在是田里农活儿最忙的时候。头一批,最好的粮食,要交给国家。每个集体农庄都急着把自己的劳动果实最先交给国家。

集体农庄庄员们收割完黑麦,收割小麦,收割完小麦,收割大麦,收割完大麦,收割燕麦,收割完燕麦,就该收割荞麦了。

从各个集体农庄到火车站的路上,排满了运送农作物的车队,这些都是各个集体农庄新收割的庄稼。

拖拉机依然在田野里轰鸣着:越冬作物已经播种完毕,现在正在翻整土地,准备明天的春播。

夏季的浆果已经采摘完了,但是花园里的苹果、梨、李子刚刚成熟,森林里有许多蘑菇,而长满苔藓的沼泽上的红莓果也变红了。农村里的孩子们正在用棍子打那一串串红艳艳、沉甸甸的花楸。

松鸡和它的一家老小可遭了殃:它们已经从越冬田搬到了春播田,现在又要从这块春播田搬去另一块春播田。

松鸡躲进了土豆田。在那里可没有人打扰它们了。

不过现在集体农庄庄员们又来到土豆田里挖土豆。土豆挖掘机出动了。孩子们点起了火堆,在地里支起了小灶;他们在这儿烤土豆吃。所有人的脸都弄得很黑,看起来怪吓人的。

灰松鸡又从土豆田里离开了。它们的孩子终于都长大了。猎人现在可以捕猎它们了。

得找个地方觅食、藏身啊,哪儿合适呢?所有的农田都收割完了。不过这时候,越冬的黑麦已经长得很高了。这里应该既可以觅食,又可以躲避猎人敏锐的眼睛。

第六期　成群结队月

敏锐的发现

8月26日，我正在赶着车运送干草。走着走着，看见一堆枯树枝上落着一只大猫头鹰，而且它一直紧盯着这堆枯树枝。我勒住马，心里想：我都离你这么近了，你怎么不飞走呢？我从车上下来，往猫头鹰跟前走了几步，捡起一根棍子扔向它。猫头鹰飞了。它一飞走，就从枯树枝下面飞出几十只小鸟。它们一直在那儿躲避猫头鹰呢。

森林记者 鲍里索夫

集体农庄新闻
巴甫洛娃报道

军事计策

田里只剩下了麦秆，杂草潜伏起来了。杂草的种子落在地上，把自己长长的根茎藏在地下。这些农作物的敌人们在等待春天的来临。春天的时候，人们翻整完土地，就会在上面种上土豆，这时杂草就会活动起来，开始妨碍土豆生长。

集体农庄庄员们决定欺骗一下杂草。他们把起草皮机开进了地里。起草皮机把杂草的种子翻起来，把杂草的根茎切成一段一段的。

杂草以为春天来了：气候温暖，土地松软。于是它们就开始生长。种子和根茎都发芽了。田里变成了绿色。

而集体农庄庄员们笑了：敌人们被欺骗了。等杂草长出来之后，我们在深秋的时候还会翻地，再把它们的根翻出来。这样它们在冬天就会被冻死了。杂草啊，你们别想妨碍土豆生长！

一场虚惊

森林里的鸟兽们十分不安：在森林的边缘地带出现了一伙儿人，他们在往地上铺某种植物的干燥的茎。这估计是新型的陷阱！森林居民们的末日到了。

但是这只是一场虚惊：人们来到这里，完全没有恶意。这些人是集体农庄庄员。它们在往地上铺亚麻，铺成薄薄的一层，行与行之间排列整齐。亚麻被留在这里受雨水和露水浸泡。在这之后，就不难从亚麻茎里抽取纤维了。

瞧这一家子!

在五一集体农庄里，一只母猪生了26个孩子。在2月的时候它刚刚生过12个孩子。瞧这一家子！孩子可真不少！

公 愤

黄瓜地里引起了公愤。"为什么集体农庄庄员们总是隔一天就上我们这儿来一趟，把我们的绿色青年都摘走了？"黄瓜们群情激愤，"怎么就不能让它们安安静静地成熟呢？"

但是集体农庄庄员们只留下少数黄瓜做种子，其余的黄瓜都趁绿摘走了。绿色的黄瓜又多汁，又鲜嫩，又好吃，一旦成熟了就不能吃了。

扑了个空

一群蜻蜓飞到了明光集体农庄，打算捕捉蜜蜂吃。蜻蜓们失望了，它们觉得很奇怪：养蜂场里怎么没有蜜蜂呢？蜻蜓们不知道，蜜蜂们从7月下半月起就搬到森林里去了，森林里的帚石南已经开花了。

蜜蜂们将在森林里酿制又稠又黄的帚石南蜜，当帚石南花凋谢的时候，它们就会回家了。

打 猎

一只塞特猎犬和两只西班牙犬
（来自本报特派记者的报道）

8月里一个清新的早晨，我和塞索伊奇去打猎。我的两只西班牙犬——吉姆和鲍依兴奋地叫着，直往我身上扑。塞索伊奇的狗是一只塞特猎犬，名叫拉达，它把两只前爪搭在自己身材矮小的主人的肩上，还舔了一下主人的脸。

第六期　成群结队月

嘿，你这个淘气鬼！塞索伊奇用袖子擦了一下嘴唇，假装生气地说，往哪儿舔呢？

但是猎犬们已经离开我们，在割过草的草场上奔跑起来了。美丽的拉达迈开矫健的步伐，白中带黑的毛皮在绿色的灌木丛后面若隐若现。我的两只西班牙犬腿太短，虽然不服气地吠叫着，但是却怎么也追不上它。

让它们跑吧。

我们走近了一片灌木丛。我吹了一声口哨，吉姆和鲍依就回到了我身边：它们仔细地嗅探每一株灌木，每一块草丘。拉达在前面不停穿梭，一会儿跑到我们左前方，一会儿跑到我们的右前方，跑着跑着，突然站住了。

拉达仿佛撞上了一道看不见的铁丝网。它保持着从奔跑中停下来的那个姿势：头稍稍向左偏，背部弯曲，左前脚抬起，像羽毛似的蓬松的尾巴直直地伸着。

不是什么铁丝网，使它停止奔跑的是一股猎物的气味。

这个您来？塞索伊奇对我说。

我摇了摇头，把自己的两只狗叫过来，让它们伏在我的脚旁，免得它们碍事，把拉达发现的猎物给吓跑了。

塞索伊奇不慌不忙地走到拉达身边停下来。他从肩上取下枪，扳起扳机。他不忙着让猎犬向前走：估计他和我一样，也喜欢欣赏猎狗发现猎物时那个完美的画面，那个克制住兴奋与紧张的优美的姿势。

向前，塞索伊奇终于说话了。

拉达一动也不动。

我知道了，这里有一窝琴鸡。塞索伊奇又对拉达重复了一遍指令，它向前迈了一步——随着噼里啪啦的一阵响声，从灌木丛里飞出几只棕红色的大鸟。

向前，拉达！塞索伊奇重复着指令，同时举起了枪。

拉达快速地向前跑去，兜了一个半圈，又停下来不动了，这时是在另一片灌木丛旁。

那里是什么？塞索伊奇再次走近它，发出指令：向前！

拉达朝灌木丛扑了一下，然后绕着它跑了一圈。

在灌木丛后方，空中出现了一只不大的棕红色的鸟。它软弱无力，无精打采地挥动着翅膀。它的两只长腿在后面拖着，好像骨折了一样。

塞索伊奇放下枪，生气地把拉达叫了回来。

原来这是一只秧鸡！

这种鸟生活在草地里，它经常在草场上发出刺耳的叫声，猎人在春

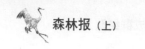

天听见这种叫声还觉得挺可爱的,但是在打猎季节就觉得讨厌了:它在草地里乱钻,使猎狗无法确定方向——猎狗刚闻到它的气味儿,摆好姿势,它却溜走了,让猎狗白忙活。

过了一会儿,我就和塞索伊奇分手了,我们约好在林中小湖边见面。

我走在一条狭窄的溪谷中,溪谷里一片绿色,两边是长满了树木的小山丘。咖啡色的吉姆和它的儿子——黑白棕三色的鲍依,跑在我前面。我得时刻准备着,用眼睛盯住它们俩:因为西班牙犬是不会摆出姿势的,它们随时可能把猎物撵出来。它们搜寻每一株灌木,在高高的草地里时隐时现。它们的尾巴是螺旋式的,短短的一截,也跟着不停地移动。

是的,不能让西班牙犬长出长尾巴来:要不然长尾巴打在草丛和灌木丛上,动静得多大啊,而且狗在灌木丛里钻来钻去,也会把长尾巴蹭破皮。于是人们在西班牙犬出生三个星期的时候,就把它的尾巴剁掉,这样就不会再长长了,只留下短短的一截,一只手就能整个握住;如果西班牙犬陷入了沼泽里,人们就可以抓住这截尾巴把它拉出来。我用眼睛盯住两只猎犬,自己都搞不懂,怎么还能同时兼顾周围,发现无数美丽新奇的事物呢。

我看见:太阳已经升到了树木上方,在树叶和草丛中投射出许多小兔和小蛇形状的金色光斑。我看见:草场丛中,灌木丛中,到处都是蜘蛛网,那纤细的银丝不停地闪烁着光芒。我看见:松树的树干弯曲成奇怪的形状,像一把巨大的椅子。这把椅子除了传说中的森林之神,无人能坐。在椅子上的小坑里积起了一汪水,水的旁边飞舞着几只蝴蝶。

猎犬们过去喝水……我的喉咙也干得冒火了。我脚边有一棵宽大的阔叶草,草叶上面有一颗巨大的露珠在闪闪发光,好像一颗价值连城的钻石。

我小心地弯下腰——可别碰洒了啊,我折下这棵阔叶草,那颗巨大的露珠仿佛是世界上最纯净的一滴水,里面细致地凝聚了朝阳所有的喜悦。

柔软、湿润的阔叶草一碰到我的嘴唇,清凉的露珠就滚到了舌尖上。

吉姆突然叫了起来:"汪,汪!汪汪汪汪!"这棵曾为我解渴的阔叶草,瞬间被我遗忘,飞落到地上。

吉姆狂吠着,沿着溪岸跑过去。它那螺旋式的尾巴摇晃得更欢了。

我急忙向小溪跑,想在它之前到达岸边。

但是——来不及了:有一只鸟,看不出是什么鸟,轻轻地挥动着翅膀,在枝繁叶茂的赤杨树后面飞了起来。

它在赤杨树后面越飞越高——原来是一只大野鸭。我慌了神,把枪举过

第六期　成群结队月

头顶——顾不上瞄准——隔着树叶对它放了一枪。野鸭掉到溪水里去了。

这一切发生得是那么快，我甚至觉得：其实我没开枪，它是被我的意念击中了，我只是那么一想，它就掉下来了。

吉姆已经跳进水里，把野鸭带回了岸边。野鸭被吉姆牢牢地咬在嘴里，它的长脖子都拖到地上了。吉姆顾不上抖落身上的水，把野鸭交到我手里。

谢谢，老伙计，谢谢，亲爱的！我弯下腰，抚摸它。

可这时候它开始抖身上的水——水珠溅了我一脸。

嘿，你这个粗鲁的家伙！离我远点！

吉姆跑开了。

我用两根手指捏住野鸭的嘴，提起来估计了一下重量。哦嗬！它的嘴没有断，经受住了它全身的重量。这说明，它是一只成年的野鸭，不是今年刚出生的。

我急急忙忙地把野鸭挂在弹药包的背带上；我的两只狗又在前边狂吠了。我赶上它们，一边走一边给枪重新装上子弹。

狭窄的溪谷在这里变得开阔起来。一片小沼泽延伸到一座小山丘的山坡上，山坡上满是草丘和苔草。

吉姆和鲍依在草丛里钻来钻去。它们在那里找到了什么？

这个世界一下子浓缩在这个不大的沼泽里了，我这个猎人心中没有其他的愿望，只想快点看见，到底猎犬们在那里找到了什么，会有什么样的野禽飞出来，可不能让它跑了啊。

我的两条短腿猎狗被高高的苔草遮住，我看不见它们了，但是它们的耳朵露在苔草上面，一会儿在这儿，一会儿在那儿，像翅膀一样跳来跳去；猎犬们是在"搜索跳跃"，它们跳跃着，是为了看见附近的猎物。

只听见"嘭"的一声——好像是把一只靴子从沼泽里拔出来时发出的那种声音，从草

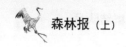

丘里飞出一只长嘴的沙锥鸟。它飞得很低,迅速地曲折前进。

瞄准,射击,它还在飞!

它绕了一个大大的半圈,然后伸出两条长长的腿,落在一个草丘旁边,离我非常近。它站在那儿,嘴巴垂向地面,又长又直,像一把长剑。

它离我这么近,就这么待着,我反倒不好意思对它开枪了。

但是吉姆和鲍依就在旁边,它们又把它撵得飞起来了。我从左枪筒放了一枪又没打中!

真差劲!我打了30年猎,其间抓到过几百只沙锥鸟,但在野禽起飞的时候还是紧张。我太着急了。

唉,有什么办法呢。现在得去找几只琴鸡了,不然塞索伊奇一看见我的猎物,肯定会嘲笑我的:对于城里的猎人来说,沙锥鸟是一种上好的野禽,能做成一道最好吃的菜,而乡下的猎人可不把它放在眼里——只是个上不了台面的小玩意。

塞索伊奇已经第三次在山那边的什么地方放枪了。估计他已经打到至少五千克的猎物了。

我穿过小溪,登上陡坡。从这里,居高临下,能看见西面很远的地方:那里有一大片砍伐完树木的空地,再过去是一片燕麦田。看,那不是拉达一闪而过吗。看,还有塞索伊奇本人。

啊哈!拉达站住了!

塞索伊奇走近了,开枪。嘭,嘭!……连发两枪。

他走过去把猎物捡起来。我也不能光在这儿看着了。两只猎犬已经跑进密林里去了。

密林里砍出了一条通道,通道很宽阔,鸟儿从通道上空飞过的时候,完全来得及开枪,只要猎犬们把它往这边赶就行了。

鲍依叫了起来,随后吉姆也叫了起来。我迅速地向前走去。

现在我已经走到它俩前边去了。它们在那儿磨蹭什么呢?估计有一只琴鸡,它往高处飞,牵着猎犬的鼻子走,我了解它的把戏。

"嗒——嗒——嗒——嗒——嗒!"果然如此:一只琴鸡冲了出来,它浑身黝黑,像块焦炭似的,沿着通道一路狂奔。

我紧追上去,连发两枪。

它一拐弯,消失在高大的树木后面。

难道我又没打中?不可能啊:我觉得还行啊……

我吹了一声口哨,把狗叫了回来,然后我走进琴鸡消失的树林。我也找,两只猎犬也找——哪儿也没有。

第六期　成群结队月

唉，太气人了！……今天真是个倒霉的日子！但是又怨不得别人：枪没问题，弹药是自己装的。

我再试试，也许在湖上运气会好些。

我又回到了通道上：沿着它不远的地方——差不多500米——有一个小湖。我的心情完全被破坏了。两只猎犬也不知道上哪儿去了——叫也叫不回来。

随它们去吧！我自己去。

这时鲍依又不知道打哪儿冒出来了。

你上哪儿去了？你想什么呢？你以为你是猎人，而我只是你的帮手，只管放枪？要是这样的话，来，你拿着枪，自己去打猎吧！什么？你不会？你怎么躺下了，四脚朝天的？知道错了？你得听话。西班牙犬都是笨狗。会指示猎物的猎犬才是好猎犬呢。

要是有拉达这样的猎犬就好了，我就一次也不会落空了。那样的话，野禽就会像被拴住了一样，你们想想，打它们还有什么难的！

这时，在前方，在树干后面，小湖的水闪着银光。我这颗猎人的心又充满了新的希望。

岸边是一片芦苇。鲍依已经跳进了水里，它向前游着，把高高的芦苇碰得左右摇晃。

鲍依叫了一声——马上从芦苇丛中飞起一只野鸭，发出嘎嘎的叫声。

我开了一枪，野鸭在湖中央的上空被击中。它长长的脖子一下子耷拉下来，扑通一声掉进水里，溅起了一片水花。它肚皮朝上躺着，两只红色的脚掌在空中乱动。

鲍依向它游了过去。猎犬张开嘴，想把野鸭抓住，可谁知野鸭一下子钻到水里不见了。

鲍依大惑不解：它藏哪儿去了？鲍依在原地转了几个圈，野鸭还是没出现。

突然猎犬的头也沉进水里不见了。这是怎么回事儿？被什么东西挂住了吗？跑到水底去了？要干什么？

野鸭在水面上出现了，并慢慢地游向岸边。它游过来的姿势很奇怪：侧着身子，头在水下。

原来是鲍依把它带过来的。鲍依的小脑袋被野鸭挡住了，看不见。鲍依干得漂亮：它钻到水下，把野鸭抓住了。

"真不错！"塞索伊奇的声音传来。他不声不响地从我身后走过来了。

鲍依游到草丘旁，爬上来，放下野鸭——开始抖掉身上的水。

鲍依，你真不害臊！现在把它捡起来拿到这儿来。

真不听话，完全忽视我的喊叫！

这时，吉姆不知道从哪儿冒出来了。它游到草丘旁，对着自己的儿子怒斥了一声，叼起野鸭送到我这儿来了。

然后吉姆抖落身上的水，钻进灌木丛里——真是个惊喜！它从那里又给我送来一只死了的琴鸡。

怪不得老伙计这么长时间没露面：它在森林里搜索来着，估计是沿着脚印，追上了那只被我打中的琴鸡，然后带着它追了我500米。

在塞索伊奇面前，我真是为它们感到自豪啊。

忠实的老伙计！你已经为我服务11年了，一直是既可靠又努力。但是这恐怕是你跟我一起打猎的最后一个夏天了：狗的寿命是很短的。我还能找到像你这样的朋友吗？

我在火堆旁喝茶的时候，这些想法涌现在我脑中。身材矮小的塞索伊奇，手脚麻利地把自己的猎物挂在桦树枝上：两只小琴鸡，两只沉甸甸的小松鸡。

三只狗呆在我周围，用期待的眼神注视着我的一举一动，它们在想，是不是能给它们一小块吃呢。

当然要给：三只狗今天都干得不错，都是好样的。

已经中午了。天高高的、蓝蓝的。杨树叶子在我们头上抖动，发出轻轻的沙沙声。

好吧！塞索伊奇坐下来，心不在焉地卷着烟。他陷入了沉思。

太好了，这说明，我马上就能听到他打猎生涯中的又一段有趣的经历了。

要捕猎新出巢的鸟，现在正是时候。为了抓住时刻警惕的鸟，每个猎人都绞尽了脑汁。但是，如果不事先了解野禽的生活习性，再怎么绞尽脑汁也没用。

捕猎野鸭

猎人们早就注意到：到了小野鸭会飞的时候，野鸭们就会集体出动，一昼夜迁移两次，从一个地方飞到另一个地方。白天它们钻进茂密的芦苇丛里睡觉，休养精神。只要太阳一落山，它们就从芦苇丛里飞走了。

猎人已经在守候着。他知道野鸭们会飞到田里，于是等它们来。猎人站在岸边，藏身在灌木丛里，脸朝水面，对着落日。

太阳落下的地方,天空被照出了一条宽宽的带子。一群群的野鸭在这条明亮的带子上投射出黑色的阴影。它们径直向猎人飞来。猎人可以很方便地瞄准它们。他从灌木丛后面出其不意地开枪,能打中不止一只野鸭。

他不停地开枪,直到天黑才停下来。

夜里,野鸭们在农田里觅食。早晨,它们又飞回芦苇丛里。猎人正在路上等着它们呢。他这回背朝水面,脸对着东方。一群群的野鸭,又冲着他的枪口径直撞过来了。

帮 手

一窝小琴鸡正在林中空地上觅食。它们待在靠近空地边缘地带的地方:在紧急情况下,那里会成为森林中的避难所。

它们啄浆果吃。

一只小琴鸡听见草地里有一阵沙沙的脚步声。它抬起头一看,一张可怕的兽脸从草丛里露出来,两片厚厚的嘴唇耷拉着,颤抖着,两只贪婪的眼睛紧紧地盯着这只伏在地上的小琴鸡。

小琴鸡缩成一个有弹力的毛团儿。它们四目相对:小琴鸡等待着,看会发生什么事情。只要这只野兽微微一动,它马上就会展开有力的翅膀逃走,有本事就在空中抓吧!

时间慢慢地过去。兽脸还是一直对着缩成毛团儿的小琴鸡。小琴鸡没敢飞起来,野兽也没敢动。

突然有人发出了指令:向前!

野兽冲了过来。小琴鸡扑棱扑棱地飞了起来——像一只离弦的箭一样奔向森林中的避难所。

轰的一声,火光一闪,从森林里冒出一股烟。小琴鸡一个跟头栽倒在地上。

猎人把它捡起来,又吩咐狗继续走:安静!拉达,找……

在杨树林里

在高高的云杉树林里,一片漆黑。周围很安静。

太阳刚刚告别森林。笔直的树干寂静无声,猎人在树干间慢慢地走着。

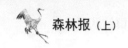

前面发出一个声音,好像突然来了一阵风,吹动了树叶:前面是一片杨树林。

猎人停下了脚步。周围很安静。好像有稀稀落落的大雨点打在树叶上。猎人悄无声息地往前走。离杨树林已经很近了。

啾,咔,咔,咔……声音又消失了。隔着浓密的树叶,什么也看不清楚。猎人站住不动。谁更有耐心:杨树林里的那个,还是带着枪埋伏的这个。它沉默了很久。一片寂静。

然后又是:咔,咔,啾……啊哈,这回你可暴露了!

树枝上有一个黑乎乎的东西,正在用嘴啄食杨树叶子那细细的叶柄,之前的声音就是它发出来的。

猎人仔细地瞄准。于是那个粗心的小松鸡被打中了,重重的一团,掉下树来。

这是一场诚实的游戏。鸟儿藏得隐蔽,猎人也是悄悄地来。

看谁先发现谁,谁更有耐心,谁的眼睛更敏锐。而这还有一场……

不诚实的游戏

在茂密的云杉树林里,猎人沿着小径悄悄地走着。

啵,啵,啵!在他脚下,有整整一窝榛鸡,差不多有八九只。

他还没来得及举枪,所有的榛鸡已经飞上了茂密的云杉树枝。

别白费劲找它们了,再怎么看也看不见它们。猎人躲到小径旁的一棵小云杉后面。

他从衣袋里拿出一只短笛,吹了一下,然后坐到一个小树桩上,扳好扳机。他把短笛贴上嘴唇。游戏开始了。

小榛鸡们在各自的树枝上一动不动地藏着。榛鸡妈妈不发出警戒解除的信号,它们是不会动的。

哗!哗!哗!特!这就是信号:没事了……哗!特!……榛鸡妈妈信誓旦旦地说:没事了,没事了。到这儿来。

一只小榛鸡悄无声息地滑落到地上。它听着,妈妈的声音在哪儿呢?

哗!特!特!这里,过来,过来!小榛鸡跑到了小径上。哗!特!

原来在那儿啊:在云杉后面的树桩那儿。小榛鸡沿着小径快速地奔跑——直冲着猎人跑过来了。枪响了,猎人又开始吹短笛。短笛发出的就是榛鸡妈妈那尖细的声音:哗!哗!哗!特!

又有一只上了当的小榛鸡,乖乖地送死来了。

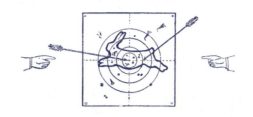

射箭要命中靶子　　竞赛要答对题目

打靶场

第六次竞赛

1. 鱼有多重？
2. 潜伏着的十字圆蛛如何得知有猎物落到了它的蜘蛛网上？
3. 哪些野兽会飞？
4. 当小鸟在白天发现了猫头鹰，它们会怎么做？
5. 带着剪刀，不是裁缝；带着鬃毛，不是鞋匠。（谜语）
6. 蜘蛛在什么时候，用什么方式飞？
7. 哪种昆虫（成年的）没有嘴？
8. 为什么雨燕和家燕在天气好的时候飞得很高，而在潮湿的天气里——贴着地面飞？
9. 为什么母鸡在下雨前会用嘴拨弄羽毛？
10. 如何通过观察蚂蚁得知很快就要下雨了？
11. 蜻蜓吃什么？
12. 哪种可怕的猛兽喜欢吃覆盆子？
13. 夏天在哪里最适合观察鸟类的痕迹？
14. 我们这里最大的一种啄木鸟是什么颜色？
15. 什么是"鬼喷烟"？
16. 躯干在院子里，头在桌子上，腿在田野里。（谜语）
17. 留着它的皮，扔掉它的肉，吃掉它的头。（谜语）
18. 身穿黑衣，蛮不讲理；换上红衣，服帖无比。（谜语）
19. 一个小人儿，躺在地上，穿着黄袍，扎着腰带，自己起不来，得靠人来抬。（谜语）
20. 我能跟你离得老远悄悄地说话。（谜语）
21. 没人吓唬它，它还是不停发抖。（谜语）
22. 连盲人都知道的草是什么？

23. 在麦田里长出来的，但却不能吃的东西是什么？
24. 瞪大眼睛待着，不说人话；出生在水里，居住在地上。（谜语）

寻 鸟

椋鸟到哪里去了？白天有时还能看见它们——在田野里和草场上。但是夜里它们消失到哪里去了呢？早在雏鸟刚能离巢的时候，它们就抛弃了自己的椋鸟窝，再也没回来。如果有人知道它们的消息，请通知我们。

《森林报》编辑部

转达问候

我们从北冰洋的诸岛和沿岸飞来，带来了海兔、海象、格陵兰海豹、白熊和鲸的问候。

我们还负有一个任务——向非洲的狮子、鳄鱼、河马、斑马、鸵鸟、长颈鹿、鲨鱼转达读者的问候。

从北方飞经此地的鹬鸟、野鸭、鸥鸟

"锐目"称号比赛

第五次测验题

"谁的影子？"哪只是雨燕？哪只是家燕？

图1　　　图2　　　图3　　　图4

第六期　成群结队月

你坐在空旷的地方——田野里，小丘上、小河边的陡坡上。太阳高悬在天上。在你面前的地面上、沙地上或水面上漂过、掠过猛禽的影子，它们就在你头上飞过。

如果你有一双敏锐而熟练的眼睛，你都不用抬头：只要通过猛禽在地面上掠过的影子、黑暗的轮廓，就能辨认出它。

图5，这是一个行动迅速、体态轻盈的影子。翅膀很窄，像镰刀似的，尾巴很长，尾巴末端是个圆形。这是什么鸟在飞？

图6，通过影子可以看出，这只鸟的个头儿跟上面的一只差不多，但是要宽一些，翅膀较厚，尾巴很直。这是什么鸟在飞？

图7，影子更大，翅膀更厚，尾巴像扇子，尾巴末端是个圆形。这是什么鸟？

图8，这也是一个很大的影子，翅膀弯得很厉害，尾巴末端有个凹口。这是什么鸟？

图9，影子更大，翅膀呈三角形，翅膀末端好像被切割过一样，尾巴两边接近直角。这是什么鸟？

图10，非常大的影子，翅膀也很大，翅膀末端好像分开的五指；头和尾巴显得很小。这是什么鸟？

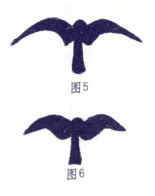

图5

图6

图7

图8

图9

图10

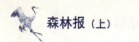

请说出，这里画的是什么蘑菇？

（我的第一本博物学名著）

[苏联]维·比安基 著　谢振兴 编译

森林报 下 秋冬

Senlinbao

北京大学出版社
PEKING UNIVERSITY PRESS

目录

第七期 候鸟离乡月（秋天的第一个月）/207

一年——分为12个月的太阳诗篇/207

森林大事记/208
发自森林的第四封电报　离别之歌　摘自少年自然科学家日记　游泳旅行　森林巨人的战役　最后的浆果　各有其路　等待帮手　秋天的蘑菇　本报特派记者发自森林的第五封电报

城市新闻/214
野蛮的袭击　黑夜中的骚动　本报特派记者发自森林的第六封电报　地鼠　把采蘑菇的事儿给忘了　喜鹊　躲的躲，藏的藏　鸟儿们飞向过冬的地方

林中战争/222
和平树

集体农庄历/223
沟壑的征服者　采集种子　我们想出了什么　集体农庄新闻

打猎/226
被愚弄的琴鸡　好奇的野雁　六条腿的马　应战　可以捕猎兔子了

东西南北苏联各地无线电通信站/234
注意了！注意了！　你们听！你们听！这里是亚马尔冻土带　这里是乌拉尔原始森林　这里是沙漠　这里是世界屋脊　这里是乌克兰草原　你们听！你们听！这里是太平洋

打靶场/238

公告栏/240

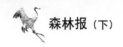 森林报（下）

第八期　粮食储备月（秋天的第二个月）/243

一年——分为12个月的太阳诗篇/243

森林大事记/244

准备过冬　年幼的过冬者　谁来得及做什么　贮藏蔬菜　松鼠的晾晒场　活的仓库　自己就是自己的仓库　贼偷贼　夏天又来了吗？　受惊　红胸小鸟　我抓住了一只松鼠　我的小鸭子们　星鸦之谜　恐惧……　女巫的扫帚　有生命的纪念碑　鸟儿们飞向过冬的地方（续完）　一只小杜鹃的简短历史　我们试着解谜，而奥秘依然是奥秘　我们给风打分

集体农庄历/256

集体农庄新闻　来自新生活集体农庄的报道　适合百岁老人采的蘑菇　临冬播种　集体农庄里的园艺周

城市新闻/258

在动物园里　没有螺旋桨　你们快看　鳗鱼开始最后的旅行

打猎/260

带着两只猎狗走在土路上　地下

打靶场/264

公告栏/265

第九期　冬客临门月（秋天的第三个月）/267

一年——分为12个月的太阳诗篇/267

森林大事记/268

无法理解的现象　森林里从来都不是死气沉沉的　飞花　来自北方的鸟儿　来自东方的鸟儿　该睡觉了　最后的飞行　貂追松鼠　狡猾的兔子　看不见的不速之客　啄木鸟的打铁场　去问问熊　只按照严格的计划

集体农庄历/275

魔高一尺，道高一丈！　集体农庄新闻

城市新闻/278

瓦西里岛区的乌鸦和寒鸦　侦察员　小屋——既是餐厅又是陷阱

打猎/280

捕猎灰鼠　带上斧头和探棍　捕猎貂　黑夜和白天

打靶场/286

公告栏/287

目录

第十期　银路初现月（冬天的第一个月）/289

一年——分为12个月的太阳诗篇/289

冬之书　各有各的读法　谁用什么写字　写得工整的和写得潦草的　小狗和狐狸，大狗和狼　狡猾的狼　冬天的森林　雪下牧场

森林大事记/293

半懂不懂的小狐狸　可怕的脚印　雪下鸟群　雪爆炸了，鹿得救了　雪海底部　冬日的中午

集体农庄历/297

集体农庄新闻

城市新闻/299

光着脚在雪地里爬　来自国外的消息

打猎/302

带着小旗子打狼　细察雪路上的脚印　包围　夜里　第二天早上　围追堵截　捕猎狐狸

东西南北苏联各地无线电通信站/310

注意了！注意了！　你们听！你们听！这里是北冰洋极北群岛　这里是顿涅茨草原　这里是新西伯利亚原始森林　这里是卡拉库姆沙漠　你们听！你们听！这里是高加索山脉　这里是黑海　这里是列宁格勒《森林报》编辑部

打靶场/314

公告栏/316

第十一期　忍饥挨饿月（冬天的第二个月）/319

一年——分为12个月的太阳诗篇/319

森林大事记/320

在森林里好冷啊，好冷啊！　吃饱了就不怕冷　接踵而至　幼芽在哪儿过冬？　小木屋里的大山雀　我们怎样去打猎　野鼠从森林里出来了　不受法则约束的家伙　适应

城市新闻/326

免费食堂　学校里的森林角　树木同龄人

百钓百中/328

天哪！冬天还有人钓鱼！

打猎/329

带着小猪崽打狼　在熊洞里　对熊进行围猎

森林报（下）

打靶场/338

公告栏/339

第十二期 期盼春天月（冬天的第三个月）/ 341

一年——分为12个月的太阳诗篇/341

能熬过吗？ 严寒的牺牲者 冰壳 玻璃青蛙 瞌睡虫 轻装 忍不住 从冰窟窿里探出的脑袋 扔掉武器 冷水浴爱好者 在冰壳下 雪下的生命 春天的征兆

城市新闻/348

在街上打架 翻修和新建 鸟类食堂 城市交通新闻 返回故乡 雪下的童年 新月出现 迷人的桦树 第一支歌 绿色接力赛

打猎/352

巧妙的圈套 活捉小型食肉兽 捕狼坑 捕狼笼 地上的机关 又是与熊洞有关的事件

打靶场/358

附录：基特·维利甘诺夫的故事/359

我的十项观察/360

钓鱼人的故事/362

在火堆旁/365

小熊历险记 新年故事/369

打靶场及"锐目"称号竞赛答案/373

打靶场答案/373

"锐目"称号竞赛题答案/379

森林报

第七期　候鸟离乡月（秋天的第一个月）　9月21日至10月20日　太阳进入天平星座

一年——分为12个月的太阳诗篇

9月——终日多愁善感，喜欢大呼小叫。天空阴暗，狂风大作的时候越来越多。秋天的第一个月来临了。

秋天跟春天一样，有自己的工作日程，只不过在工作安排上跟春天是相反的。

秋天的工作从空中开始。在头顶高处，树上的叶子开始一点点地变黄、变红、变褐。一旦叶子们得不到充足的阳光，它们就开始枯萎，并迅速失去自己的绿色。在叶柄跟树枝连接的地方，会形成一个松脆的圆环。无论是黄色的桦树叶，还是红色的杨树叶，即使是在白天寂静无风的时候，也会突然从树枝上掉落，轻轻地飘荡在空中，无声地滑落在地上。

当你在早晨醒来，第一次看见草上挂着白霜，你就在自己的日记里写上："秋天开始了。"从这一天起，更确切地说，从这一夜起，秋天开始了，因为第一场秋霜总是在天亮以前。从枝头掉落的叶子越来越多，直到秋风把森林全套的华丽夏装席卷而去。

雨燕踪迹不见。家燕和其他在我们这里度过夏天的候鸟，集结成群——它们不声不响地在夜里出发，开始漫长的旅程。空中越来越冷清。水也开始变凉：已经无法吸引人们去游泳了……

突然——像是对美好夏天的纪念一样——一连几天都是温暖、明亮、无风的晴天。一根根蛛丝在宁静的空中飘荡着，银光闪闪……田野里鲜活幼小的绿色植物，也高兴地闪烁着光芒。

"秋老了"，农村里的人们一边看着讨人喜欢的越冬作物，一边笑着说。

森林里，大家都在为漫长的冬天准备着，所有未来的生命都得到了妥善安置，被包裹得十分暖和，在春天到来之前都不用为它们操心了。

只有母兔们怎么也无法安心，它们还不能容忍夏天已经过去了，又生了许多小兔！这些小兔被称为落叶兔。细柄蘑菇——蜜环菌长出来了。夏天结束了。

候鸟离乡月到来了。又和春天一样，从森林里向我们编辑部发来了电报：时时有新闻，日日有事件。又和候鸟归乡月一样，开始了大规模的鸟类迁徙——这回是从北方向南方迁徙。

秋天就这样开始了。

森林大事记

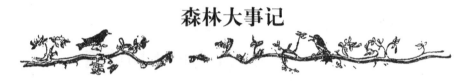

发自森林的第四封电报

所有穿着美艳华服的鸣禽都不见了。我们没看见它们启程的情况，因为它们是在夜里飞走的。

许多鸟儿更喜欢在夜间飞行，那样比较安全。隼、鹞及其他猛禽已经从森林里飞出来，在路上等着它们呢，不过这些猛禽在黑暗中不会袭击它们。而这些候鸟即使在漆黑的夜里，也能找到去往南方的路。

在海上长途线上出现了一群群的水鸟：野鸭、潜鸭、大雁、鹬鸟。这些有翅膀的旅行者歇脚的地方，也是它们在春天时歇脚的地方。

森林里的叶子变黄了。母兔又生下了六只小兔。这些是今年出生的最后一批小兔——它们被称作落叶兔。

在海湾沿岸的淤泥上，不知是谁印上了许多小十字。整片淤泥都布满了小十字和小点。我们在海湾沿岸搭了个小棚子，想看看这个淘气的家伙是谁。

第七期　候鸟离乡月

离别之歌

　　桦树上的叶子已经变得稀稀落落。椋鸟屋在光秃秃的树干上孤零零地摇晃着，它的主人们早就离它而去了。

　　突然——这是怎么回事？飞来了两只椋鸟。雌鸟钻进了椋鸟屋，在里面认认真真地忙活起来。雄鸟落在树枝上，待了一会儿，往两边看看……居然唱了起来？不过它唱的声音很小，像是唱给自己听一样。

　　雄鸟唱完了。雌鸟从椋鸟屋里飞了出来，急匆匆地向前面的鸟群飞去。而雄鸟跟在雌鸟后面。是时候了，是时候了：不是今天就是明天，要开始长途旅行了。

　　它们是来跟椋鸟屋告别的，夏天的时候，它们在这里孵出了雏鸟。

　　它们是不会忘记这个小房子的，春天的时候它们还会来这里居住的。

摘自少年自然科学家日记

清新的早晨

　　9月15日。秋高气爽的天气。我跟平常一样，一大早就跑去花园。

　　我来到外面，天高云淡，空气微凉。树木之间、灌木丛里和草地上，到处都是银色的蜘蛛网。纤细的蛛丝上，缀满了小小的露珠。每张蜘蛛网中间，都有一只小蜘蛛。

　　一只小蜘蛛，在两棵小云杉的树枝间，结了一张网。这张网在露珠的映衬下，感觉就像水晶一样，仿佛轻轻碰一下就会碎掉。蜘蛛缩成一个小球，一动不动。苍蝇还没出现，于是它就睡觉。要不，或者，它是不是冻僵了，冻死了？

　　我用小指轻轻地碰了它一下。

　　小蜘蛛没有反抗，像一块没有生命的小石子一样掉在了地上。但是，我看见，它一落进地上的草里，就马上跳了起来，飞奔而去，藏了起来。

　　真会装样儿啊！

　　我感兴趣的是：它有没有回到自己的蜘蛛网上？它找得到吗？还是又结了一张新网？为了结一张网，它花了很多力气，得来来回回地跑很多趟，打很多结，绕很多圈。这些都是它的心血啊！

　　小露珠在纤细的小草尖上抖动着，好像泪珠挂在长长的睫毛上。露珠里仿佛装满了火星儿，喜悦在露珠里洋溢着。

　　路边上的最后几朵小甘菊，都放下了自己那用白色花瓣做成的裙

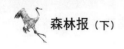

子，它们等待着太阳把裙子晒暖。

空气微凉、干净，似乎一碰就碎，空气中的一切都那么漂亮、华丽、亲切：草地在露珠和蜘蛛网的映衬下闪着银光，小溪显现出夏季从没有过的蓝色。我所能找到的最难看的东西，是一棵潮湿的、绒毛黏在一起的蒲公英，它已经有一半残缺不全；还有一只毛茸茸的灰蛾，它的头破了，估计是被鸟给啄的。回想夏天的时候，蒲公英是多么的神气，头上还顶着上千顶自己的降落伞；而灰蛾也是茸毛蓬松，小脑袋既光滑又干燥。

我很同情它们，于是把灰蛾放在蒲公英上，然后把它们拿在手里走了很远。太阳已经在森林上空升得老高，我把它们放在一个阳光照得到的地方。它们俩——一朵小花和一只昆虫——都是冷冰冰、湿漉漉的，奄奄一息。一点一点地，它们恢复过来了。蒲公英头上黏在一起的绒毛被晾干了，变成了白色，它们又是轻飘飘，精神饱满的了；灰蛾的翅膀从内部恢复了活力，变得绒毛蓬松，显现出了青烟色。这两个可怜的家伙，虽然蛾头破了，但也变得漂亮起来了。

一只琴鸡在森林旁边的什么地方，小声地嘟囔起来。

我向灌木丛走过去，想从灌木丛后悄悄地走近它身边，看看它在秋天里怎样轻声地自言自语和发出"啾弗！啾弗！"的叫声，它用这种方式来回忆那些春天的游戏。

可我刚走到灌木丛前，这个黑色的家伙嗖的一声，几乎是从我脚下飞了起来，声音是那样的响，甚至令我颤抖了一下。

原来它就在我身边待着呢，而我还以为很远呢。

这时候，从远处传来一阵吹喇叭似的声音，那是鹤在鸣叫：一群鹤飞到森林上方，直冲云霄。

它们就这样离开我们了⋯⋯

森林记者 维利卡

游泳旅行

草场上的草垂向地面，似乎没几天活头了。

有名的飞毛腿——秧鸡已经开始了长途旅行。

在海上长途线上出现了鸊鷉和潜鸭。它们潜入水中捕鱼。它们很少飞行，就那么一直游着，游过湖泊和海湾。

它们甚至不用像野鸭那样，先得在水面上微微抬起身子，然后猛地钻进水里。它们的身体很灵活，只要低下头，再把长着蹼的脚像划桨似地一划，就已经到达水里很深的地方了。在水下鹧鹕和潜鸭就像在家里一样。没有一只会飞的猛禽能在水下追捕它们。它们的游泳速度很快，甚至能追得上鱼。

至于它们的飞行能力，可就比那些会飞的猛禽差多了。不过它们没什么必要飞到空中去冒险。它们只在能游泳的地方进行自己的长途旅行。

森林巨人的战役

在晚霞中，从森林里传来了低沉短促的怒吼。从密林里走出了森林中的巨人——体型巨大的公驼鹿。那吼声低沉得像是从肚子里发出来，它们用这种吼声向对手宣战。

战士们在林中空地上相遇了。它们用蹄子刨着地面，带有威胁性地晃动着沉重的鹿角。它们的眼睛里布满了血丝。它们低下头，猛扑向对方，鹿角相撞，发出巨大的声响，并紧紧地钩在一起。它们用全身的重量推挤着，拼命想扭断对手的脖子。

它们一会儿分开，一会儿又胶着在一起，一下把身体弯曲到地上，一下又用后腿直立起来，鹿角不停碰撞着。

沉重的鹿角相互撞击，在森林里发出巨大的声响。

被打败的公驼鹿，有的慌慌张张地从战场上逃走，有的受到了对手鹿角的致命打击，被扭断了脖子，流血不止，胜利者再用可怕的蹄子把它踢死。

吼声又传遍了森林，这回是有力的吼声，是胜利者在宣扬胜利。

在森林深处，无角的母驼鹿在等待着它。胜利者成了这些地方的主人。

它不允许任何一只别的公驼鹿来到它的领地。就连未成年的公驼鹿它也不能容忍，非得把它们赶走不可。

它那低沉的吼声传到周围很远的地方，令人生畏。

最后的浆果

沼泽上的红莓果熟了。它们生长在布满了泥炭的小草丘上，而浆果就像直接放在苔藓上一样。人离得老远就能看见浆果，但是看不清它们长在什么东西上。只有在近处仔细看，才能看见，在底下的苔藓上，伸展着像线一样细的小茎，在小茎的两边是一些硬挺挺的、闪着光的小叶子。

这整个就是一棵小灌木！

巴甫洛娃

各有其路

每个白天,每个夜晚,都有一批有翅膀的旅客上路。它们从容不迫地飞着,每次都停歇很长时间——这跟春天时很不一样。看起来,它们还不想那么快和故乡分开。

迁移的顺序反过来了:色彩鲜艳的鸟儿先飞,春天时最先飞来的那些——苍头燕、云雀、鸥鸟,这回最后动身。有许多鸟儿,是年轻的先飞;而苍头燕,雌鸟比雄鸟先飞。谁更强壮,更能吃苦耐劳,就停留得久些。

大部分鸟儿直接飞往南方——法国、意大利、西班牙、地中海、非洲。有一些飞往东方:穿过乌拉尔山,穿越西伯利亚,到达印度,甚至美国。几千千米的路程在它们底下一闪而过。

等待帮手

乔木、灌木和草本植物正忙着安置自己的后代。

在枫树枝上悬挂着一对对的翅果,它们已经裂开了,正等待着风什么时候把它们摘下来带走。

等待风的还有草本植物:野蓟的茎长得很高,在茎上,从干燥的头状花序里伸出蓬松的小毛,它们是浅灰色的,像丝一样细;香蒲的茎长得比沼泽里的草还要高,茎的顶梢像穿着棕色的小皮袄一样;山柳菊那毛茸茸的小球,在晴朗的日子里,作好了被微风吹散的准备。

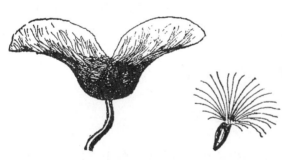

还有许多其他的草本植物,它们的小果实上长满了细毛,或短,或长,或普通,或艳丽。

在收割完的田野里,路边上,沟渠边上,植物们等待的已经不是风,而是四条腿的动物和两条腿的人:牛蒡的头状花序很干燥,周围长满了刺,里面装满了有棱角的种子;鬼针草的果实是黑色的三角形,总是刺穿人们的袜子;还有带钩刺的拉拉藤,它们的圆形小果实,总是挂住和滚进人们的衣服,只能用一小块毛绒把它们蹭掉。

巴甫洛夫

第七期 候鸟离乡月

秋天的蘑菇

森林里现在十分凄凉，光秃秃，潮乎乎，散发着叶子腐烂的味道。不过蜜环菌还是令人欣慰的，看着它们心情就很好。它们或堆集在树桩上，或爬到树干上，或散布在地上，仿佛是各自为政，互不来往。

看着心情好，采起来也愉快；几分钟就能采一小筐，而且还是专挑好的采呢。

蜜环菌的整个小伞上都是烟丝状的小鳞片。很难说清它的颜色，反正是一种看起来很舒服的、宁静的淡褐色。小蜜环菌的小伞底下的菌褶是白色的，老蜜环菌的小伞底下的皱褶有点发黄。

你发现了吗，当老蜜环菌的小伞爬上小蜜环菌的小伞时，上面就像铺着一层粉似的？你心里想："难道它们发霉了？"但马上就会意识到："这其实是孢子！"这些孢子是从老蜜环菌的小伞底下散落出来的。

要是你想吃蜜环菌，就必须知道它所有的特征。人们经常把毒蘑菇误认作蜜环菌拿到市场上卖。有些毒蘑菇长得很像蜜环菌，也长在树桩上。但是所有这些毒蘑菇的小伞上都没有鳞片，小伞的颜色很鲜艳，是黄色或者淡红色，菌褶是黄色或者淡绿色，而孢子是黑色的。

巴甫洛娃

本报特派记者发自森林的第五封电报

我们知道是谁在海湾沿岸的淤泥上印上那些小十字和小点了。

原来是鹬鸟。

海湾上的淤泥是它们的小饭馆。它们停留在这里，稍作休息，吃点东西。它们在松软的淤泥上，迈开长腿走来走去，走过的地方，就被它们的脚趾留下三个分得很开的脚趾印。它们又经常把长嘴伸进淤泥里，从淤泥里拉出小虫子当早点，于是在那里就留下了一个个小点。

我们捉住了一只鹬，它整个夏天都住在我们的屋顶上，我们在它的脚上套了一个（铝）金属环，环上刻的是：莫斯科，鸟类学委员会，A组第195号。然后我们把鹬放生，让它带着环飞走。如果有谁在它过冬的地方抓住了它，我们就会知道鹳是在哪里过冬的。

森林里的叶子完全变了颜色，并开始掉落。

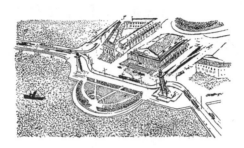

城市新闻

野蛮的袭击

在列宁格勒的伊萨基耶夫广场上，光天化日，众目睽睽，发生了一起野蛮的袭击事件。

从广场上飞起了一群鸽子。这时，从伊萨基耶夫大教堂的圆顶上冲下来一只游隼，袭击了最边上的一只鸽子。几根绒毛在空中盘旋。

行人们看见，受了惊吓的这群鸽子，藏到了一座大房子的屋顶下，而游隼用脚爪抓住被杀死的鸽子，飞到了大教堂的圆顶上。

我们的城市上空，是大型隼的必经之路。这种有翅膀的猛禽，喜欢把自己的强盗窝建在教堂的圆顶和钟楼上：从那里它们很容易发现猎物。

黑夜中的骚动

城郊几乎每天夜里都有骚动。

听见院子里的喧哗声，人们从床上跳起来，把头伸出窗外。怎么回事，发生什么事了？

在下面的院子里，鹅、鸭这些家禽们使劲地扇动翅膀，大声地叫着。难道是黄鼠狼袭击了它们，还是有一只狐狸跑进了院子？

但是这里有石头围墙，还有铁门，什么样的狐狸和黄鼠狼也进不来啊。

主人们查看了院子，又查看了家禽们，一切正常。什么也没有，谁也无法破坏牢固的锁和门闩。可能那只是家禽们做的一个噩梦。现在它们又恢复了平静。

第七期　候鸟离乡月

人们钻进了被窝，继续安心睡觉。

可是过了一个小时，家禽们又叫起来了。恐慌，骚动。怎么回事？又出什么事了？

人们打开窗，躲在一边，仔细听着。黑色的天空中闪动着金色的星光，一片寂静。

可这时，仿佛有一道难以捉摸的黑影从上面掠过，依次遮住了天上金色的星光。人们能听见一阵轻轻的、断断续续的鸣叫声。几个模糊的声音在高高的夜空中响起。

院子里的鸭和鹅瞬间醒来。似乎早已忘记了自由的家禽们，这会儿却莫名奇妙地冲动起来，在空气中挥舞着翅膀。它们踮起脚，伸长脖子，大叫着，那叫声既忧愁又苦闷。

在黑色的天空中，那些自由的野生姐妹们在高处用召唤回应着家禽们。在石头房子的上空，在铁皮屋顶的上空，飞过

一群群有翅膀的旅行者。野鸭的翅膀呼啦啦地扇着。野雁和黑雁用清脆的喉音相互呼应。

咯！咯！咯！上路吧，上路吧！远离寒冷和饥饿！上路吧！上路吧！

候鸟们响亮的咯咯声消失在远方，而早已丧失了飞行能力的家鹅和家鸭们，依然在石头院子的深处乱跑乱跳。

本报特派记者发自森林的第六封电报

清晨，寒气来袭。

有些灌木上，叶子七零八落的，像是被用刀砍过。树上的叶子也像下雨一样纷纷掉落。

蝴蝶、苍蝇、甲虫都各自躲藏起来。

候鸟中的鸣禽急急忙忙地越过一片片小树林；它们已经饿了。

只有鸫鸟不愁没有东西吃。它们成群结队地扑向一串串成熟了的花楸果。

光秃秃的森林里寒风呼啸。树木都酣睡了。森林里再也听不到歌声。

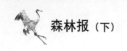

地 鼠

我们正在挑选土豆，突然有什么东西突突地在地下动了起来。后来跑来一只狗，在这个地方附近坐下，开始嗅探，而这个小动物还在突突地动。于是狗开始用爪子刨地。它一边刨一边叫，因为这个小动物突突地向它钻了过来。狗挖了个小坑，勉强可以看见这个小动物的头。然后狗挖了个大坑，把小动物拖了出来，但是小动物咬了狗一口。狗把小动物从背上甩了出去，并狂叫起来。这个小动物跟小猫差不多大，它的毛是灰蓝色的，还带黄色、黑色和白色。我们叫它地鼠。

森林记者 巴拉硕娃·玛丽亚

把采蘑菇的事儿给忘了

9月里，我和伙伴们去森林里采蘑菇。我在那儿吓跑了四只榛鸡。它们是灰色的，脖子很短。

接下来我看见一条死蛇：它已经干了，挂在一个树桩上。树桩上有个小洞，从小洞里发出咝咝声。我想这肯定是个蛇窝，就赶紧逃离了这个可怕的地方。

后来，我走近了一片沼泽，看见了从未见过的东西：从沼泽上飞起七只鹤，长得像七只绵羊一样。我以前只在学校的招贴画上见过鹤。

伙伴们每人都采了满满一小筐蘑菇，而我一直在森林里东跑西颠。到处都有鸟儿时隐时现，不停鸣叫。

我们回家的时候，一只灰色的兔子从路上横穿过去。不过它的脖子是白的，后腿也是白的。

我从有蛇窝的树桩旁边绕了过去。我们还看见了许多野雁：它们正飞过我们的村庄，还大声地咯咯叫着。

森林记者 别兹美内依

喜 鹊

春天，几个农村孩子捣坏了一个喜鹊窝，于是我从他们手里买了一只小喜鹊。只用了一天一夜，它就被驯化了，到了第二天，它已经能从我手里喝水吃食了。我们叫它小魔女。它已经习惯了这个名字，每次叫它都会答应。

鹬鸟

鹬鸟

琴鸡

琴鸡

羚羊

藏羚羊*

藏羚羊生活在中国青藏高原（西藏、青海、新疆），有少量分布在印度拉达克地区。藏羚羊在我国是国家一级保护动物，也是列入《濒危野生动植物种国际贸易公约》中严禁贸易的濒危动物。

第七期 候鸟离乡月

当它翅膀长硬了之后,开始喜欢飞到门上,并待在那里。在门对面的厨房里,我们摆了一张带抽屉的桌子,抽屉里总是放着一些食物。有时候,我们一开抽屉,喜鹊就从门上飞进抽屉,开始急急忙忙地啄食里面的东西。你要把它拖出来,它还吵吵嚷嚷地不肯出来。

我要去打水的时候,就会喊:

小魔女,跟我来!

它就会落在我的肩上,跟我一起去。

我们开始喝茶的时候,喜鹊总是第一个忙乎:它抓糖,抓小面包,有时候还把爪子伸进热牛奶里。

不过最好玩儿的事情,是在我去菜园给胡萝卜除草的时候。

小魔女落在田垄上,看着我做事情。然后就开始模仿我的样子,把草拔起来放在一堆儿:它居然能帮我除草。

不过它有点搞不清状况,把杂草和胡萝卜一起拔出来了,好一个"帮手"。

森林记者 维拉·米赫耶娃

躲的躲,藏的藏

天冷了,天冷了!美丽的夏天过去了⋯⋯

血液都快冻住了,有些动物动作变得迟缓,总是打瞌睡。

长着尾巴的蝾螈,整个夏天都住在池塘里,一次也没从池塘里出来过。现在它爬上岸来,钻进了森林里。它找到一个腐烂的树桩,钻到树皮下面,在那儿缩成一小团。

青蛙正相反,它们从岸上跳进池塘里,潜入水底,钻进了淤泥深处。蛇和蜥蜴躲到树根底下,把身体埋进温暖的苔藓里。鱼儿们成群结队地挤进水底的深坑里。

蝴蝶、苍蝇、蚊子、甲虫钻进了树皮、墙壁和篱笆的裂缝里。蚂蚁封锁了蚁窝所有的大门,所有的出入口。它们爬到蚁窝的最深处,在那儿紧紧地挤成几堆,即使冻僵了也不怕。

好饿啊,好饿啊!

那些温血动物,兽类、鸟类,并不惧怕寒冷,只要有吃的:食物就像火炉一样,提供给它们热量。但是饥饿总是伴随寒冷而来。

蝴蝶、苍蝇、蚊子都躲起来了,蝙蝠没东西吃了。它们只好隐藏在树洞里、山洞里、岩缝里、阁楼上的屋顶下。它们用后脚爪牢牢地抓住什

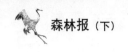

么东西，头朝下地倒挂着。它们用翅膀裹住自己的身体，就这样睡着了。

青蛙、蟾蜍、蜥蜴、蛇、蜗牛都躲起来了。刺猬躲在树根下的草窝里。獾也不常出洞了。

鸟儿们飞向过冬的地方

从天上看秋天

应该从天上看看我们这片一望无际的国土。秋天，乘气球升到距离地面30千米的地方，比耸立的森林还要高，比流动的白云还要高。即使如此，你还是看不见我们这片土地的全貌。不过，向四周看去，视野还是很开阔的，只要天空晴朗，没有浓密的乌云把土地挡住。

从那么高的地方看去，会觉得我们的土地在整片移动：那是有什么东西在森林、草原、山地、海洋上空移动……

是鸟类在移动。无数的鸟儿成群结队地在移动。

我们的候鸟们告别故乡，飞向过冬的地方。

当然，还是有一些鸟留了下来：麻雀、鸽子、寒鸦、灰雀、黄雀、山雀、啄木鸟及其他小鸟。还有所有的原鸡属鸟类，除了鹌鹑，以及大型苍鹰、大型猫头鹰。但即使是这些猛禽，冬天在我们这儿也没什么事可做：大部分的鸟类都还是离开我们过冬去了。迁移从夏末就开始了：第一批飞走的，是春天时最后飞来的那批。迁移会持续整个秋天，直到水面上开始结冰。最后一批飞走的，是春天时最先出现的那批：白嘴鸦、云雀、椋鸟、野鸭、鸥鸟……

什么鸟往哪儿飞

你们以为，从气球上看，连绵不断的鸟群都是自北向南飞往过冬的地方？完全不是这样！

不同种类的鸟儿在不同的时间飞走，大部分在夜间起飞：这样会更安全。而且绝对不是所有的鸟类自北向南飞去过冬。有一些鸟在秋天是从东方飞往西方。另一些正相反——从西方飞往东方。而我们这儿还有一些鸟，是一直飞向北方去过冬。

我们的特派记者给我们拍来无线电报，进行无线电通信，告诉我们什么鸟往哪儿飞，以及这些有翅膀的旅行者在旅途中有什么样的感觉。

第七期 候鸟离乡月

自西向东

"喊！喊！喊！"朱雀在鸟群中这样交谈。它们早在8月就从波罗的海沿岸、列宁格勒州和诺夫哥罗德州开始了自己的旅行。它们不紧不慢地飞着：各处食物都很充足，有什么可着急的？又不是往故乡飞——还得筑巢、孵化雏鸟。

我们看见它们飞过伏尔加河，飞过乌拉尔山一座不高的山岭，现在我们看见它们出现在西伯利亚西部的草原上。它们夜以继日地一直向东推进，那是太阳升起的地方。它们飞过了一片又一片密林：这片草原上到处都是桦树林。

它们在夜里努力飞行，而白天则休息和进食。虽然它们是成群结队地飞，而且群里每只小鸟都时刻警惕着，避免发生意外，但还是防不胜防：稍有疏忽，就会被鹞捉去一两只。在西伯利亚，猛禽实在是太多了：雀鹰、燕隼、灰背隼……它们飞得快极了！就是从一片树林飞到另一片树林的工夫——就被抓走了好多！夜里还好些：虽然有猫头鹰，但是数量比较少。

朱雀在西伯利亚改变方向：穿越阿尔泰山和蒙古沙漠，在这艰难的旅途上不知道还要死掉多少小鸟！它们到达炎热的印度，在那里过冬。

金属环№ Ф-197357的简短历史

有一位我们俄罗斯的年轻科学家，给一只小北极燕鸥的脚，套上了编号为№ Ф-197357的金属环。这件事发生在1955年6月5日，地点是在北极圈外——白海上的坎达拉克沙自然保护区。

这一年的7月底，雏鸟刚一学会飞，北极燕鸥就集结成群，开始了自己的冬季旅行。一开始，它们向北飞——到达白海海域，然后向西飞——沿科拉半岛北岸，然后向南飞——沿挪威、英国、葡萄牙，以及整个非洲的海岸线。它们绕过好望角，向东推进：从大西洋进入印度洋。

1956年5月16日，一位澳大利亚科学家在澳大利亚西海岸的弗里曼特尔市附近抓住了套着金属环№ Ф-197357的小北极燕鸥——从坎达拉克沙自然保护区到这里的直线距离是24,000千米。

后来它的标本，连同脚上的金属环，被安放在澳大利亚波特市的动物博物馆里。

自东向西

每年夏天在奥涅加湖上,都会孵出许多乌云般的野鸭和白云般的鸥鸟。秋天来了,这些"乌云"和"白云"向西移动——那是太阳落山的地方。成群的针尾鸭和灰蓝色的鸥鸟启程向过冬的地方飞去。让我们乘飞机跟在它们后面吧。

你们听见那刺耳的叫声了吗?接下来还有击水声、拍动翅膀声、野鸭和鸥鸟的叫声……

这些针尾鸭和鸥鸟本来落在林中湖泊上稍作休息,而一只迁移中的游隼找上了它们。它就像牧人的长鞭呼啸着击穿空气一样,在一只飞到空中的野鸭的背上快速掠过——它那后脚趾上的钩爪,像一把锋利的小弯刀,划伤了野鸭的背。野鸭受伤了,长长的脖子像鞭

子一样垂下来,还没等它落入湖中,行动迅速的游隼,猛地一转身,在水面上抓住了它,用钢铁般坚硬的嘴朝它的后脑一啄,野鸭当场毙命。游隼就把它带走当午饭了。

这只游隼是这群野鸭的瘟神。它跟它们一起从奥涅加湖上路,跟它们一起经过列宁格勒、芬兰湾、拉脱维亚……当它肚子不饿的时候,它就待在岩石上或树上,冷淡地看着这群野鸭在水面上飞,在水里头朝下地翻跟头,看着它们从水里飞起,集结成群,或者排成一队,继续向西飞行——西边,太阳像个黄色的球一样落进波罗的海灰色的海水里。但是,只要游隼觉得饿了,它就迅速地追上这群野鸭,从这群野鸭里抓一只来填肚子。

就这样,它将跟着它们沿着波罗的海、北海、日耳曼海飞行,跟着它们飞越不列颠群岛——只有在不列颠群岛沿岸附近,这只长着翅膀的恶狼,才有可能最终放过它们。我们的野鸭和鸥鸟留在这里过冬,而游隼,如果它愿意,就会跟着另外几群野鸭飞向南方——飞往法国、意大利,穿越地中海到达炎热的非洲。

向北,向北——飞向极夜地区

绒鸭——就是为我们的羽绒服提供极轻极暖的鸭绒的那种野鸭,已

第七期　候鸟离乡月

经在白海上的坎达拉克沙自然保护区孵出了野鸭。这里已经进行了许多年的绒鸭保护工作，而学生和科学家们给它们的脚上套上刻有号码的轻质金属环，这样就能知道绒鸭们从自然保护区飞往哪里，它们过冬的地方在哪里，是否有许多绒鸭返回自然保护区、返回自己的鸟巢，还能知道这种神奇的鸟的各种其他生活细节。

现在已经知道了，绒鸭们从自然保护区差不多一直飞向北方——飞向极夜地区，飞向北冰洋，那里居住着格陵兰海豹和大声喘着粗气的白鲸。

白海很快就要被覆盖上厚厚的冰层，绒鸭在这里没有东西吃。而在那里，在北方，海水终年不冻，海豹和大白鲸在那里捕鱼。

绒鸭从岩石和水草上揪出海螺。海螺是这些北方鸟类的主要食品。虽然那里气候寒冷，周围一片汪洋，而且长夜漫漫，但是绒鸭们一点也不怕：它们的鸭绒是世界上最暖和的绒毛，寒冷根本无法穿透。而且还经常能够看到北极光、巨大的月亮和明亮的星星。就算太阳一连几个月都不从海里探出头来，又有什么关系呢？绒鸭们在北极依然会丰衣足食，自由自在地度过漫长的冬夜。

候鸟之谜

为什么鸟儿们迁移的方向，东南西北，各不相同？

为什么许多鸟要等到结冰、落雪，没有东西吃的时候才离开我们，而另外一些鸟，比如雨燕，要严格按照日历，在固定的日子离开我们，虽然周围还有足够吃的食物？

而最主要的问题是：它们怎么知道秋天该往哪儿飞，它们过冬的地方在哪儿，按什么路线往那儿飞。

这些问题确实让人猜不透：比方说，在这里——莫斯科或列宁格勒附近的某个地方——从蛋里孵出了一只雏鸟，而它过冬的地方是在南非或印度。另外我们这儿有一种飞得很快的隼——它从西伯利亚飞向澳大利亚，在那儿住一阵子，然后又飞回我们的西伯利亚，在西伯利亚度过春天。

林中战争
（续完）

我们的记者们找到了一块地方,在那里,林木部族之间的战争已经结束了。

这个地方原来就是云杉之国,我们的记者们在旅行最开始到达的地方。

以下就是他们了解到的,这场可怕的战争是如何结束的。

在与桦树和杨树的肉搏战中,大批云杉死去。不过最后还是云杉胜利了。

云杉比敌人年轻。杨树和桦树的寿命比云杉短。老迈体衰的杨树和桦树已经不能像它们的敌人那样迅速生长。云杉长得高过了它们,把自己可怕的毛茸茸的大手掌伸到了它们头上,于是,喜光的阔叶树们枯萎了。

而云杉还在不停地生长,它们下面的树荫越来越浓。它们下面的地下室越来越深,越来越暗。在那里,凶恶的苔藓、地衣、蛀虫,等待着战败者。在那里,等待战败者的还有缓慢的死亡。

时间就这样过去。

自从原来那片阴沉的云杉林被人们砍伐光之后,过了一百年,争夺空地的战争也持续了一百年。现在,在同样的地方,又矗立起了一片阴沉的云杉林。

这里没有鸟儿歌唱,没有快乐的小野兽定居,偶尔有落到这里的幼小的绿色植物,也都逐渐枯萎,很快死在云杉一族的阴暗国度里。

冬天来了——每年在冬天,林木部族们都会暂时停战。树木入睡了。它们比熊洞里的熊睡得还要沉,睡得像死了一样。它们树脉里的汁液停止了流动,它们不再吸收养分,也不继续生长,只是昏昏沉沉地呼吸着。

仔细听听——一片寂静。

仔细看看——这片战场上到处都是战士的尸体。

我们的记者得知,今年冬天,这片阴沉的云杉林将不复存在:这里按照计划要进行砍伐。

到明年,这里将成为一块新的空地。在空地上又要开始新的林木部族之间的战争。

第七期　候鸟离乡月

但这回我们可不会再让云杉取胜了。我们将干预这场可怕的永恒战争，把一些新的，没在这里出现过的林木种族迁移到这里来。我们将关注它们的成长，并在需要的时候，在篷顶开几个天窗，让明媚的阳光照射进来。

那样的话，鸟儿们就会一直在这儿，唱欢快的歌给我们听。

和 平 树

不久前，我们的伙伴们，号召莫斯科州拉曼区的所有低年级学生，在园艺周期间，每人种一棵和平树。少年米丘林工作者们和成年的园艺家们，答应帮助它们种植并培育和平树。伙伴们不断学习、成长，他们的和平树也会在学校的花园里伴随他们一起成长。

莫斯科州朱可夫市　第四学校全体学生

田野空了。丰收的粮食被收割完毕。集体农庄庄员们和城市居民们已经在吃新粮做的馅饼和面包。

田野里、荒地上，甚至山坡上，都铺满了亚麻，它们经历了风吹、日晒、雨淋。现在应该把它们收集起来，运到打谷场上，揉茎拔麻。

孩子们开学已经一个月了。现在土豆快挖完了，接下来要把土豆运往车站，或者在干燥的沙丘上挖坑，把土豆埋进去贮藏。

菜园空了：最后一批叶子密实的白菜被从田垄上摘走了。

越冬作物把田野变成了深绿色。这是集体农庄庄员们在上次收割后，给祖国准备的新收成，比上次更丰富。

灰松鸡已经不是独门小户地待在越冬作物里，而是集结成了几大群——每群有一百多只呢。

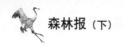

捕猎灰松鸡的季节很快就要结束了。

沟壑的征服者

在我们的田野里形成了许多沟壑。它们越来越大,都闯到集体农庄的田里来了。集体农庄庄员们和我们这些少先队员都很担心这一点。有一次开班会,我们专门讨论,怎样更好地对付这些沟壑,怎样阻止它们继续扩大。

我们知道,为了这个目的,需要在沟壑周围栽树。树根锁住土壤,就会巩固沟壑的边缘和斜坡。

那次班会是在春天开的,而现在已经是秋天了,在我们这儿专门的树木培育场里,培育了许多树苗——近千株杨树苗、许多藤蔓灌木和槐树,我们已经在移栽它们了。

再过几年,乔木和灌木就能把沟壑的斜坡给征服了。而沟壑本身将被永远地征服。

少先队委员会主席 科里亚·阿加方诺夫

采集种子

9月,有许多乔木和灌木都结出了种子和果实。这时候更多地采集种子是特别重要的,因为树木培育场需要新种子,沟渠和新池塘也需要绿化。

采集大量的乔木和灌木种子,最好是在它们完全成熟以前,或者是它们刚刚成熟的时候,并且在很短的时间内进行。特别是尖叶枫、橡树、西伯利亚落叶松的种子,采集起来不能耽搁。

9月,还要开始采集以下植物的种子:野苹果树和野梨树、西伯利亚苹果树、红接骨树、皂荚树、荚莲、欧洲七叶树、板栗、榛子树、窄叶胡颓子、沙棘、丁香、刺李和野玫瑰,以及在克里木和高加索常见的山茱萸。

我们想出了什么

现在,我们全国人们都在从事一项伟大而美好的事业:造林。

春天,我们度过了"植树节"。这一天已经成为一个真正的植树造林的节日。我们在集体农庄的池塘周围栽种了树苗,免得池塘被太阳晒干。我们在高高的河岸上栽种了树苗,为了使河岸牢固。我们对学校体育

第七期　候鸟离乡月

场进行了绿化。所有这些树苗都成活了，而且在夏天里长大了许多。

现在我们想出了这样一个计划。

冬天我们所有的田间道路都被雪掩盖住了。每年冬天都得砍伐整片的小云杉林，用它们把田间道路围上，防止被雪掩盖住，在有些地方还得立上路标，指明方向，免得人们在风雪中迷失道路，陷进雪堆里。

我们想：为什么每年都要砍伐这么多的小云杉呢，还不如在路边上一劳永逸地栽种上活云杉，让它们自己生长，保护道路不被大雪掩盖，还能指路。

我们是这样想的，也是这样做的。

我们在森林的边缘地带挖出了许多小云杉，并把它们装在小筐里，移栽到路两旁。

我们给它们好好浇水，所有小树都在新的地方愉快地开始生长。

森林记者　万尼亚·扎米亚金

集体农庄新闻
巴甫洛娃报道

挑选母鸡

昨天，在突击队员集体农庄的养禽场里，最好的母鸡被挑选出来，它们被小心地赶到角落。然后，人们抓住它们，把它们一个一个地交给专家鉴定。

看！专家手里拿着一只长嘴的、又高又瘦的母鸡，它的小冠子颜色很淡，两只惺忪睡眼，看起来傻乎乎的，好像在说："你们打扰我干什么啊？"

专家把它交回去，说："这样的我们不需要。"

这不，专家又抓起一只短嘴大眼睛的母鸡。它头很宽，鲜红的冠子倒在一边，两眼闪闪发光。母鸡一边挣扎，一边大叫，好像在说："放开我，马上放开我！不要赶我，不要抓我，这事儿跟我没关系！你自己不挖蚯蚓吃，还不许别人挖！"

"这只很好，"专家说，"这只会给我们下蛋的。"

原来母鸡也得活泼乐观，精力充沛，才能好好下蛋。

搬家改名

春天，鲤鱼妈妈在一个小池塘里产下了卵。从卵里生出了70万条鱼苗。这个池塘里没有别的鱼，只住着这一家子：70万个兄弟姐妹。可是过了10天，它们就觉得挤了，于是它们就搬去了一个大的夏季池塘。在这里鱼苗长大了——到了秋天它们就改叫小鲤鱼了。

现在，小鲤鱼正准备搬去冬季池塘。过了冬天，它们就是一岁的鲤鱼了。

星期天

学生们在星期天帮助霞光集体农庄挖甜菜、芜菁、胡萝卜和芹菜。孩子们发现，芜菁比最年长的学生——瓦迪克·彼得罗夫的头还大。但是最使他们惊讶的还是胡萝卜的个头儿。

葛那·拉里昂诺夫把一根胡萝卜立在他腿旁，居然到他膝盖那么高！而胡萝卜的顶端有手掌那么宽。

古时候，人们可能用这种东西打仗，葛那·拉里昂诺夫说。用芜菁代替手榴弹投向敌人。而当进行肉搏战时，就用这种大胡萝卜往敌人脑袋上敲！

古时候人们种不了这么大的，瓦迪克·彼得罗夫说。

把小偷装进瓶子里

这句话是红色十月集体农庄的养蜂员说的。

那天，因为天冷，蜜蜂们都留在了蜂房里。黄蜂强盗们可等到这个时候了。它们飞来养蜂场，想从蜂房偷蜂蜜吃。但是，它们还没飞到蜂房，就闻到一阵蜂蜜味，它们看到养蜂场上摆着一些装有蜂蜜水的瓶子。于是黄蜂们放弃了去蜂房偷蜂蜜的想法。它们大概觉得从瓶子里偷蜂蜜比较文明，而且也比从蜂房偷安全。

它们这样做了——于是就掉进了陷阱：在蜂蜜水里淹死了。

打猎

被愚弄的琴鸡

快到秋天的时候，琴鸡集结成几大群。这里既有翅膀紧绷的黑色雄

第七期 候鸟离乡月

琴鸡,也有浅棕黄色带斑点的雌琴鸡,还有小琴鸡。

有一群琴鸡,闹哄哄地飞到浆果灌木丛来了。

它们在地上散开。有的啄食坚硬的红越橘,有的用脚爪刨开草,吞下碎石和细沙。这些碎石和细沙能帮助它们消化,把嗉子和胃里坚硬的食物磨碎。

不知是谁急行在干燥的落叶上,发出沙沙声。

琴鸡们抬起头,警觉起来。

它向这里跑来了!树木间闪过一个北极犬的头,竖着两只尖尖的耳朵。

琴鸡们不情愿地飞上树枝,有一些躲进了草里。

北极犬在浆果灌木丛里跑来跑去,把琴鸡统统吓跑了。

然后北极犬坐在树下,盯住一只琴鸡,大叫起来。

那只琴鸡也睁大了眼睛看着北极犬。很快,它在树上待烦了。它在树枝上走来走去,时不时地回过头来看看北极犬。

真讨厌!干吗坐着不走啊!好饿啊……它要是走了,我就能飞下去吃浆果了。

突然一声枪响——那只死琴鸡掉到了地上:在北极犬跟它周旋的时候,猎人悄悄地走近,出其不意地一枪把它从树上打了下来。别的琴鸡扑扑棱棱地飞到森林上空,飞到离猎人较远的地方。它们闪过林中空地、小树林。应该在哪儿降落呢?这里不会也藏着猎人吧?

在白桦林边缘地带光秃秃的树顶上,待着三只黑乎乎的琴鸡。在这儿降落应该是安全的:要是白桦林里有人的话,它们是不会这么安稳地待着的。

这群琴鸡越飞越低——终于闹哄哄地落在树顶上。原来那三只琴鸡,连头都没转向它们——一动不动地待着,像树桩一样。新来的琴鸡们仔细地看着这三只琴鸡,它们真有琴鸡的样子啊:黑色的身体,红色的眉毛,翅膀上有白斑,尾

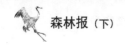

巴分叉，小眼睛又黑又亮。一切都很正常。

啪！啪！怎么回事儿？哪儿来的枪声？为什么新来的琴鸡里有两只从树枝上掉下去了？

树顶上空升起一阵轻烟，然后很快消散。可是原来那三只琴鸡还是一动不动地待着。新来的琴鸡们也一动不动地待着，看着它们。下面什么人也没有，干吗要飞走呢？新来的琴鸡们转了转脑袋，看看周围，安心了。

啪！啪！……

一只琴鸡蜷缩着掉到地上，另一只琴鸡腾空而起，然后跌落下来。琴鸡们惊慌失措地从树上飞起，还没等那只受了致命伤的琴鸡着地，就消失得无影无踪了。只有原来那三只琴鸡还是一动不动地待在树顶上。

树下，从一个隐蔽的棚子里，走出一个拿着枪的人，他捡起猎物，把枪靠在树上，然后爬上了树。

桦树顶上的三只琴鸡，它们的黑眼睛若有所思地看着森林上方，一动不动，原来它们的黑眼睛是黑色的小玻璃珠，它们本身是用黑绒布做的。只有嘴是真正的琴鸡嘴，分叉的尾巴是用真正的琴鸡羽毛做的。

猎人取下一只假琴鸡，从树上爬下来，然后爬上另一棵树，去取另外两只假琴鸡。

在远处，那些受了惊吓的琴鸡在森林上空飞着，不信任地看着每一棵乔木，每一棵灌木：在哪儿还有新的危险？哪儿能躲避那诡计多端的带枪的人？你永远无法预料，他会用什么方法来暗算你……

好奇的野雁

野雁天性好奇——猎人很清楚这一点。猎人还知道：没有什么鸟比野雁更警觉。

一大群雁待在距离岸边整整一千米的浅沙滩上。无论是走，还是爬，还是借助某种交通工具，都无法接近它们。它们把头埋在翅膀下，缩起一只脚，安心睡觉。

它们并不担心自己的安全：它们有岗哨。雁群的四角各站着一只老雁，不睡觉，也不打瞌睡——老雁们敏锐地观察着周围的动静。你试试看，怎么打它们个措手不及！

岸边出现一只小狗，放哨的老雁马上伸长了脖子。它们看这只小狗要干什么。

小狗在岸边跑着——一会儿跑向这边，一会儿跑向那边。它在沙子

第七期　候鸟离乡月

上捡着什么，对这些野雁毫不在意。

没有什么可疑的地方。不过令人好奇的是：它为什么在那里跑来跑去呢？应该靠近看看……

一只放哨的老雁蹒跚着游进水里。轻微的波浪声，又吵醒了三四只野雁。它们也看见了小狗，也游向岸边。

游近一些看清了：从岸边的一块大石头后边飞出许多小面包块儿，一会儿飞向这边，一会儿飞向那边，纷纷落在沙子上。小狗摇晃着尾巴，跑来跑去地捡这些面包块儿。

这些小面包块儿是哪儿来的？谁在石头后面？

野雁们越游越近，游到了岸边，它们伸长了脖子，努力看着……就在此时，从石头后面跳出一个猎人，用百发百中的枪法，干净利落地把野雁们好奇的脑袋都打到水里去了。

六条腿的马

一群野雁正在田野里大吃大嚼。雁群吃东西的时候，四角有老雁在放哨。不论是人还是狗，都不允许靠近。

在远处，一群马在田野里走来走去。野雁不怕它们。众所周知，马是一种温和的食草动物，它们不会侵犯鸟类。

有一匹马，一边吃掉落在地上的又短又硬的麦穗，一边向雁群走过来，越走越近。这没什么大不了的：就算它走得再近，也还是会离开的。

这匹马长得好奇怪啊：它有条条腿。真是个怪物……有四条普通的腿，还有两条穿裤子的腿。

一只放哨的老雁，咯咯咯地发出了警告。雁群把头从地上抬了起来。

马慢慢地靠近了。这只放哨的老雁飞过去进行侦查。

它从上面看见：马身后躲着一个人，他手里拿着枪！

咯——咯——咯，快逃啊，快逃啊！老雁发出了信号。

整群野雁一齐挥动翅膀，从地上飞了起来。

猎人十分懊恼，在它们身后放了两枪。但是距离太远，子弹打不着。雁群得救了。

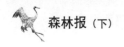

应 战

在森林里,每天晚上这时候,驼鹿就吹响战斗的号角:

谁要是不要命,就出来战斗吧!

一只老驼鹿抖落自己身上的苔藓。它那宽阔的角有13个杈,长度有两米,重量有400千克。

谁敢对这森林第一勇士发出挑战呢?

老驼鹿把沉重的蹄子,深深地踩进潮湿的苔藓里,气势汹汹地赶去应战,把挡路的小树都折断了。

对手的战斗号角声又传来了。

老驼鹿用可怕的吼声作出回应,这吼声吓得一群琴鸡从桦树上扑棱棱地飞走了,吓得胆小的兔子慌慌张张地从地上跳起老高,拼命地冲进密林里。

谁敢!老驼鹿眼里布满血丝,也不管路上有什么,迎着对手冲了过去。森林越来越稀疏,出现了一片空地……就在这儿!

它从树后飞奔而来——想用角撞,想用沉重的身体压倒敌人,用蹄子把敌人踩死。

直到响起了枪声,老驼鹿才看见树后有一个人,他手里拿着一把枪,腰上别着一个大喇叭。

驼鹿摇摇晃晃,软弱无力地逃进密林,血不停地从伤口里流出来。

可以捕猎兔子了
(来自本报特派记者的报道)

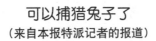

像往年一样,10月15日,报纸上宣布可以开始捕猎兔子了。

又像8月初一样,大批的猎人挤满了火车站。他们还是带着猎犬,有些人甚至用皮带拴着两只或更多。不过,这些已经不是猎人们夏天时带着的那些猎犬了。

这是一些体形巨大、身体健康的猎犬,它们的腿又长又直,头很重,嘴像狼一样,身上长着各种颜色的粗毛:黑色的、灰色的、褐色的、黄色的,还有火红色的;有带黑斑的、带黄斑的、带火红色斑纹的;有的身上是褐色、黄色、火红色,背上是黑色。

这些是猎兔犬。它们的任务是,通过追踪脚印找到兔子,把它从窝里赶出来,一边追,一边叫,这样猎人就知道,兔子是怎样前行,怎样兜圈的,就能够堵住兔子的去路,对它迎头痛击。

在城里喂养这些又大又粗野的狗是很困难的。许多人根本就没带狗去。我们这伙人也没带。

我们打算去找塞索伊奇,和他一起进行围捕兔子。

我们有12个人,占了车厢里整整三个小间。所有的乘客都看着我们的一个伙伴,他们微笑着窃窃私语。

确实值得一看:我们的这个伙伴是个大胖子。如果门不是特别大,他都过不去。他的体重有150千克。

他不是猎人,但是医生建议他多走动走动。他是个射击能手,打靶比我们都准。这不,为了使走动更有意思,他决定尝试跟我们一起去打猎。

普通的围捕

傍晚,塞索伊奇在森林里的一个小站迎接我们。我们在他家过夜,然后天刚亮就出发去打猎了。我们是吵吵嚷嚷的一大群人:塞索伊奇找了20个集体农庄庄员做负责呐喊的围猎人。

我们在森林边上停了下来。我往帽子里放了一些写有号码的纸卷,我们12个射击手轮流抽签:每个人按抽到的号码就位。

呐喊人都走到森林外面。塞索伊奇按次序把我们安排在宽阔的林间通道上。

我抽到了6号,我们的大胖子抽到了7号。塞索伊奇告诉我应该站在什么地方之后,就给我这个新手讲授围猎的规矩:不能沿着射击线开枪,你会打到旁边的人;围猎人的声音靠近时,要停止射击;禁止打母鹿;一切行动看信号。

大胖子的位置离我有60步远。围猎兔子和围猎熊不一样,围猎熊的时候,射击手之间可以相距150步。塞索伊奇在射击线上讲起话来可不客气;我听见他在教导大胖子:

您为什么往灌木丛里钻?这样射击不方便。您就挨着这棵灌木站着,就站在这儿吧。兔子是贴着地面看东西的。不客气地说,您的腿就像两个木墩。您把腿分开点站,要不然兔子会把它们当成树桩的。

把所有的射击手都安排好之后,塞索伊奇跳上马,去森林外面安排围猎人。

围猎还要等好久才开始呢。我打量着周围。

在我面前40步远的地方，像一堵墙似地立着光秃秃的赤杨、山杨，叶子已经掉了一半的桦树，还夹杂着阴沉的、毛茸茸的云杉。从森林深处，穿过这片由笔直的树干组成的混生林，可能会有兔子向我跑来，会有琴鸡向我飞来。而如果运气特别好，还会有松鸡光临，它们可是有翅膀的林中巨人。难道我会打不中吗？

时间慢得像蜗牛爬。不知道大胖子有什么感觉？

大胖子不停地换腿站着，也许，他想把腿叉开得更像树桩……

突然，从寂静的森林外，传来两声打猎的号角声，号角声很响亮，拖得很长：这是塞索伊奇指挥围猎人向前——向我们推进的信号。

大胖子抬起起火腿般的手，双筒枪在他手里像一根细细的手杖。他保持这个姿势不动。

真是个怪人！准备得也太早了，手臂会累的。

还听不见呐喊人的声音。

可是已经开枪了——在呐喊人周围，先是右边一枪，然后是左边两枪。别人都开始射击了！而我还没开枪呢。

大胖子也连发两枪——啪，啪！他在打琴鸡！琴鸡高高地飞走了，他没打中。

已经能听见围猎人轻微的呼应声，棍子与树木的敲击声。从两翼传来咣当咣当的声音……不过还是没什么东西向我飞来，向我跑来！

终于，一个白里带灰的东西在树干后面闪过——是一只还没换完毛的白兔。

这是我的了！哎，小鬼，怎么拐弯了！它窜向大胖子……你磨蹭什么呢？打呀，打呀！

啪！没打中！白兔径直向他冲去。啪！

一团白色的东西从兔子身上飞了起来。吓得要死的小兔子从那树桩似的两腿间穿过去。大胖子赶紧把两腿一夹——难道要用腿抓兔子吗？

白兔滑了过去，大胖子的巨大身躯却整个扑到在地上。

笑死我了，笑得眼泪都出来了。这时，我又看见两只白兔，从森林里窜到我面前，但我不能开枪。它们是沿着射击线跑的。

大胖子先慢慢地跪起来，然后站起来。他把他的大手伸过来，给我看他手里的一团白毛。

我对他大喊：没摔伤吧？

没事，至少抓住了小兔子的尾巴。

秋天的落叶兔

秋林蛛网

第七期 候鸟离乡月

真是个怪人!

射击停止了。呐喊人从森林里出来,所有人都向大胖子走过来。"你是神父吗,大叔?""肯定是神父;瞧这肚子!"

"真是胖得难以想象啊——瞧这厚度!一定是衣服里塞满了猎物,所以才这么胖。"

可怜的射击手啊!在城里,在我们的靶场上,谁会相信这种事?

不过,塞索伊奇已经在催促我们去田野进行新的围猎。

我们这帮人在林中道路上吵吵嚷嚷地往回走。一辆大车拉着两次围捕的猎物跟在我们后面。大胖子也坐在车上,累得气喘吁吁。

猎人们才不同情这个可怜人呢,冷嘲热讽像雨点一样向他袭来。

忽然,在森林上空,从道路拐角后边出现一只黑色的大鸟,足有两只琴鸡那么大。它就沿着道路,从我们身边飞过。

所有人都摘下枪,连续不断的枪声在森林中轰鸣着:每个人都急急忙忙地开枪,想把这难得的猎物打下来。黑鸟飞着。它已经飞到了大车上空。

大胖子也举起了枪。他坐着,双筒枪在他火腿一样的手中,像根小手杖。他开枪了。

所有人都看见:黑色的大鸟在空中不可思议地缩起了身体,一下子停止了飞行,像一块木头一样,从高处掉到了地上。

"哎,好样的!"一个集体农庄庄员赞叹着,"看,这才是射击手。"

我们这些猎人,都不好意思吱声了:大家都开枪了,大家都看见了……

大胖子捡起了这只森林里长胡子的老松鸡,它比一只兔子还重。我们每一个人都愿意用自己今天全部的猎物来交换它。

没人再嘲笑大胖子了。我们甚至忘了,他是怎么用双腿抓兔子的。

东西南北
苏联各地
无线电通信站

注意了！注意了！

这里是列宁格勒《森林报》编辑部。

今天是9月22日，秋分日，我们继续进行无线电通信，接收来自我们苏联各地的消息。

无论是冻土带还是原始森林，沙漠还是高山，草原还是海洋，请加入我们。

请跟我们说说：现在，秋天，你们那里在发生着什么？

你们听！你们听！这里是亚马尔冻土带

我们这里什么都结束了。夏天时，岩石上曾经是喧闹的鸟集市，现在再也听不见鸟儿的叫声了。野雁、野鸭、鸥鸟、乌鸦都飞走了。一片寂静。只是偶尔会传来一阵可怕的骨头相撞的声音：这是雄鹿在用角打架。

在8月时，早晨就已经很寒冷了。现在整个水面都被冰覆盖着。捕鱼的帆船和汽船早就离开了。轮船耽误了几天——沉重的破冰船正在困难地在坚固的冰原上为轮船开路。

白天越来越短。夜晚很长、很黑、很冷。空中飞着白色的苍蝇。

这里是乌拉尔原始森林

我们既要迎接客人，又要送别客人。我们迎接从北方，从冻土带飞来我们这儿的野鸭、野雁。它们是路过我们这儿，不会停留很长时间：今天鸟群落在这里，休息、进食，而明天你再一看，它们已经没了——夜里它们不慌不忙地上路，继续飞行。

我们送别在这里度过夏天的鸟儿。我们这儿的大部分候鸟已经开始了长途旅行，去追逐那已经离开的太阳——去温暖的地方过冬。

风把变黄、变红的叶子从桦树、杨树、花楸树上扯下，落叶松显现

第七期 候鸟离乡月

出了金黄色,它们那柔软的针叶变得干硬起来。每天晚上,几只分量沉重、长着胡子的雄松鸡,飞到落叶松的树枝上。它们颜色乌黑,落在闪着柔和金光的针叶中间,用针叶填满自己的嗉子。榛鸡在阴暗的云杉之间鸣叫着。还出现了许多红胸脯的雄灰雀和灰色的雌灰雀,深红色的松雀,红脑袋的朱顶雀、角百灵。它们也是从北方飞来的,不过它们不再继续向南飞——它们觉得这里挺好。

田野变空了。在晴朗的白天,勉强能觉察到微风,又细又长的蛛丝被微风吹动着,在田野上空飞翔。这里,那里,还盛开着最后一批三色堇。在卫矛的灌木丛上,悬挂着许多美丽的小果实,泛着红光,像中式小灯笼似的。

我们快要挖完土豆了,正在菜园里采摘最后一批蔬菜——白菜。我们把地窖装满,准备过冬。我们还在原始森林里采摘雪松的坚果。

小动物们也不甘落后。细尾巴、背上有五道清晰黑纹的花鼠,把许多雪松的坚果拖到树桩下的洞里,还在菜园里偷了许多葵花子,它们要填满自己的仓库。火红的松鼠,在树枝上给自己晾晒蘑菇,还换上了淡蓝色的皮毛。森林里的长尾鼠、短尾田鼠、水老鼠用各种各样的谷粒填满自己的地窖。身上有斑点的星鸦,也在搬运坚果,把坚果藏进树洞,藏到树根底下——有备无患。

熊给自己物色了一个地方做熊洞,它正在用脚爪剥下云杉树皮——给自己做软垫。

大家都在准备过冬,完全顾不上休息。

这里是沙漠

我们这里正在过节,像春天一样,又是生机勃勃的了。

难以忍受的暑热消退了,雨下个不停,空气既干净又透明,能看清远处的景物。草又变绿了,夏天时躲避太阳的动物们又出现了。

甲虫、蚂蚁、蜘蛛都从地底下钻了出来。细爪的黄鼠从深深的洞穴中爬了出来;跳鼠拖着长长的尾巴,像小袋鼠似地蹦蹦跳跳。从夏眠中苏醒的草原红沙蛇又开始捕食了。一些猫头鹰、沙狐、沙猫出现了,不知它们是从哪儿来的。身材匀称、长着黑尾巴的鹅喉羚羊,还有高鼻羚羊奔跑

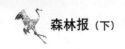

着。鸟儿们飞来了。

又像春天一样,沙漠不再是不毛之地:沙漠里有绿色,有生命。

我们继续在沙漠上旅行。

成百上千公顷的土地将被防护林带覆

盖。森林将保护田野不受沙漠的热风侵袭,还要战胜沙漠。

这里是世界屋脊

我们这里的帕米尔山很高,人们叫它世界屋脊。有的山峰超过7,000米高,直入云端。

我们这里经常是夏天和冬天同时存在:山下是夏天,山上是冬天。

但是现在秋天来了。冬天开始从山顶,从云端向下蔓延,把生命从上往下挤。

夏天时住在寒冷的、人迹罕至的悬崖上的山羊,最先动身了;在那里它们没东西吃了:植物被雪覆盖,冻死了。

山上的绵羊也开始离开自己的牧场,下山来。

夏天,在高山草场上有许多肥硕的旱獭,现在它们都消失了。它们钻到了地底下。它们储存了许多过冬的食物,身上积累了厚厚的脂肪。它们躲在地洞里,并用厚实的草塞子堵住了地洞入口。

公鹿、母鹿,都沿着山坡下来了。野猪在胡桃林、黄连木林和杏林里觅食。

山下的河谷、深谷里,突然出现了夏天时你在这里从未见过的鸟类:角百灵、烟灰色的鸦鸟、红尾鸲、神秘的蓝鸟——山鹩。

现在,还有成群的鸟儿从遥远的北方飞到我们这里来了,我们这里很温暖,有各种各样的食物。

我们这里,现在山下经常下雨。随着一次次的阴雨天,冬天一步步临近;山上已经下雪了。

田野里正在采棉花,花园里正在采各种各样的水果;山坡上正在采胡桃。

而山口已经被厚厚的雪堵住了,无法通行。

这里是乌克兰草原

许多活泼的小球,在可爱的、平坦的、被太阳晒枯的草原上奔跑、跳

第七期 候鸟离乡月

跃。它们冲人飞过来,把人缠住,扑到人脚上,但是一点也不疼:它们分量很轻。这根本不是什么小球,而是一团团干草和枯茎,它们的草尖和茎梢向四外翘着。它们迅速移动着,越过了所有草丘和石头,消失在山丘后面。

这是风把一丛丛成熟了的风滚草连根拔了出来,推着它们满草原地跑,像车轮在滚动,而它们也就趁这个机会,一路播撒种子。

旱风很快就要不能在草原上游荡了。苏联人民建立的森林带已经站起来保护田地。它们保护我们的收成不会干旱。从以列宁命名的伏尔加河—顿河运河,引来了灌溉渠。

我们这里现在正适合打猎。各种各样的沼泽野禽和水禽——有本地的也有路过的——大批地聚集在草原湖泊里的芦苇丛中。在小河谷里,在没有割过草的地方,大批地聚集着肥胖的小鹌鹑。草原上有许多兔子——全是大型的棕灰兔,我们这里没有白兔。狐狸和狼也非常多!随你想用枪打还是用猎犬追!

在城里的集市上,西瓜、香瓜、苹果、梨、李子,都堆得像山一样。

你们听!你们听!这里是太平洋

我们穿过北冰洋的冰原,通过亚洲和美洲之间的海峡,来到太平洋。在白令海峡和鄂霍次克海,我们开始经常遇到鲸。

在世界上竟有这样惊人的动物!它的个头,它的重量,它的力量,都是那样巨大。

我们遇见了一头鲸,长须鲸,或者叫鳁鲸,它被拖到一艘大轮船——捕鲸船——的甲板上。它的长度有21米:可以头尾相接地排下6只大象!它的嘴里可以连同划桨人放下一整艘船。

它的心脏有148千克重:相当于两个成年人的体重。它的总重量有55,000千克——55吨!

如果做一架巨大的天平,把它放在天平的一端,为了使天平平衡,在天平的另一端放上1,000个人还不一定够。要知道这只鲸还不是最大的:蓝鲸的体长能达到33米,重量超过200吨⋯⋯

它们的力气很大,有时,鲸被带绳子的鱼叉叉住,能把捕鲸船拖上一天一夜,更糟糕的是,如果它潜入水里,会把捕鲸船也拖进水里。

过去这样的事情时有发生⋯⋯现在已经改观了。我们很难相信,趴在我们面前的这个庞然大物——力大无穷的一座肉山,差不多瞬间就被我们的捕鲸人杀死了。

不久以前,人们还从小船上投鱼叉捕鲸。水手站在船头,用手将鱼叉投向鲸。后来,捕鲸人在轮船上安装特别的炮,通过从炮里发射鱼叉来捕鲸。这只鲸就是被鱼叉击中的,不过杀死它的不是钢铁,而是电流:在鱼叉上有两根电线,电线同船上的直流发电机相连。在鱼叉刺入鲸那巨大身体的一瞬间,两根电线就形成了通路——于是鲸就被强大的电流击中了。

这个大家伙抖动了一下身体——过了几分钟就死了。

我们在白令岛附近看见了海狗,在铜岛附近看见了大海獭,它们正在和自己的孩子们玩。这些动物供给我们非常珍贵的毛皮。从前,它们差不多被日本人和俄国沙皇杀光了,后来由于受到苏联政府严格的法律保护,现在,它们在我们这儿的数量迅速增加。

在勘察加半岛的岸边,我们看见了海狮。

但是,在我们见过了鲸之后,所有这些动物,我们就都觉得小了。

现在是秋天,鲸离开我们到热带温暖的水里去了。它们在那里生小鲸。明年,鲸妈妈将会带着自己的小鲸,来到我们这里,来到太平洋和北冰洋,小鲸的个头比两头母牛还大。

我们这里不捕小鲸。

我们的来自我国各地的无线电通讯到这里就结束了。

我们下一次的播出时间是在12月22日。

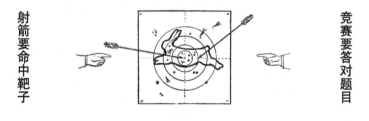

打靶场

第七次竞赛

1. 秋天从哪天(按日历)开始?
2. 秋天落叶的时候哪种野兽还生孩子?
3. 秋天哪些树的叶子会变红?
4. 是不是我们这里所有的候鸟都在秋天时飞往南方?
5. 为什么成年驼鹿被称作"犁角兽"?

第七期 候鸟离乡月

6. 在森林里和草场上,集体农庄庄员们把干草垛围起来是为了防备哪些野兽?

7. 哪些鸟在春天嘟囔着:"我要买件大褂,我要卖掉皮袄",而在秋天嘟囔着:"我要卖掉大褂,我要买件皮袄"?

8. 这里画着两种不同的鸟类印在泥地上的脚印。其中一种鸟是生活在树上的,另一种是生活在地上的。怎样通过脚印得知哪种鸟生活在哪里?

9. 怎样开枪打鸟比较可靠——"迎头痛击"(也就是当鸟儿径直飞向射手的时候)还是"随后追击"(也就是当鸟儿躲避射手飞走的时候)?

10. 如果乌鸦在森林里某个地方的上空一边呱呱叫一边盘旋,这说明什么?

11. 为什么好猎人从不射杀琴鸡妈妈和松鸡妈妈?

12. 右边画的是哪种野兽的前脚骨骼?

13. 秋天蝴蝶都到哪里去了?

14. 日落以后,猎人侦查野鸭的时候,他的脸朝向哪里?

15. 什么时候人们说鸟儿:"飞到海那边找死去了"?

16. 我会出谜语,我会向外看,今年种下去,明年钻出来。(谜语)

17. 小马跑得快,出发到海外,脊背像黑貂,肚皮白皑皑。(谜语)

18. 不动的时候变绿,飞行的时候变黄,落下的时候变黑。(谜语)

19. 又长又细,陷在草里。(谜语)

20. 有个灰东西,牙齿真厉害,小牛和小孩,寻之在野外。(谜语)

21. 小小坏东西,身穿灰衣袍,田里四处跳,专把食物挑。(谜语)

22. 松林里,开阔处,站着一个小老头,带着一顶小棕帽。(谜语)

23. 带皮人人嫌,去皮人人爱。(谜语)

24. 自己不拿,也不给乌鸦。(谜语)

公告栏

快来照看无家可归的小兔子

现在在森林里和田野里,还能徒手抓到小兔子,它们的腿还很短,跑得还不是很快。请喂它们牛奶吃,外加新鲜的白菜叶子及其他蔬菜。

提 醒!

由你照看的长耳朵的小家伙不会让你无聊的:所有的兔子都是著名的鼓手。白天小兔子安安静静地待在自己的箱子里,而夜里就像擂鼓似的用爪子敲墙壁,你一下子就会被吵醒!兔子可真是个夜游神啊。

在河岸、湖岸、海岸上建造小棚子吧

在朝霞和晚霞中,你可以钻进小棚子里,安静地坐着。在候鸟南飞的时候,你躲在小棚子里,能看见许多有趣的事物:野鸭从水里爬出来,伏在岸上,离你很近,你都能看清它身上的每一根羽毛。鹬鸟兜圈子,潜鸟潜水,在附近游来游去;鹭鸟飞来,落在旁边。你还能看见那些在我们这里夏天时不会出现的鸟。

捕鸟者请到森林和果园里去!

把准备好的捕鸟器挂到树上去吧!把场地扫干净,在那里安置捕鸟套和捕鸟网吧。现在正是捕捉鸣禽的时候。

第七期 候鸟离乡月

"锐目"称号比赛

第六次测验题

"谁曾到过这里?"

农村里的池塘,这里并没有养家鸭。那么夜里有没有野鸭趁人们睡觉的时候到这里来呢?如何得知?(图1)

图1

图2　图3

森林中两棵杨树被不同的动物啃过。是什么动物?谁曾到过这里?(图2、图3)

图4

林中道路的水洼边,留下了一些小十字、小点子。这是谁留下的?(图4)

这里有谁吃掉了一只刺猬,从腹部吃起,只剩下一张皮被抛在一边。这是谁干的?(图5)

森林报

第八期　粮食储备月（秋天的第二个月）　　10月21日至11月20日　太阳进入天蝎星座

一年——分为12个月的太阳诗篇

　　10月是落叶、泥泞、霜冻的月份。

　　风从森林里的树木上扯下最后一批破破烂烂的叶子。阴雨连绵。一只湿淋淋的乌鸦待在篱笆上，显得很寂寞。它很快也要上路了：夏天时待在我们这里的灰乌鸦要悄悄地迁移去南方了，而也会有一批生在北方的乌鸦悄悄地搬来它们现在居住的地方。可见，乌鸦也是候鸟。在那遥远的北方，乌鸦就像我们这里的白嘴鸦一样，是最先飞来、最后飞走的。

　　在完成了第一项任务——给森林脱衣服——之后，秋天开始进行第二项任务：把水渐渐变凉。早晨，水洼越来越经常地被覆盖上一层松脆的冰。和空中一样，水里的生命也越来越少。那些夏天时在水面上引人注目的花，早已把自己的种子丢到水下，把自己那长长的花茎在水下缩紧。鱼儿们游到深坑里，在水不结冰的地方过冬。

　　陆地上有些动物的血变得更冷了。昆虫、老鼠、蜘蛛、蜈蚣躲起来了。蛇钻进干燥的坑里，盘起来，一动不动。青蛙钻进淤泥里，蜥蜴躲进树桩那脱落的树皮下，它们就在那里待着了……野兽们——有的换上温暖的毛皮，有的给自己洞穴里的仓库装满食物，有的给自己找好住处。所有人都在作准备……

　　在秋季的阴雨天里，户外会有七种情形：播撒种子、冷风落叶、暴风毁物、道路泥泞、狂风呼号、大雨倾盆、疾风扫叶。

森林大事记

准备过冬

天气还不太冷,不过可不能麻痹大意啊:土地和水面很快就会被冰封冻起来。到时候上哪儿去找食物呢?哪儿能藏身呢?

森林里每只动物都在按自己的方式准备过冬。

不留下的,飞到别的地方去躲避饥饿和寒冷。留下的,匆匆忙忙地给仓库装满食物,做好储备。

短尾田鼠搬运食物特别起劲儿。许多田鼠就直接在草垛里或粮垛下给自己挖掘过冬的洞,而且每天晚上偷粮食。

洞里有五六条通道,每条通道都与入口相连。地底下还有一个卧室和几个仓库。

冬天,田鼠要到最冷的时候才冬眠。因此它们储存了许多粮食。在一些洞里甚至有四五千克精选出来的谷粒。

这些小啮齿动物专门偷庄稼地,得防备它们损害收成。

年幼的过冬者

乔木和多年生草本植物都在准备过冬。而一年生草本植物已经播下了自己的种子。但并不是所有的一年生草本植物都以种子的形式过冬。有些已经长出了芽。许多一年生的杂草在翻整过的菜园里长起来了。在光秃秃的阴沉的土地上,能看见荠菜那一簇簇顶端微凹的小叶子、长得像荨麻的毛茸茸的紫红色野芝麻的小叶子、小巧玲珑的甘菊、三色堇、遏蓝菜,当然,还有纠缠不休的鹅肠草。

所有这些植物都打算在雪下过冬,活到明年秋天。

巴甫洛娃

谁来得及做什么

一棵多枝杈的椴树,在雪地上很显眼,像一个棕红色的斑点。这棕

第八期　粮食储备月

红色不是树上的叶子，而是紧贴在坚果上的那些小果舌和小果翅。椴树的大大小小的树枝上都长满了这种有果翅的小坚果。

但是被装饰起来的不只是椴树。这是高高的枱树。它顶上挂着多少干果啊！那些干果又细又长，像豆荚一样，一簇簇密密麻麻地挂着。

但是，别忘了，最漂亮的是花楸树：它上面到现在还保留着一串串红艳艳、沉甸甸的浆果。伏牛花的灌木丛上也能看见浆果。

卫矛上满是它漂亮奇异的果实，简直像带黄色雄蕊的粉红色花朵。

还有许多树没来得及在冬天到来之前安排好它们的后代。

桦树的树枝上，这一簇，那一簇，还看得见干燥的穗状花序，里面藏着有果翅的小坚果。赤杨的黑色球果还没掉光。不过桦树和赤杨都已经为春天准备好了穗状花序。春天一到，这些穗状花序只要把身子伸直，把鳞片打开，就开花了。

榛子树也有穗状花序——粗粗的、灰里透红的穗状花序，每根小树枝上长着两对。而榛子树上早就没有榛子了。榛子树已经做完了所有的事情：既告别了自己的后代，也为春天作好了准备。

巴甫洛娃

贮藏蔬菜

短耳朵的水老鼠，夏天住在郊外的小河边。在那里的地下，有一个供它居住的房间。从房间有一个斜着向下的通道——直接与水相连。

现在，水老鼠在离水比较远的、有许多草丘的草场上，为自己安排了一个又舒适又温暖的过冬住宅。有好几条上百步上甚至更长的走廊通向这个住宅。

卧室里铺上了松软温暖的草，就安置在一个大草丘的地下。

仓库与卧室之间有特别通道相连。

仓库里井井有条——水老鼠从田野里、菜园里偷来、拖来的谷粒、豌豆、葱头、大豆和土豆，被分门别类地放好。

松鼠的晾晒场

松鼠在树上有几个圆形的窝，它把其中一个作为仓库，把从森林里采集来的榛子和松果放在仓库里。

另外,松鼠还采摘了一些蘑菇——油蘑和桦蘑。松鼠把它们串在折断了的树枝上晾干。到了冬天,它将在树枝上爬来爬去,用这些晾干了的蘑菇来补充体力。

活的仓库

姬蜂为自己的幼虫找到一间令人惊讶的仓库。它有一对飞得很快的翅膀,在向上卷曲的触角底下,是一双敏锐的眼睛。它的腰很细,把它的身体分成胸和腹两部分,在腹部底端是一根长长的,又细又直的尾针。

夏天的时候姬蜂找到一只又肥又大的蛾子幼虫,姬蜂扑到它身上,用尾针在它身上刺一个小洞,并在这个小洞里产下自己的卵。

姬蜂飞走了,蛾子幼虫很快从恐惧中恢复了常态。它又开始吃树叶,到了秋天,它结了茧,变成了蛹。

这时,在蛹里,姬蜂的幼虫也从卵里钻出来了。在蛹里,它很暖和,也很安详,这个蛹够它吃一整年的。

第二年夏天到来的时候,蛹裂开了,不过从里面飞出来的不是蛾子,而是一只精壮的、身上有黑黄红三色的姬蜂。姬蜂是我们的朋友,它为我们消灭有害的蛾子幼虫。

自己就是自己的仓库

许多野兽并不为自己专门安排仓库。它们自己就是自己的仓库。

很简单,它们在秋天的那几个月里大吃大喝,变得肥嘟嘟、圆滚滚——储备都在这儿了。

脂肪就是储备的养分。它在皮下积累了厚厚的一层,什么时候野兽没有吃的了,脂肪就进入血液,像养分穿过肠壁一样。然后血液再把养分输送到全身。

熊、獾、蝙蝠及所有其他大大小小在整个冬天里沉睡的野兽都是这样过活的。它们尽可能地填饱肚皮,然后倒头大睡。

脂肪还能使它们暖和,起到御寒作用。

贼 偷 贼

森林里的长耳鸮是多么狡猾和爱偷东西啊,可是居然还有小偷把它

第八期 粮食储备月

给偷了。

长耳鸮长得跟雕鸮很像,只不过个儿比较小,嘴巴是钩形的,头上的羽毛竖着,眼睛又大又圆。不管夜里多暗,它的眼睛什么都能看,耳朵什么都能听到。

老鼠在干枯的叶子里刚一沙沙作响,长耳鸮已经到了。嗖的一声,老鼠已经被抓到了空中。

小兔在林中空地上穿过——长耳鸮已经在它头上。嗖的一声!小兔已经在这个夜行大盗的脚爪中挣扎了。

长耳鸮把被击毙的老鼠拖回自己的树洞里。它自己不吃,也不给别人吃:它要留着在冬天找不到食物的时候吃。

白天长耳鸮待在树洞里,看守着自己的储备。夜里飞出去捕猎。它时不时地还飞回树洞看看:是不是所有东西都在呢?

突然,长耳鸮感觉:好像东西少了。它是个敏锐的主人:虽然不会数数——可是它会用眼睛估算。

夜晚来临了,长耳鸮饿了,它飞去觅食。

长耳鸮回来的时候发现:一只老鼠没了!它发现树洞底部有一只灰色的小兽,有老鼠那么大,在一动一动。

长耳鸮想用脚爪抓住这只小兽,但它穿过下面的一条裂缝,跑到了地上。它嘴里还叼着一只小老鼠。

长耳鸮跟在它身后,差点就要追上它了,可是当长耳鸮看清小偷的样子的时候,就害怕了,不敢再追了。原来是一只凶恶的小野兽——银鼠。

银鼠专靠抢劫为生,它虽然个儿小,但是既勇敢又灵活,连长耳鸮也敢斗。要是长耳鸮被它一口咬住胸脯,就休想挣脱。

夏天又来了吗?

天冷的时候,寒风刺骨,一会儿太阳出来了,天气又变得温暖晴朗,让人还以为夏天又不可思议地回来了呢。

黄色的蒲公英和报春花,从草丛里探出了头。蝴蝶在空中飞舞,蚊子成群结队地在空中盘旋,像几根轻飘飘的柱子。不知从哪儿跳出来一只敏捷的䳭䳭,它摇动着尾巴唱起了歌——唱得那么热烈,那么响亮!

柳莺来晚了,它在高大的云杉上轻声幽怨地唱着,好像雨点打在水

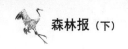

面上:"巧,轻,卡!巧,轻,卡!"你几乎会忘记,冬天很快就要来了。

受 惊

池塘连同它里面的居民都被封在冰下面了。可是突然,冰又化开了。集体农庄庄员们决定把池塘底部稍微清理一下。他们从池塘底部挖出几堆淤泥,然后就离开了。

太阳肆无忌惮地照耀着。泥堆散发着水蒸气。突然淤泥动起来了:有一小团淤泥离开了泥堆,在那里滚动着。怎么回事儿?

这一小团淤泥伸出一条小尾巴,在地上不停抖动——啪的一声跳回池塘的水里里去了!在它后面跟着第二团,第三团。

而另一些小泥团伸出了小腿,从池塘边跳开了。真是太奇怪了!

不,这不是泥团,而是浑身沾满淤泥的有生命的小鲫鱼和小青蛙。

它们本来钻到了池塘底部过冬,但是被集体农庄庄员们连同淤泥一起挖了出来。太阳晒热了泥堆——鲫鱼和青蛙也醒过来了。它们一醒过来就跳跃起来:鲫鱼跳回池塘里,而青蛙给自己找了一个比较安静的地方,免得再被人给迷迷糊糊地挖起来。

这不,几十只青蛙,像商量好了似的,全都跳向一个方向:在打谷场和路的那一边还有一个池塘,比这个池塘大一些,深一些。它们跳到了路上。

但是,太阳的爱抚在秋天的时候是不可靠的。

一片阴沉的乌云遮住了太阳。从乌云下面吹出了寒冷的北风。赤身裸体的小旅行者们冷得要命。一只小青蛙用尽全身力气跳了几下,就四脚朝天躺在了地上。它的腿麻痹了,它的血液凝固了,一下子就冻死了。

青蛙们再也跳不动了。

所有的青蛙都冻死了。

所有的青蛙,头都朝着一个方向:那里,在路的那边,是另一个大池塘,那个池塘里有很多温暖的、能救命的淤泥。

红胸小鸟

夏天的时候,我在森林里走,听见有什么东西在茂密的草丛里奔跑。一开始我吓了一跳,然后我仔细地看了一下。我看见有一只小鸟迷失在草丛里:它个儿不大,身子是灰色的,胸脯是红色的。我把这只小鸟带

野鸭在湖面上飞,松鸡从林中探出头来。

小松鼠在准备冬天吃的蘑菇。

第八期　粮食储备月

回了家。这只小鸟让我很高兴，我感觉走路都轻飘飘的了。

在家里，我喂了点面包屑给它吃。它吃了点东西，就高兴起来了。我给它做了个笼子，抓昆虫给它吃。整个秋天它一直住在我这儿。

有一次我出去玩，笼子门没关好，我的小鸟被我家的猫吃掉了。

我很爱这只小鸟。我甚至都哭了，但是却什么办法也没有。

森林记者　奥斯丹宁

我抓住了一只松鼠

松鼠有一桩总是要操心的事：它夏天储存食物，这样冬天就有吃的了。我亲眼看见一只松鼠从云杉上摘下几只球果，并拖进了树洞里。我在这棵树上作了记号，然后我们把这棵树砍倒，把松鼠抓了出来，在树洞里发现了许多球果。我们把松鼠带回了家，把它养在笼子里。一个小男孩把手指伸进笼子，松鼠一下子就把他的手指咬穿了，好厉害的松鼠！我们给它摘了许多云杉的球果，它挺喜欢吃云杉的球果，不过最喜欢吃的还是坚果。

森林记者　斯米尔诺夫

我的小鸭子们

我的妈妈在一只雌火鸡的身下放了三只鸭蛋。

到了第四个星期，孵出了几只小火鸡和三只小鸭子。在它们长壮实以前，我们一直把它们养在温暖的地方。不过，有一天，雌火鸡带着孩子们第一次上外面去了。

我家附近有一条水沟。小鸭子们马上蹒跚着走进水沟，游了起来。雌火鸡跑过来，急得转来转去，咯咯地叫着。它看见小鸭子们安详地游来游去，根本不理它，放心了，带着小火鸡们离开了。

小鸭子们游了一会儿，觉得身上冷了。它们从水里上来，叫着，哆嗦着，却无处取暖。

我把它们放在手里，用手帕盖起来带回房间；它们立刻安静下来，就这样在我这儿住下了。

清晨，它们被从家里放出来——马上就跳进水里。如果觉得冷了，它们就会跑回家。它们飞不上台阶——它们的翅膀还没长硬——只是叫

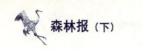

着。如果有谁把它们抓到台阶上，它们仨就一直跑到我的床边，伸长脖子，又叫起来。而我在睡觉，妈妈把它们抓到我的床上，它们就钻到我的毯子底下，和我一起睡觉。

快到秋天的时候，它们长大了，而我也要到城里上学去了。我的小鸭子们一直想念我，不停地叫。我在得知这件事以后，流了不少眼泪。

森林记者 维拉·米赫耶娃

星鸦之谜

我们的森林里有这样一种乌鸦，它比普通的灰乌鸦小，浑身都是斑点。它的名字叫星鸦。

它采集坚果，并把坚果放在树洞里和树根下，这是它为过冬所作的储备。

冬天，星鸦从一个地方迁移到另一个地方，从一片森林迁移到另一片森林，它就靠这些储备过活。

这些是它自己的储备吗？事实上，每只星鸦所使用的都不是它自己所作的储备，而是自己同类的储备。如果它迁移到了一片它从没到过的密林，它马上就开始寻找别人的储备。它窥探所有的树洞——并在那里找到坚果。

树洞里的坚果还好找。那么，其他星鸦藏在乔木和灌木根下的坚果，星鸦在冬天是如何找到的呢？要知道大地都被雪覆盖着啊！星鸦飞到一株灌木旁，掘开灌木下的雪——它总能准确无误地找到别人的储备。周围生长着几千株灌木和乔木，它怎么就知道在这棵灌木下有坚果呢？有什么记号吗？

个中奥妙我们还不得而知。

应该想出一些巧妙的办法，弄明白是什么东西指引着星鸦，令它在一片茫茫白雪之下，找到别人的储备。

恐 惧……

树上的叶子掉光了，森林稀疏起来。

森林里的一只小兔趴在一株灌木下，身体紧贴地面，只有两只眼睛在东张西望。它很恐惧。周围总是有沙沙声……是鸫在树枝间扑动翅膀吗？是狐狸的脚爪在踩落叶吗？这只小兔正在变白，浑身都是斑点，就等

第八期　粮食储备月

着下头一场雪了！四周是那样明亮，森林里开始变得五彩缤纷，地上到处都是黄色、红色、褐色的叶子。

要是突然有猎人出现怎么办？

跳起来逃跑？往哪儿跑呢？枯叶像铁片一样在脚下哗啦哗啦地响。听着自己的脚步声都能发疯！

小兔趴在灌木下，把身体缩进苔藓里，紧贴着一个桦树桩，它趴着，潜伏着，一动不动——只是用眼睛东张西望。

它非常恐惧……

女巫的扫帚

现在，树木都是光秃秃的，在树上你能看见夏天时看不见的东西。瞧，远处是桦树，树上好像布满了白嘴鸦的窝似的。而你走近一看，根本不是鸟窝，而是一团团黑色的细树枝，它们向不同方向生长着，这就是"女巫的扫帚"。

你们回忆一下随便哪个关于巫婆或女巫的传说吧。巫婆坐着臼在空中飞行，用扫帚清除自己的痕迹。女巫也是骑着扫帚从烟囱飞出来。无论是巫婆还是女巫都离不开扫帚。于是她们对不同的树木施以魔法，使那些树的粗树枝上，长出一团团难看的、像扫帚一样的细树枝。人们总是讲这样的故事来使别人信服。

那么有没有科学的说法呢？

实际上，这几团细树枝是从粗树枝上的树疤里长出来的，而树上的树疤是一种特殊的扁虱或特殊的真菌造成的。榛子树上的扁虱又小又轻，风可以很轻松地把它吹到森林里的任何地方。扁虱落到一根粗树枝上，钻进一个幼芽里，并在幼芽里住下来。这个幼芽会生长，它其实是一根长着胚叶的茎。扁虱并不伤害胚叶，它只是吸食幼芽的汁液。不过由于它的叮咬和分泌物，幼芽生病了。当幼芽开始发育的时候，嫩枝的生长速度十分神奇：是其他部分生长速度的六倍。

病芽发育成短短的嫩枝，嫩枝又立刻伸出旁枝。扁虱的孩子们又爬上旁枝，使旁枝又生出旁枝。就这样不断分枝又分枝。于是在原来只有一个芽的地方，长出一把杂乱丑陋的"女巫的扫帚"。

当芽里掉进了一个寄生真菌的孢子，在芽里开始生长的时候，也会发生同样的事情。

桦树、赤杨、山毛榉、千金榆、枫树、松树、云杉、冷杉及其他乔

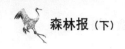

木和灌木上，都可能出现"女巫的扫帚"。

有生命的纪念碑

植树活动正进行得如火如荼。

在这项欢乐而有益的事业中，孩子们也不输给大人们。他们注意不伤害树根，把休眠中的小树挖出来，并把它们移植到新的地方。春天，小树醒来，就若无其事地开始生长，给人们带来喜悦和益处。每一个栽种过和照料过哪怕一棵小树的孩子，都是在生命里给自己竖立了一座奇妙的绿色纪念碑，一座有生命的纪念碑。

孩子们的主意很好——他们在花园里和校园里密密麻麻地种植了许多灌木和乔木，组成了一道有生命的篱笆。这些灌木和乔木不仅能防灰、防雪，还能引来许多小鸟：它们在这里能给自己找到理想的藏身之处。夏天时，绿黄鸟、朱顶雀、黄莺和我们其他亲密的鸣禽朋友，会在这道篱笆上筑巢，孵化雏鸟，并将警惕地保护花园和菜园，使花园和菜园不受有害的毛虫和其他昆虫的侵犯。它们还将用动听快乐的歌声带给我们快乐。

在克里木有一种有趣的灌木，叫列娃。有些少年自然科学家夏天时去过克里木，从那儿带回了列娃的种子。这些种子春天时会长成非常好的有生命的篱笆。在这种篱笆上得挂个牌子：禁止触碰！这种篱笆战斗性很强，不允许任何人穿过它那紧密的队形；列娃树会像刺猬一样扎人，像猫一样抓人，像荨麻一样灼人。我们拭目以待，看什么样的鸟儿会选择这个严格的看守作自己的保护人。

鸟儿们飞向过冬的地方（续完）

事出有因！

这似乎很简单：既然有翅膀，那就飞吧，只要选择好时间和目的地。这里开始变得寒冷，没有东西吃，那就飞到南方暖和一些的地方去。如果那里也变冷了，那就再往远处飞。总会找到一个气候适宜、食物丰富的地方来过冬的。

其实没这么简单：不知道为什么，我们这儿的朱雀要飞到印度去，而西伯利亚燕隼，经过印度和几十个适合过冬的炎热国家，要飞到澳大利亚去。

这样看来，驱使我们的候鸟越过高山，越过海洋，飞到遥远国度的

第八期　粮食储备月

原因,并不是饥饿和寒冷这么简单,而是鸟类身上一种与生俱来的,无法抵挡与克制的感觉。但是……

众所周知,在远古时候,我国大部分地区曾经遭受过冰川的侵袭。海水携带着沉重的、死气沉沉的冰川,势不可挡地淹没了我们这里的大片平原。过了几百年,海水慢慢地退去,然后又卷土重来,海水所到之处,那里的所有动物也都无法幸免于难。

翅膀拯救了鸟类。第一批飞走的鸟,占据了海岸旁边的土地,接下来几批一批比一批飞得远,好像是玩跳背游戏。等到海水退去的时候,被迫离巢的鸟儿们又飞回自己的故乡。先是第一批飞得不远的,然后是接下来几批:跳背游戏按相反顺序进行。这个跳背游戏进行得非常缓慢,要持续几千年!在这巨大的时间间隔里,鸟类完全可以形成这样一个习惯:秋天,寒冷来临,它们告别自己的鸟巢,然后到了春天,阳光充足,再回来。这个习惯成为了鸟类的本能,并保留了下来。有一个现象可以支持这个设想:在地球上没出现过冰川的地方,几乎没有大规模的鸟类迁徙。

其他原因

但是鸟儿们在秋天不仅飞向南方温暖的地方,还有一些飞往其他方向,甚至是飞向北方最寒冷的地方。

有一些鸟类,它们离开我们这里,只是因为大地被积雪覆盖,水面被坚冰封冻,它们没有东西吃。只要地上一出现雪化的地方,我们的白嘴鸦、椋鸟、云雀就回来了!只有河流和湖泊一开始解冻,鸥鸟、野鸭就回来了!

绒鸭无论如何也不能留在坎达拉克沙自然保护区,因为白海在冬天会被厚厚的冰封住。它们不得不再往北飞:那里有墨西哥湾暖流经过,整个冬天海水都不会结冰。

如果在冬天,从莫斯科一直向南,到乌克兰,很快就会看见白嘴鸦、云雀、椋鸟。我们通常认为,山雀、灰雀、黄雀是留鸟,白嘴鸦、云雀、椋鸟只是比它们迁移得稍远些。许多留鸟也不总是呆在一个地方,它们也会迁移。只有城里的麻雀、寒鸦、鸽子以及森林里、田野里的野鸡,才全年居住在一个地方,而其他鸟类都会或远或近地迁移。那怎么判断:哪种鸟是真正的候鸟,哪种鸟只是在迁移?

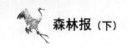

比方说朱雀,你就不能说它只是在迁移,黄鹂也是一样:朱雀飞去印度过冬,黄鹂飞去非洲过冬。它们成为候鸟的原因,似乎跟大部分鸟类不一样;不是因为冰川的侵袭和退却。这里似乎有别的原因。

你看看雌朱雀,长得很像一只普通的麻雀,但它的头和胸脯特别红。黄鹂更令人惊讶:浑身上下是纯金的颜色,只有两只翅膀是黑色的。你会不由自主地想:"它们的服装好华丽啊!……它们在我们北方是异乡客吧,会不会是从遥远的炎热国家来的客人呢?"

这么想很有道理!黄鹂是典型的非洲鸟;朱雀是典型的印度鸟。以前的情况可能是这样的:这些鸟数量太多了,于是年轻的鸟不得不去寻找新的地方来居住和孵化雏鸟。它们开始向北移动,那里没有这么多的鸟,那里的夏天也不寒冷,就算是新出生的光秃秃的雏鸟也不会着凉。等到天气寒冷,没有东西吃的时候,它们再飞回故乡;那里这时已经孵出了雏鸟,大家成群结队,和睦相处,是不会驱赶同类的!到了春天,再飞去北方。就这样来来回回地过了几千年!……

它们就这样变成了候鸟:黄鹂向北飞,穿越地中海,到达欧洲;朱雀从印度向北飞,穿越大西洋和西伯利亚,然后再向西飞,穿越乌拉尔山飞向更远的地方。

还有一种想法,认为它们之所以变成候鸟,是因为它们开辟了新的筑巢地点,比如朱雀,可以说,最近几十年里,我们眼看着它们越来越往西迁移,一直迁移到了波罗的海沿岸。而它们到了冬天还是和以前一样飞回自己的印度老家。

这些关于候鸟的产生过程的猜测能为我们解释一些东西,但是在关于候鸟的问题里,还有许多未解之谜。

一只小杜鹃的简短历史

我们这儿,列宁格勒附近,泽列诺格尔斯克的一个花园里,有一个红胸知更鸟的家庭,这只小杜鹃就出生在这个家庭里。

你们不必问,它是怎么独自出现在老云杉树根旁的这个舒适的巢里的。也不必问,它给养育它的知更鸟带来了多少麻烦、牵挂和不安。两只知更鸟把这个贪吃鬼喂大了,它的个头有知更鸟的三倍大。有一天,花园的主人来到知更鸟的巢边,把已经长好羽毛的小杜鹃从巢里拿出来,仔细看看又放回巢里,差点没把两只知更鸟吓死。花园的主人发现,在小杜鹃的左翅膀上有一个白色羽毛构成的斑点。

第八期　粮食储备月

不管怎样，两只知更鸟还是把小杜鹃喂大了。但是小杜鹃从巢里飞走之后，一看见它们，还是张开红中透黄的大嘴，嘶哑地叫着要东西吃。

10月初，花园里大部分的树木都成了空架子，只有一棵橡树和两棵老枫树，还没抛下自己鲜艳的叶子。森林里的成年杜鹃在一个月以前就从我们的森林里消失了，小杜鹃也不见了。

这一年的冬天，小杜鹃和我们这里的其他杜鹃一样，是在南非度过的。杜鹃出生在南非，夏天时飞来我们这里。

而今年夏天，也就是不久以前，花园的主人在一棵老云杉上看见了一只雌杜鹃。他恐怕它会破坏知更鸟的巢，就用气枪把它打死了。

在杜鹃的左翅膀上有一个白色的斑点。

我们试着解谜，而奥秘依然是奥秘

关于候鸟的产生过程的猜测可能有道理，但是如何解释下面两个问题呢：

第一，候鸟的飞行路线有几千千米，它们怎么认路呢？

以前我们认为，秋天，在每群飞走的候鸟里，至少有一只老鸟，它能带领所有年轻的鸟，沿着它所熟悉的路线，从筑巢的地方飞往过冬的地方。现在已经得到证实，在有些鸟群里，全都是今年夏天在我们这儿刚刚破壳而出的年轻的鸟，鸟群里一只老鸟也没有。有一些种类的鸟，年轻的鸟比年老的鸟先飞走，而另一些种类的鸟，年老的鸟比年轻的鸟先飞走。但是不管怎样，年轻的鸟都能在预计的时间内，准确无误地到达过冬的地方。

令人惊讶的是，就算是老鸟，脑子也只有一丁点大，居然能放下几千千米远的飞行路线，而且，两三个月前才来到这个世界上，什么都没见过的雏鸟，是怎么独立地得知飞行路线的呢？真是难以置信。

比方说我们泽列诺格尔斯克的那只小杜鹃吧。它是怎么找到杜鹃在南非的过冬地点的？所有的老杜鹃，几乎都比它早飞走一个月，没有谁能告诉它飞行路线。杜鹃是一种独来独往的鸟，从不集结成群，即使在迁徙过程中。小杜鹃是被知更鸟抚养长大的，而知更鸟的过冬地点是高加索。我们北方的杜鹃，世世代代都在南非过冬，我们的小杜鹃是怎么到达南非，然后又飞回自己出生、知更鸟把它养大的那个巢的呢？

第二，年轻的鸟怎么知道它们要飞去哪儿过冬？

亲爱的《森林报》的读者们，你们得好好想想关于候鸟的奥秘，说不定这个奥秘还得留给你们的孩子们去解答!

要解答这些问题,就得首先放弃像"本能"这种难懂的词,得想出几千种巧妙的方法,来搞清楚,鸟类的脑子和人类的大脑究竟有什么不一样。

我们给风打分

7分,狂风,风速13~5米/秒,47~54千米/小时。

8分,超狂风,风速16~18米/秒,57~64千米/小时。

9分,暴风,风速19~21米/秒,68~75千米/小时。

10分,强暴风,风速22~25米/秒,79~90千米/小时。

11分,烈暴风,风速26~29米/秒,94~104千米/小时(信鸽的飞行速度)。

12分,飓风,风速30米/秒以上(隼的飞行速度)。

我们非常幸运,烈暴风和飓风在我们这儿极为罕见,几年也出现不了一次。

集体农庄历

拖拉机停止了轰鸣。集体农庄里,给亚麻分类的工作即将结束,最后几批载着亚麻的卡车驶向火车站。

集体农庄庄员们开始考虑新收成的事情。育种站为全国的集体农庄专门培育了最新最好的黑麦和小麦品种。田里的工作少了,家里的工作多了。集体农庄庄员们现在把全部的注意力都放在家畜上了。

集体农庄的牛羊被赶进了畜栏,马被赶进了马厩。

田野空了。一群群灰松鸡来到离人的住所比较近的地方。它们在打谷场旁边过夜,甚至还飞进了村庄。

捕猎松鸡的时期结束了。有枪的集体农庄庄员们现在开始打兔子了。

第八期 粮食储备月

集体农庄新闻
巴甫洛娃报道

昨 天

在胜利集体农庄的禽舍里点起了电灯。白天变短了,集体农庄庄员们决定在夜晚给禽舍照明,这样母鸡们就能多走路,多进食。

母鸡们很兴奋。电灯一亮,它们马上就开始在炉灰里打滚。一只最不安分的公鸡歪着脑袋,用左眼看看电灯,说:

"咯,咯!哎,你要是再低点,我就用嘴啄你!"

既营养,又美味

干草末对于任何饲料都是最好的调味料,她是用最高级的干草制成的。

还在吃奶的小猪,如果你们想快点长成大猪,就吃干草末吧!下蛋的母鸡,如果你们想每天都咯咯哒、咯咯哒地炫耀你们新下的蛋,就吃干草末吧!

来自新生活集体农庄的报道

园艺队忙着处理苹果树。需要对它们进行清理,还要给它们穿上衣服。它们身上,除了灰绿色的胸针——苔藓之外,什么也没有。集体农庄庄员们把这些配饰从它们身上取下来:这些配饰里藏着有害的昆虫。树干和下面的树枝被涂上了石灰,这样它们就不会生虫,也能不被太阳灼伤,不受严寒侵袭。现在,身着雪白服装的苹果树非常漂亮。难怪园艺队队长开玩笑地说:

"我们在节前这样打扮苹果树是有原因的。我要带着这些美女去游行。"

适合百岁老人采的蘑菇

在黎明集体农庄住着一位百岁老婆婆,她叫阿古丽娜。我们的一名记者去拜访她,但是她没在家。阿古丽娜老婆婆采蘑菇去了。她回来的时候,带着满满一口袋蜜环菌。她说:

"那些单独生长、不愿被人看见的蘑菇,我已经找不到了;我的眼睛不行了。而这些,一长就是几百个长在一起。我很喜欢这种叫蜜环菌的

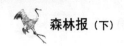

蘑菇。它们还有个特点，喜欢往树桩上爬，这样它们就更显眼了。真是最适合老婆婆采的蘑菇！"

临冬播种

在劳动者集体农庄，种植蔬菜的工作队正在田垄上播种莴苣、洋葱、胡萝卜和香芹。种子撒在冰冷的土里，按工作队队长的孙女的说法，它们对这件事很不满。她试图使我们相信，她听见种子们在大声抱怨：

"不管你们播不播种，在这么冷的地方，我们就不发芽。你们爱发芽就自己发去吧！"

可是，工作队之所以这么晚才播下这些种子，正是因为它们在秋天已经不能发芽了。

不过在春天，它们将会非常早地发芽，也会非常早地成熟。这样非常好，能早点得到莴苣、洋葱、胡萝卜和香芹。

集体农庄里的园艺周

各地都开始了园艺周。树木培育场里准备了大量的树苗。在俄罗斯联邦的集体农庄里开辟了许多新的花园和新的浆果园，面积有数千公顷。几百万棵苹果树、梨树及其他果树，将栽种在集体农庄庄员、工人和职员住宅旁的地块里。

列宁格勒塔斯社

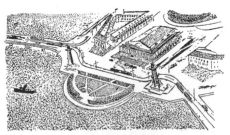

城市新闻

在动物园里

鸟兽们从露天的夏季住所，搬进了冬季住宅。它们的笼子里有暖气，很暖和。因此没有一只野兽打算进行漫长的冬眠。

第八期　粮食储备月

动物园里的鸟儿们没有从笼子里飞出来，它们在一天之内，就被人们从寒冷的地方搬到炎热的地方去了。

没有螺旋桨

这几天在城市上空飞着一些奇怪的小飞机。

行人们在路中间停下，抬起头，惊讶地看着这些飞行中队慢慢地绕圈子。他们互相询问着：

"您看见了吗？……""看见了，看见了。""真奇怪：为什么听不见螺旋桨的声音？""可能太高了？您看，它们是那么的小。""就算降落了，您还是听不见。""这是为什么？""因为它们根本就没有螺旋桨。""怎么会没有呢？难道是一种新型系统？它叫什么？""这是雕！""您在开玩笑！列宁格勒怎么会有雕！""就是这种，它们叫作金雕。它们现在正在向南飞。"

"原来如此！现在我也看见了，是鸟在盘旋；您要是不说我还以为是飞机呢。实在是太像飞机了！它们连翅膀都不扇一下……"

你们快看

在涅瓦河上的施密特中尉桥旁，在彼得罗巴甫洛夫要塞旁，以及其他地方，近几个星期以来，经常有样子和颜色都很奇怪的野鸭。

有像乌鸦一样黑的黑海番鸭，有弯嘴、翅膀上带白斑的斑脸海番鸭，有杂色的、尾巴像毛衣针一样的长尾鸭，有黑白相间的鹊鸭。

它们一点也不害怕城市的喧嚣。甚至当黑色的拖船，用它的铁制船头分开水面，对着野鸭们直冲过去的时候，它们也不害怕。它们往水里一钻，然后在距离原处几十米远的地方，又露出水面。

这些会潜水的野鸭，都是海上长途线上的旅行者。它们一年两次，春天和秋天，到我们列宁格勒来作客。

当涅瓦河上出现来自拉脱加湖的冰块的时候，它们就不见了。

鳗鱼开始最后的旅行

地面上有秋天，水下也有秋天。老鳗鱼启程去作最后一次旅行。

它们从涅瓦河出发，穿越芬兰湾，穿越波罗的海和日耳曼海，到达深不见底的大西洋。

它们在涅瓦河里度过了一生,但再也没回到过涅瓦河里。它们在大西洋几千米深处,找到自己的坟墓。

但是在死之前,它们要产下卵。在海洋深处,并不像想象中那么冷:那里的温度达到7℃。不久,鱼卵在那里都将变成小鳗鱼,小鳗鱼像玻璃一样透明。几十亿条小鳗鱼将开始长途旅行。三年后它们将游进涅瓦河河口。

它们将在涅瓦河里长大,变成大鳗鱼。

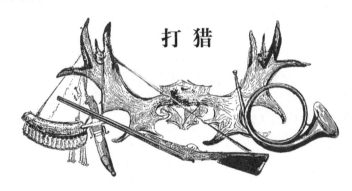

打 猎

带着两只猎狗走在土路上

秋天一个清新的早晨,一个肩上扛着枪的猎人来到了郊外。他带着两只猎狗,用短皮带把它们拴在一起。这两只强壮的猎狗,胸脯很宽,全身黑色,带棕黄色斑点。

猎人来到了小树林。他解下猎狗的皮带,把它们"扔"进了小树林。猎狗们在灌木丛里跑来跑去。

猎人自己悄悄地走在小树林的边缘地带,选了一个小入口,停下了。

他站在灌木丛对面的一个树桩后面,那里有一条不易发现的林中小路,这条小路一直通向一个小山谷。

猎人还没来得及站稳——猎狗们已经发现了踪迹。

第一个发出叫声的是老猎狗阿得:它的叫声低沉而沙哑。

年轻的猎狗阿满跟着阿得叫了起来。

猎人从叫声里听出来了:它们吵醒了兔子,把兔子撵出来了。秋天的地面刚下过雨,一片泥泞,变得黑乎乎的。猎狗们用鼻子嗅着兔子的踪迹,向前追赶。

猎狗们一会儿近,一会儿远:兔子一直在绕圈子。声音又靠近了,

第八期 粮食储备月

它们向这边跑过来了。哎，小马虎！那不就是兔子吗，它的棕黄色毛皮在小山谷里不停闪现。猎人错过了！……

看这两只猎狗：阿得在前面；阿满伸着舌头，在后面。它们紧跟着兔子，在山谷里奔跑。

嗯，没关系：它们还会回到小树林里来的。阿得是一只锲而不舍的猎狗，它紧跟踪迹，既不会伤害猎物，也不会错失猎物，好一只技艺高超的猎狗。

又跑过去了，又跑过去了——它们绕着圈子，又回到小树林里来了。

"反正兔子还会到这个小入口来的，"猎人想，"这回我可不会放过它了！"

静了一会儿……然后……这是什么？声音怎么不在一起呢？带头的阿得干脆不叫了。只有阿满独自在叫。静了一会儿……

又传来了带头的阿得的叫声，只是跟刚才不一样了，更加激动，而且有点嘶哑。阿满跑得上气不接下气，也跟着叫了起来，声音很尖。

它们发现了另外的踪迹！是什么野兽的踪迹呢？反正不是兔子的。好像是红色的……猎人连忙给枪换上威力最大的子弹。一只兔子在小路上快速地跑过，一直跑进了田野。猎人看见了，但是没有举枪。

猎狗们越追越近——一只的叫声有些嘶哑，一只发出凶恶的、懊恼的尖叫……突然，在小入口的灌木丛之间，在刚才兔子跑过的地方，出现了一只狐狸，火红色的背，白色的胸脯……它径直朝猎人冲过来了。

猎人举起了枪。狐狸发觉了，它把毛茸茸的尾巴甩向一边，然后又甩向另一边。晚了！

啪！空中升起一道火光，狐狸被打死了，直挺挺地掉在地上。

猎狗们从小树林里跑出来，扑向狐狸。它们用牙咬住那红色的毛皮，撕扯着——眼看就要撕破了！

"放开！"猎人向它们厉声喝道，并跑过去，赶紧从猎狗嘴里夺下这珍贵的猎物。

地 下
（来自本报特派记者的报道）

在离我们集体农庄不远的森林里有一个獾洞，它已经存在了许多年了。虽然叫作"洞"，但实际上已经不是洞，而是一整座山丘，经过獾世世代代的挖掘，里面已经纵横贯通，像城里的地铁线路一样复杂。

塞索伊奇给我看了这个"洞"。我仔细观察了一下这座山丘，数了

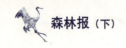

数,它一共有63个出入口。在山丘下的灌木丛里还有一些不易发现的暗道。

很容易得出结论,在这个广阔的地下避难所里不仅居住着獾:在几个入口处,爬满了甲虫——葬甲虫、粪金龟子、腐尸甲虫。这里乱丢着许多母鸡、琴鸡和松鸡的骨头,还有长长的兔子的脊椎骨。甲虫们正在这些骨头上忙碌着。獾是不会做这种事的,它不捉母鸡和兔子吃。而且獾是一种爱干净的动物:它从来不把吃剩的食物或其他脏东西扔在洞里或洞附近。

这些骨头告诉我们,在这地底下,离獾不远,还居住着一个狐狸家庭,有些洞给挖坏了,成了真正的壕沟。

我们的猎人们作了许多努力,塞索伊奇对我解释说。"可惜都白费了:不知道地底下的狐狸和獾都跑到什么地方去了。很难在这里把它们挖出来。"

他沉默了一会儿,然后补充说:"让我们试试用烟把它们熏出来!"

到了第二天早上,我们三个人来到了山丘:塞索伊奇,我,还有一个小伙子。一路上塞索伊奇老是跟他开玩笑,一会儿叫他伙夫,一会儿叫他烧锅炉的。

我们三个人忙活了好久,把那地下工事的所有洞口都堵住了,只留下山丘下面的一个和山丘上面的两个。我们搬来一大堆枯树枝,都是杜松和云杉的树枝,放在下面的洞口那里。

我和塞索伊奇各自守住一个上面的洞口,躲在灌木丛后面。"伙夫"在下面的洞口那里点起了一堆火。等到火着起来的时候,又添上了许多云杉树枝。火堆冒出了浓密刺鼻的烟。烟很快就像窜进烟囱一样,窜进了洞里。

我们这两个射击手耐心地埋伏着,等着烟从上面的洞口冒出来。也许,很快就会跳出一只敏捷的狐狸,或者钻出一只肥胖笨拙的獾?要不,它们在那地下工事里已经被烟熏坏了眼睛?

但是,躲在洞里的野兽们真有耐心。

我看见烟已经升到塞索伊奇所处的灌木丛那里了。我这儿也开始冒烟了。

现在不用再等太久了:野兽们马上就会打着喷嚏和响鼻,一只接一只地跳出来。枪已经抵在肩上:狐狸行动敏捷,可不能让它逃掉。

烟越来越浓。滚滚的浓烟一团团地弥漫在灌木丛中。我被烟熏得睁不开眼睛,眼泪也流下来了,在你眨眼睛、抹眼泪的工夫,说不定就正好错过一只野兽。

野兽还是没出现。我把枪一直抵在肩上,手都累了,便放下了枪。

我们等了又等,小伙子还在往火堆里添树枝。但是一只野兽也没出来。

第八期　粮食储备月

"你以为它们被熏死了吗？"塞索伊奇在返回的路上对我说，"不，兄弟，它们没被熏死！烟在洞里是往上走的，而它们钻到更深的地方去了。谁知道它们挖了多深的洞。"

这次失败令身材矮小的、长着大胡子的塞索伊奇很不高兴。为了安慰他，我给他讲了关于达克斯狗和硬毛狐狗的事——这两种狗都很凶猛，能钻进洞里去捉獾和狐狸。塞索伊奇听了，突然兴奋起来：他让我无论如何也要给他弄一只这样的狗来。我不得不答应尽力给他找找。

这件事过后不久，我去了列宁格勒，想不到在那里我有意外收获：一位认识的猎人把他心爱的达克斯狗借给了我。

当我回到村庄，把狗带给塞索伊奇看，他居然非常生气：

"你怎么回事，是想取笑我吗？就这么个小老鼠，别说是老狐狸，就是小狐狸，咬死它就跟吐口唾沫似的。"

塞索伊奇自己个子很小，他对这点很在意，而他对别的小个子，即使是狗，也很瞧不起。

达克斯狗的样子确实很滑稽：小个子，身子虽然矮但很长，脚爪歪歪扭扭的，像脱了臼一样。塞索伊奇不经意地把手伸向它，这只样子滑稽的小狗，居然露出坚硬的牙齿，朝着塞索伊奇凶恶地叫了起来。塞索伊奇赶紧闪到一边，说了一句："好家伙！真凶啊！"然后就不吱声了。

我们刚一靠近山丘，小狗就暴躁地向洞口冲了过去，差点没把我的手拽脱臼。我刚解开它身上的皮带，它就消失在阴暗的洞里了。

人们为了满足自己的需要，会专门培养出某些种类的狗，达克斯狗可能是其中最令人惊讶的一种了，虽然个儿小，但是能在地下活动。它的身体像貂一样瘦长，再没有比这个更适合钻洞的了；歪歪扭扭的脚爪，很会抓刨土地，还能牢牢地抵住土地；瘦长的嘴脸，一咬住猎物，就死活不放。我站在洞的上方等着，有些担心，不知道在这阴暗的地下工事里，训练有素的室内犬和森林中的野兽，它们的血腥战斗将会是怎样的结局。万一小狗没能从洞里出来，我有何面目去见它的主人呢？那可是他心爱的达克斯狗啊！

在地底下，追猎正在进行。虽然隔着厚厚的一层土壤，我们还是能听见响亮的狗叫声。这叫声似乎来自很远的地方，而不是脚下。

可是这叫声越来越近，听得越来越清楚。这叫声因狂怒而变得嘶哑。更近了……突然又变远了。

我和塞索伊奇站在山丘上，手里紧握着用不上的猎枪，连手指都握疼了。叫声每次都从不同的洞口传出来。突然叫声中断了。

我知道，这说明小狗在阴暗通道里的什么地方，追上了野兽，正和它厮杀呢。

这时,我才突然想起一件事情,这件事情我在把狗放进洞之前就应该想到:通常猎人在用这种方式打猎的时候,都会随身携带铁锹,只要双方在地底下一开始战斗,就得赶紧挖开它们上方的土,以便在达克斯狗落下风的时候,助它一臂之力。当战斗发生在距离地面一米左右的地方时,这样做是可行的。但是在这么深的洞里,连烟都不能把野兽熏出来,想帮助狗只能是心有余而力不足。

我可怎么办啊!达克斯狗肯定会死在地下深处了。在那里,说不定和它战斗的野兽不止一只呢。

突然又传来了沙哑的狗叫声。但是我还没来得及高兴,狗叫声又停止了,这回可真完了。我和塞索伊奇站了好久,没想到这里竟成了这只英勇小狗的葬身之地。我不忍离开。塞索伊奇先说话了:

"确实,兄弟,咱们俩干了一件糊涂事。看来,小狗遇上了老狐狸或者老獾。"

塞索伊奇迟疑了一下,又补充说:"怎么样,走吧?还是再待会儿?"谁也没想到,这时从地底下传来一阵沙沙声。

从洞里露出了一条尖尖的黑尾巴,然后是两条歪歪扭扭的后脚爪和长长的身子,达克斯狗全身沾满了泥土和血迹,在费力地移动着!我高兴极了,奔向它,抓住它的身子,把它往外拽。

狗从洞里拖出了一只肥胖的老獾。老獾一动不动。达克斯狗咬住它的脖子,死活不放,拼命地摇晃着。过了很长时间达克斯狗还不肯放开这已经断了气的老獾,好像怕它活过来似的。

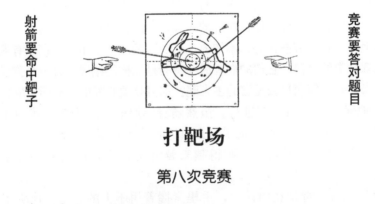

射箭要命中靶子　　　　　　竞赛要答对题目

打靶场

第八次竞赛

1. 兔子往哪边跑比较方便——上山还是下山?
2. 落叶的时候,我们可以发现鸟类的哪些秘密?

脱角后的驼鹿用蹄子也可以击碎狼的头骨。

雪豹

雪豹

(图片来源：http://www.fyjs.cn/bbs/read.php?tid=202646)

一对海豹母

雪白的小海豹

水下的海豹

(图片来源：http://amuseum.cdstm.cn/AMuseum/oceanbio/hyly/hyly_02.html#)

第八期 粮食储备月

3. 哪种森林居民在树上给自己晾蘑菇？
4. 什么动物夏天生活在水里，冬天生活在地里？
5. 鸟类是否给自己采集食物，为过冬进行储备？
6. 蚂蚁怎样准备过冬？
7. 鸟骨头里面有什么？
8. 猎人在秋天最好穿什么颜色的衣服？
9. 什么时候鸟类比较不容易受伤，夏天还是秋天？
10. 这里画的这个可怕的脑袋是谁的？（图1）

图1

11. 可以把蜘蛛称作昆虫吗？
12. 青蛙冬天时到哪里去了？

图2

13. 这里画着三种不同的鸟的脚。三种鸟是生活在树上的、生活在地上的、生活在水里的。哪种鸟生活在哪里？（图2）
14. 哪种动物的脚掌是分开且向外生长的？
15. 请指出大耳朵的林鸮的耳朵在哪里。（图3）
16. 一直掉到水上，自己不沉，水也不浑。（谜语）
17. 怎么走也走不过去，怎么捞也捞不着。（谜语）
18. 一年生的草，比院墙还高。（谜语）
19. 怎么跑也跑不到，怎么飞也飞不到。（谜语）
20. 乌鸦三岁以后会怎么样？

图3

21. 在池塘里洗过澡，身上还很干燥。（谜语）
22. 留着它的身体，扔掉它的骨头，吃掉它的头。（谜语）
23. 不是皇族，却戴皇冠；不是骑士，却有马刺；自己早早起，也不让别人继续睡。（谜语）
24. 有尾不是兽，有羽不是鸟。（谜语）

公告栏

"锐目"称号比赛

第七次测验题

"这是谁干的？"（图1）

a.谁在这里处理过云杉球果,并把它们扔在了地上?

b.谁待在树桩上的时候把球果吃完了,只剩下了芯?

c.谁在森林里的榛子上凿了小洞,把榛子仁吃了?

d.谁把蘑菇拖到树上,并把它们挂在树枝上?

在这棵老桦树的树皮上能看见一些一模一样的、有棱角的小洞,围着树干一圈。这是谁干的,它为什么要这么做?(图2)谁对牛蒡进行了处理?(图3)谁在阴暗的森林里用脚爪抓破了树干,把云杉树皮撕下来给自己用?它要这些树皮有什么用?(图4)谁破坏了这么多树木,啃了树皮,弄断了树枝?(图5)

图2　　　图3　　　图4　　　图5

人人都能够

把啮齿类动物从田里偷走的上等粮食找回来,只要学会寻找和挖掘田鼠洞就能做到了。

在这期《森林报》上说过,这些有害的小兽,把大批的精选粮食,从我们的田里搬到它们的仓库里去了。

请勿打扰

我们给自己准备好了温暖的冬季住所,并将一直睡到春天来临。

我们不骚扰你们,也请你们让我们安稳地休息吧。

熊、獾、蝙蝠

森林报

第九期　冬客临门月（秋天的第三个月）　　11月21日至12月20日　太阳进入射手星座

一年——分为12个月的太阳诗篇

　　11月，既不是纯粹的秋天，也不是纯粹的冬天。11月是9月的孙子，10月的儿子，12月的亲哥哥。11月里，地面上积雪和泥泞交替出现，池塘和湖泊已经被冰封住了。

　　秋天开始完成第三件任务：给森林脱掉衣服，给水戴上枷锁之后，秋天开始给大地盖上雪做的盖布。森林里很不舒适：树木被雨浇透了，光秃秃、黑乎乎地站着。冰在河面上闪闪发光，而你在冰上一走：只听得脚下一响，你就会掉进冰冷的水里。另外地面上所有的秋耕田，在被雪覆盖以后，都停止了生长。

　　但这还不是冬天：只是晚秋。很快太阳就出来了。一切有生命的东西，看见太阳是多么高兴啊！你会看见，从树根底下爬出黑色的蚊蝇，飞到空中。在脚边，金色的蒲公英和金色的款冬都开花了——它们可都是春天的花啊！雪融化了……但是树木正沉睡着，它们要毫无知觉地一直沉睡到春天。

　　现在是该开始伐木的时候了。

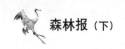

森林大事记

无法理解的现象

今天，我挖开了雪，检查了一下我的一年生草本植物。按说它们只能活一个春天、一个夏天和一个冬天。

可是现在是秋天，我发现它们还没全都死掉。就算马上要到12月了，它们中有许多还是绿色呢。蓄蓄还很有活力。这是乡下生长在房前的一种草。它的小茎交错地铺在地上（人们常常随意地拿这些小茎擦脚），小叶子长长的，粉红色的小花不太引人注目。

有活力的还有矮矮的、灼人的荨麻。夏天时，你会对它难以忍受：当你给田垄除草时，会被它刺激得两手都是水泡。而现在，马上就要12月了，看着它也挺舒服。

蓝堇也很有活力。你们还记得蓝堇吗？这是一种美丽的小植物，长着微微分开的小叶子和长长的、顶部发暗的粉红色小花。你们会经常在菜园里见到它。

所有这些一年生草本植物都还很有活力。但是，我知道，春天它们就都不在了。那么这种雪下生活有什么意义呢？这该如何解释呢？我不知道。这还需要去了解一下。

巴甫洛娃

森林里从来都不是死气沉沉的

冰冷的风在森林里作威作福。光秃秃的桦树、山杨、赤杨沙沙作响，摇摇晃晃。最后一批候鸟在匆匆忙忙地离开故乡。

我们这儿的夏鸟还没完全飞走，冬客已经临门了。

鸟儿们各有各的品味和习惯：有的飞往高加索、外高加索、意大利、埃及、印度过冬；另一些在我们列宁格勒州过冬。它们冬天在我们这里温饱无忧。

飞 花

赤杨林伸着黑树枝,看起来十分凄凉!树枝上没有树叶,地面上没有青草。疲倦的太阳不情愿地从乌云里探出头来。

这时,突然,在太阳底下,赤杨林的黑树枝上,有许多五颜六色的花欢快地飞舞起来了。这些花大得出奇——有白色的,有红色的,有绿色的,有金色的。它们有的落在赤杨的黑树枝上,有的像炫目的斑点似的在桦树的白树皮上闪着彩色的光,有的落在地上,有的在空中飞舞,像是长着颜色鲜艳的翅膀。

它们的叫声像笛声一样,彼此呼应着。它们从地面飞上树枝,从一棵树飞到另一棵树,从一片小树林飞到另一片小树林。它们是谁,从哪儿来?

来自北方的鸟儿

这些是我们的冬客——从遥远的北方飞来的小鸣禽。其中有红胸红头的朱雀,有烟色的、头上长着冠毛的太平鸟,它的翅膀上有五根红色的羽毛,像五根手指头似的;有深红色的松雀;有交嘴雀,绿色的是雌鸟,红色的是雄鸟。这儿还有金绿色的黄雀、黄羽毛的小金翅雀,还有胖嘟嘟的、胸脯鲜红的灰雀。我们本地的黄雀、金翅鸟和灰雀都飞到南方比较暖和的地方去了。而现在这些鸟本来是住在北方的,那里现在已经冰大雪地,所以它们觉得我们这儿还挺暖和的。

黄雀和朱雀吃了许多赤杨和桦树的种子。太平鸟和灰雀吃了许多花楸和其他浆果。交嘴雀吃了许多松果和云杉的球果。它们都吃饱了。

来自东方的鸟儿

低矮的柳枝上出人意料地开出了胖嘟嘟的白玫瑰花。白玫瑰在灌木丛间飞来飞去,在树枝上转来转去,花茎是脚爪,长着黑色有力的小钩,东翻翻,西看看。白色的花瓣是小翅膀,伴随着轻快悦耳的叫声,在空中扇乎着。这是灰蓝山雀。

它们不是从北方来的,而是从东方,从天寒地冻的西伯利亚,穿越乌拉尔山,飞到我们这里来的。那里早已是冬天,低矮的柳树已经被厚厚

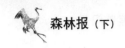

的积雪给掩埋起来了。

该睡觉了

大片的乌云遮住了太阳。天空中下起了潮湿的灰雪。

一只肥獾，气呼呼地哼哼着，蹒跚着走进自己的洞里。它很不满：森林里既潮湿又泥泞。该钻到地底下比较深的地方去了——那里有一个干燥整洁的沙洞。该躺下睡觉了。

个头不大、羽毛蓬松的噪鸦在密林中打起来了。湿淋淋的羽毛闪现出咖啡渣的颜色。它们放开喉咙大声地叫着。

一只老乌鸦从树顶哇的大叫一声：它看见在远处有一具动物的尸体。它飞了过去，蓝黑色的翅膀上发出油漆一样的光泽。

森林里一片寂静。灰色的雪沉甸甸地落在变黑的树上，落在褐色的地上。地上的落叶开始腐烂。

雪越下越大，变成了鹅毛大雪，它覆盖了树木的黑树枝，覆盖了大地。我们州的河流：伏尔霍夫河、斯维尔河、涅瓦河，受严寒侵袭，都一条接一条地封冻了。最后连芬兰湾也封冻了。

摘自少年自然科学家日记

最后的飞行

11月的最后几天，已经堆起了相当多的雪，天气突然变暖了。但是雪并没有化。

早上我去散步，看见雪地上——道路上的灌木丛里，树木之间——到处飞着黑色的小蚊虫。它们飞得很软弱，很无力。它们从下面什么地方飞上来，划着弧线，好像被风刮着似的，虽然根本没有风，然后侧着身子落在雪上。

午后，雪开始融化，从树上掉下来。你一抬头，雪水滴在你眼睛里，或者一团冰冷潮湿的脏雪落在你的脸上。这时，不知从那儿来了许许多多小苍蝇——它们也是黑色的。我在夏天的时候从没见过这些蚊虫和苍蝇。苍蝇们飞得很欢，只是飞得很低——就贴着雪飞。

到了傍晚，天气又转凉了一些，小苍蝇和小蚊虫们不知藏到什么地方去了。

森林记者 维利卡

第九期 冬客临门月

貂追松鼠

有许多松鼠迁居到我们的森林里来了。

在它们原来居住的北方,球果不够吃了——那里球果歉收。

它们分散着住在松树上。它们用后爪抓住树枝,用前爪捧着球果啃。

一只松鼠把它前爪捧着的球果掉进了地上的雪里。它舍不得这个球果,发出短促而响亮的叫声,在树枝间跳了几下,就跳到了树下。

它在地上蹦着窜着,蹦着窜着,用后腿一抵,前腿一撑,蹦着窜着。

看,在一堆枯树枝中有一团黑乎乎的毛皮,两只贼溜溜的小眼睛!松鼠已经顾不上球果的事情了,它往最近的一棵树上一窜,沿着树干爬了上去。从枯树枝堆里钻出一只貂,紧跟着松鼠。貂迅速地沿着树干向上爬,松鼠已经到了枝头。

等貂到了树枝上,松鼠一蹦,跳到了另一棵树上。

貂把自己蛇一样细长的身体缩成一团,背弯成了弧形,也跳了过去。

松鼠沿着树干跑着。貂沿着树干追着松鼠。松鼠很敏捷,貂比松鼠更敏捷。

松鼠跑到了树顶,没法再往上跑了,而旁边也没有别的树。

貂快要追上它了……

松鼠向下跳,从一根树枝跳到另一根树枝。貂对它紧追不舍。

松鼠跑到了枝头,貂在树干上比较粗的地方。松鼠连跳几下——已经跳到最后一根树枝了。

往下是地面,往上有貂。松鼠把心一横:跳到了地上,又奔向另一棵树。

哎,在地上,松鼠可不是貂的对手。貂三蹦两跳就追上了松鼠,一下子扑倒了它——松鼠的末日到了……

狡猾的兔子

夜里,一只灰兔悄悄溜进了果园。快到早晨的时候,它啃坏了两棵小苹果树:小苹果树的树皮真甜啊!它一直啃着嚼着,连雪落到头上都不以为意。村庄里的公鸡叫了三声,狗也开始狂叫。

这时灰兔才突然想起:得趁人们还没起床的时候,回森林里去。周围一片白色:它的毛皮离得老远就能看见。它开始嫉妒白兔:白兔现在全身都是白的。

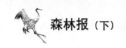

这一夜里下了雪,雪既温暖,又松软。灰兔奔跑着,在雪上留下一串串脚印。它那长长的后腿,留下的是一串串被伸长了的脚掌印;短短的前腿,留下的脚印是一个个小圆圈。在这温暖的初雪上,每一个脚印,每一个爪痕,都能看得清清楚楚。

灰兔跑过田野,穿过森林,身后留下一串串脚印。灰兔现在刚刚饱餐了一顿,本应该趴在灌木丛下睡一个小时,但这是无法实现的:留下的脚印使它无处藏身。

灰兔动起了脑筋:它开始把自己的脚印弄乱。

村庄里的人们已经醒了。果园的主人来到果园一看——我的天啊!两棵最好的苹果树被啃坏了!他一看雪地就明白了:树下有兔子脚印。他气得握紧了拳头:你等着!不把你的皮剥下来我誓不罢休。

他回到屋里,给枪装好弹药,带着枪,踏着雪去找兔子算账。

很明显,兔子跳过了篱笆,在田野上奔跑来着。在森林里,脚印绕着灌木丛划圈。这救不了你:我们明白这个。

看,这是第一个圈套:兔子绕着灌木丛跑了一圈,然后穿过自己的脚印。

看,这是第二个圈套。果园的主人按照脚掌印追踪着兔子,两个圈套都识破了。他随时准备射击。

等一下,这是什么?脚印中断了——周围是一片平整的雪地。要是兔子经过这里,应该能看得出啊。

果园的主人弯下身子,仔细看看脚印。哈!这是一个新的圈套:兔子转身沿着自己的脚印走回去了,每一步都准确地踏在原来的脚印上——你无法一下子就分辨出这"双重的"脚印。

他沿着脚印往回走,走着走着又走回到田野里来了。这说明他忽略了什么:那里还有一个圈套没有看破。

他转过身,又沿着"双重脚印"走过去。啊哈,原来是这么回事:"双重脚印"很快就没有了,接下来又是普通的脚印。再找找看,有一个跳向一边的痕迹。

果然如此:兔子沿着脚印一直跳过了灌木丛——然后再跳向一边。又是一段均匀的脚印,然后又中断了,又是一段新的"双重脚印"穿过灌木丛——然后就一直跳着往前走了。

现在可得仔细看……又是一个跳向一边的痕迹。兔子现在应该趴在某个地方的灌木丛下。你很会伪装,但是骗不了我!

兔子果然趴在附近,只不过不是果园的主人所设想的灌木丛下,而

第九期 冬客临门月

是趴在一堆枯树枝下。

灰兔在睡梦中听见沙沙的脚步声,越来越近,越来越近……

它抬起头,看见一双穿着毡靴的脚正向它走来。黑色的枪筒垂向地面。

灰兔悄悄地从藏身的地方钻了出来——突然跑到了枯树枝堆后面。果园主人只看见白色的小短尾巴在灌木丛里一闪——灰兔不见了。

果园的主人只好一无所获地回家了。

看不见的不速之客

在我们的森林里又来了一个夜行大盗。要看见它是非常困难的:夜里太暗,白天又不能把它和雪区分开。它原本是北极地带的居民,所以它身上的颜色跟那里终年不化的积雪一样。它就是白色的雪鸮。

雪鸮的个头跟雕差不多,不过力量比雕稍小。雪鸮吃各种大大小小的鸟、老鼠、松鼠、兔子。

在它家乡的冻土带上十分寒冷,那里几乎所有的野兽都躲进了洞里,鸟也飞走了。

饥饿迫使雪鸮离开了家乡,来到我们这里居住。它在春天来临之前不打算回家。

啄木鸟的打铁场

在我们的菜园后面,有许多老杨树和老桦树,还有一棵非常老的云杉。在云杉上挂着几颗球果。看,有一只五颜六色的啄木鸟飞来吃球果。啄木鸟落在树枝上,用自己的长嘴啄下一个球果,然后沿着树干向上跳。它把球果塞进一条缝隙里,开始用嘴把球果敲开。得到球果里的种子之后,它把这个球果扔下去,然后再去拿另一个球果。还是在这条缝隙里,敲开第二个球果,然后是第三个——它就这样一直忙到天黑。

森林记者 库波列尔

去问问熊

为了躲避寒风,熊喜欢把自己的冬季避难所——熊洞——安排在地势低的地方,甚至是沼泽地附近,或者茂密的小云杉树林里。令人惊奇的是:如果某一年的冬天不太冷,雪下完很快就融化了,所有的熊就会躲藏

在地势高的地方,小山丘上,开阔的高地上。这一点已经有许多代的猎人验证过了。

这很容易理解:熊害怕融雪天。如果真的有融化的雪水流到它的肚子底下,然后天气又突然变冷,雪水结成冰,还不把熊那蓬松的毛皮变成铁板?那样熊就不能再继续睡了,得马上跳起来,满森林地乱逛,好让身体暖和起来。

可是你不但不睡觉,还不停运动,身体里储备的能量就会被大量消耗,到时候就得吃东西来补充体力。而冬天在森林里,熊没什么可吃的。所以在暖冬来临之前,它就给自己选择一个地势较高的地方来作熊洞,在那里就算是融雪天,它身上也不会变潮湿。这一点我们是明白的。

问题在于,它是如何预知,接下来的冬天是暖冬还是严冬的呢?为什么在还是秋天的时候,它就能准确无误地给自己选择好做熊洞的地方,是沼泽地附近,还是小山丘上?这一点我们不得而知。

你还是爬进熊洞,找熊去问个清楚吧。

只按照严格的计划

古代罗斯有个谚语:森林不是天使,在森林里干活儿,死亡总近在咫尺。

古时候,伐木工人、樵夫的劳动很吓人。手持斧头的人们,对待这些绿色的朋友,就像对待凶恶的敌人一样。我们在18世纪才开始使用锯,距离现在没多长时间。

人们要有无穷的力量,才能整天挥动斧头;要有强健的体魄,才能在天寒地冻、风雪肆虐的时候,白天只穿一件衬衫干活儿,夜里只盖着一件皮袄,在农舍里的火炉旁或者就在小棚子里睡觉。

而到了春天,森林里的活儿就更不好干了。

这一冬砍伐的树木,都要运到河边去,等到河水解封后,人们把这些沉重的圆木滚进河里,它们在河里会顺流漂走。

圆木漂到的地方,那里的人们都会心存感激……在河水流经的地方建起了一座座城市。在现代是怎样的呢?

在现代,"伐木工人"、"樵夫"这两个词的意义已经完全改变了。我们在砍倒大树,从大树上砍去树枝时,已经不需要用斧子了。这些工作都由机器替我们做。连森林里的道路都由机器铺设平整,然后就在这条道路上把木材运走。

看,森林里的履带式推土机就有这么大的力量。

第九期　冬客临门月

　　人类创造了它，它听从人类的控制。这个沉重的钢铁怪物，闯入难以通行的密林，像割草一样，推倒古老的大树。它轻而易举地就把大树连根拔起，并把这些大树放在两边。它冲开地上的枯树枝，平整好土地——道路就这样准备好了。

　　汽车载着可移动的发电机，在道路上驶过。工人们手里拿着电锯，靠近树木，被橡胶包裹着的电线弯弯曲曲地拖在他们身后。电锯那尖利的钢齿，轻而易举地切进坚固的树干，像用刀切黄油一样。只用了半分钟的工夫，直径达半米的树干就被锯断了。这个巨人在森林里已经生长了100年了。

　　把方圆100米内的树木都锯倒之后，汽车载着发电机继续向前开。集材拖拉机出场了。它一下子抓起几十根还没有砍去树枝的木材——把它们拖到运送木材的道路上。

　　道路上有几辆运送木材的大型牵引车，它们把木材运到窄轨铁路边上。那里有一个司机，他把一列载着几千立方米木材的敞车驶向铁路车站或河边的木材仓库。在那里，人们把木材加工成圆木、木板、造纸原料。

　　在现代，借助机器，人们把木材加工好，运送到草原上最偏远的乡村、城镇、工厂，运送到所有需要木材的地方。

　　众所周知，在这么强大的技术条件下，只能按照非常严格的全国性计划来砍伐森林，否则，我们这个森林资源最丰富的国家，也会在不知不觉中变成荒漠。借助现代设备要消灭森林是非常容易的，而森林的生长还是非常慢：需要几十年。

　　在那些森林被砍伐的地方，我们马上栽种新林，它们都是珍贵的树种。

集体农庄历

　　今年我们的集体农庄庄员们都取得了光荣的劳动成果。对于我们州的许多集体农庄来说，每公顷出产1,500千克粮食已经很平常。每公顷出产2,000千克，也不稀奇。各个优秀的工作队取得了这样的丰收，使得

森林报（下）

先进分子们有资格被授予"社会主义劳动英雄"的荣誉称号。

　　光荣的劳动者在田野里付出了忘我的劳动，国家很重视他们。为表彰集体农庄庄员们的成就，国家授予他们"社会主义劳动英雄"的荣誉称号，还有各种勋章和奖章。

　　现在冬天来了。各个集体农庄里所有的田间工作都结束了。

　　妇女们在牛栏里干活儿，男人们运饲料给牲畜吃。有猎狗的人去捕猎灰鼠。还有许多人去伐木。

　　几群灰松鸡离农舍越来越近。

　　孩子们上学去。白天他们布下捕鸟的陷阱，乘着滑板和雪橇从山坡上冲下。晚上他们做功课，读书。

魔高一尺，道高一丈！

　　下了一场大雪。我们发现，老鼠在雪下挖了一条地道，直通到我们树木培育场的小树下。不过，魔高一尺，道高一丈：我们把每棵小树周围的雪，都用力踩实。这样它们就不能靠近小树了。偶尔有老鼠从雪里钻出来，一下子就被冻死了。

　　经常来到我们花园的还有可恶的兔子。我们想出了对付它们的方法：我们把所有的小树都用稻草和带刺的云杉树枝缠绕起来。

季马·布罗多夫

集体农庄新闻
巴甫洛娃报道

吊在细丝上的房子

　　有一种小房子，它吊在细丝上，风一吹，就摇摇晃晃的，里面没有任何取暖设备，虽然墙顶多有一张纸那么厚。在这种小房子里能住一个冬天吗？

　　你能想象吗，其实是可以住的！我们见过许多这种设备简陋的小房子。它们是用枯树叶做成的，被一根细丝吊在苹果枝上。集体农庄庄员们把它们取下来毁掉。原来，这些小房子的住户绝非善类：它们是害虫——梅白蝶的幼虫。如果不在冬天消灭它们，到了春天它们就会啃坏苹果树的芽和花。

　　森林里有不幸，森林里也有救赎！

　　昨天夜里，森林之路集体农庄里有人图谋不轨。将近午夜的时候，

第九期　冬客临门月

果园里钻进了一只大兔子。它想啃小苹果树的树皮。可是它发现苹果树的树干像云杉树干一样扎嘴。在几次不成功的尝试之后，这个兔子贼离开了集体农庄的果园，躲进了最近的森林里。

集体农庄庄员们预见到，会有贼从森林里到果园里来。因此他们砍了许多云杉树枝，提前用这些树枝把苹果树的树干缠绕起来。

棕黑色的狐狸

在郊区的红旗集体农庄组建了一个动物养殖场。昨天运来了一批棕黑色的狐狸。一大群人聚集在一起，来迎接这些集体农庄的新居民。还有一些学龄前儿童，刚学会跑，也跑来了。

狐狸们用怀疑和胆怯的眼光看着这些聚集起来的人们。只有一只狐狸突然安详地打了个哈欠。

"妈妈，"一个在白头巾上戴了一顶帽子的小家伙嚷道，"可别把这只狐狸围在脖子上啊：它会咬人！"

在温室里

在劳动者集体农庄，人们正在挑拣小洋葱和小芹菜根。

"这是在给牲畜准备饲料吗，爷爷？"工作队长的孙女问。

工作队长笑了起来：

"不，孙女，你没猜对。我们马上要把这些洋葱和芹菜种到温室里去。"

"为什么呢？让它们长大吗？"

"不，孙女，为了让它们保持新鲜。冬天我们吃土豆的时候要撒些葱花，还要用芹菜做汤。"

用不着盖厚被

上个星期天，一个外号叫米加的九年级学生来到霞光集体农庄。在马林果旁边他遇见了工作队长费多谢依奇。

"老爷爷，你的马林果难道不怕被冻坏吗？"米加像一个内行似地发问。

"不怕，"费多谢依奇回答说，"它在雪下可以平安地过冬。"

"在雪下？老爷爷，你没糊涂吧？"米加继续说，"你的马林果比我还高呢。难道你指望下这么厚的雪吗？"

"我指望下普通的雪，"老爷爷回答说，"那么你来告诉我，聪明人：你冬天时盖的被，比你的身高厚，还是比你的身高薄？"

"这跟我的身高有什么关系？"米加笑了起来，"我盖被时是躺着的。你听明白了吗，老爷爷，躺——着——的！"

"对的，所以我的马林果盖被时也是躺着的。只不过你这个聪明人是自己躺进被窝的，而马林果是老爷爷我把它弯到地面上的。我把它们一棵靠向一棵，再把它们绑起来。这样它们就弯到地面上了。"

"老爷爷，你比我想象中要聪明。"米加说。

"可惜，你没有我想象中那么聪明。"费多谢依奇说。

助 手

现在每天都能在集体农庄的仓库里看见孩子们。他们有的帮助挑选春天时准备播撒在田里的种子；有的在菜窖里干活儿，选出最好的土豆留作种子。

男孩子们在马厩和铁匠铺里帮忙。许多孩子都有对应的牛栏、猪圈、兔舍、禽舍。我们既在学校里学习，也在家力所能及地帮助生产。

大队委员会主席 尼古拉·里万诺夫

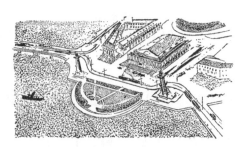

城市新闻

瓦西里岛区的乌鸦和寒鸦

涅瓦河结冰了。现在每天下午四点钟，在施密特中尉桥（第八街对面）下面的冰上，聚集着瓦西里岛区的乌鸦和寒鸦。

在激烈的讨论之后，鸟儿们分成几群，飞去瓦西里岛上的花园过夜。每一群都有自己喜爱的花园。

侦 察 员

城市花园和墓地里的灌木和乔木需要保护，而它们的敌人是人类对

第九期　冬客临门月

付不了的。这些敌人十分狡猾，个头又小，不易被发现，园丁们看管不住它们。这就需要有专门的侦察员。

在我们这儿的墓地和大型花园里可以看见几队这样的侦察员在工作。

侦察员的首领是头顶带红圈的斑啄木鸟。它的嘴像矛一样，能刺穿树皮。它大声发出不连贯的指令：喊！喊！

跟在斑啄木鸟后面的是各种山雀：有头顶高高地立着尖毛的冠山雀，有长得好像一根厚帽儿短钉子的褐头山雀，还有黑色的煤山雀。另外队伍里还有嘴像锥子似的浅褐色的旋木雀，还有淡蓝色的五子雀，它的胸脯是白色的，嘴锋利得像短剑一样。

啄木鸟发出指令：喊！五子雀重复着指令：啾！山雀们回答着：切，切，切！于是整个队伍就行动起来了。

侦察员们迅速地占据树干和树枝。啄木鸟凿开树皮，用它那坚硬锋利、像针一样的舌头从树皮里啄出蛀虫。五子雀头朝下地围着树干转，把自己精细的小短剑探进每一处树皮的缝隙，在那里会发现昆虫或昆虫的幼虫。旋木雀在下面的树干上跑来跑去，用自己弯曲的小锥子把昆虫或昆虫的幼虫挑出来。山雀们成群结队，兴奋地在树枝上打转。它们仔细地查看每一个小洞，每一条小缝，没有一条小害虫能逃过它们敏锐的眼睛和伶俐的嘴。

小屋——既是餐厅又是陷阱

挨饿受冻的日子就要来临了，你多关心一下我们那些奇妙的小朋友——鸣禽吧。

如果你家有花园或者哪怕只是小院，你可以很容易地把它们吸引过来，在它们忍饥挨饿的时候给它们喂食，在天气不好的时候为它们挡风遮雨，给它们提供筑巢的地方，而如果你想在屋子里养一只鸟，那么你也可以抓住它。你所要做的只是造一座小房子。

在小房子的门廊里设置一个免费食堂，请客人们吃东西：大麻种子、大麦、小米、面包屑、碎肉、生猪油、奶渣、葵花籽。即使你住在大城市里，也会有最有趣的小客人在你们家吃东西并住下来的。

你可以找一根细铁丝或者细绳，一头儿系在小房子门廊上的能开闭的小门上，一头儿穿过换气窗，拉进你自己的房间，这样你就可以随时把鸟关在小房子里了。

或者——更有趣的方式！给这个小圈套通上电流。

只不过在夏天可别捕鸟：你抓住了鸟，它的孩子会饿死的。

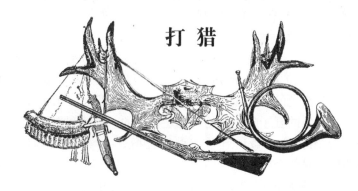

打猎

秋天，人们开始捕猎小毛皮兽了。快到11月的时候，它们的毛已经长齐了：它们脱下了轻便的夏服，换上了蓬松暖和的冬装。

捕猎灰鼠

一只灰鼠才有多大？

而在我们苏联的狩猎业中，它是最重要的毛皮兽。全国每年，光是灰鼠尾巴，就要消耗几千捆。用松软的灰鼠尾巴，可以做帽子、领子、耳罩及其他保暖品。

除了尾巴，剩下的毛皮还可以做大衣和披肩。用灰鼠毛皮做成的天蓝色女装大衣非常漂亮，而且既轻便，又暖和。

第一场雪下过之后，猎人们就出发去捕猎灰鼠了。在灰鼠多的地方，要捕猎灰鼠很容易，连老头和12～14岁的少年都在捕猎灰鼠。

猎人们三五成群，或者单独行动，在森林里一住就是几周。他们从早到晚，穿着又短又宽的雪板，在雪地上走来走去，用枪打灰鼠，

海豚

候鸟大雁

候鸟栖息地

瓣蹼鹬*

瓣足鹬是一种候鸟。

用3D技术制作的非洲果蝠*

蝙蝠

* (图片来源：http://3d4games.com/index.php?main_page=product_info&products_id=10)

(图片来源：http://www.depts.ttu.edu/communications/news/stories/06-10-new-bat-species.php)

蝙蝠是唯一一类演化出真正有飞翔能力的哺乳动物。它们中的多数具有敏锐的听觉定（回声定位）系统。大多数蝙蝠以昆虫为食。几乎所有蝙蝠都是白天憩息，夜出觅食。蝙蝠喜欢栖息在山洞、缝隙、地洞或建筑物内，也有栖于树上、岩石上的。它们总是倒挂着休息。

蒲公英种子

(图片来源：http://www.bio.brandeis.edu/Nelcbio/medicinal_plants/pages/Dandelion.htm)

屎壳郎

(图片来源：http://naomiestment.wordpress.com/2009/04/)

蒲公英

蝾螈

(图片来源：http://www.biolib.cz/en/image/id104008/)

第九期　冬客临门月

设置并检查捕兽夹。

他们住在窑洞里，或者住在被雪覆盖的低矮的小房子里，在小房子里站着连腰都直不起来。他们用带烟囱的炉子给自己做饭吃。

猎人捕猎灰鼠时，最重要的伙伴是北极犬。猎人没有北极犬，就像没有眼睛一样。

北极犬是我们北方的猎犬，是一种很特别的猎犬，冬天在森林里打猎，没有一种猎犬能比得上它。

北极犬会给你找到白貂、艾鼬、水獭、水貂的洞，并咬死它们。夏天，北极犬会从芦苇中赶出野鸭，从密林里赶出琴鸡；它不怕水，甚至不怕最寒冷的冰水，河里有浮冰的时候，它也会游过去，把打死的野鸭叼回来。秋冬季节，它帮助主人打松鸡和琴鸡，在这个时候，松鸡和琴鸡一遇见普通猎犬就会飞走。而北极犬蹲在树下，对着它们狂叫，就把它们所有的注意力都吸引到自己身上来了。

带着北极犬，在暮秋无雪，或者早冬初雪的时候，你能找到驼鹿和熊。

另外，如果有猛兽袭击你，你忠实的朋友北极犬不会退缩，它会从猛兽身后咬住不放，让主人有时间给枪重新装上弹药，打死猛兽，或者它会牺牲自己。不过，最令人惊讶的，恐怕是这一点：北极犬能帮猎人找到住在树上的野兽——灰鼠、貂鼠、黑貂、猞猁。没有任何一种其他的猎狗能帮助你找到树上的灰鼠。

冬天，或者晚秋，你在云杉林、松林、混生林里走着。一片寂静，你会觉得周围是荒漠，什么野兽也没有，真是无聊死了。

可是，同样的地方，如果你带一只北极犬，你就一点也不会觉得无聊了。北极犬会在树根下找到白貂，会把白兔从洞里撵出来，会顺便咬住一只野鼠，还有那些灰鼠，无论它们在茂密的针叶间如何隐藏，北极犬也能找到它。

确实，北极犬既不会飞，也不会爬树，那么北极犬是怎样找到灰鼠的，灰鼠可不会轻易到地上来。

普通猎犬，需要有良好的嗅觉。鼻子是它们主要的工具。这些猎

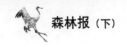

犬,就算视力不好,就算耳朵全聋,仍然能很好地工作。

而北极犬需要同时具备三种工具:灵敏的嗅觉、敏锐的眼睛和机灵的耳朵。北极犬的这三种工具,是同时使用的。甚至可以说,这不是三种工具,而是北极犬的三个仆人。

灰鼠刚刚用脚爪抓了一下树枝——北极犬那竖起的、时刻警觉的耳朵已经在提醒它:"有小兽。"灰鼠的脚爪在针叶间一闪——北极犬的眼睛就对它说:"灰鼠在这儿。"一阵小风,把一股灰鼠的气味吹到下面——鼻子向北极犬报告:"灰鼠在那儿。"

在这三个仆人的帮助下,北极犬找到了树上的小兽,然后它忠诚地向猎人报告,它的声音是它的第四个仆人。

一只好的北极犬,在发现鸟兽以后,既不会扑向那棵树,也不会用爪子抓树干:这会把潜伏着的小兽吓跑。好的北极犬会坐在树下,目不转睛地看着灰鼠藏身的地方,竖着头顶上的耳朵,不时地叫几声。它不会从树下离开,除非猎人到来或者把它叫走。

捕猎灰鼠本身非常简单:北极犬找到小兽,把它的注意力全部吸引到自己身上,猎人不要做任何剧烈的动作,只需要悄悄地走近,好好地瞄准。

用猎枪打中灰鼠,猎人不费吹灰之力。但是猎人必须要用子弹打中小兽的头,免得毛皮受到损害。冬天,灰鼠即使受了伤也很顽强,所以要一击毙命,不然它就会躲在茂密的针叶间,不下来。

猎人们还用捕兽夹猎取灰鼠。

捕兽夹是这样设置的:拿两块短的厚木板,把它们固定在两棵树的树干之间;用一根细木棍支住上面的木板,不叫它掉到下面的木板上,木棍上放上香喷喷的诱饵:烤蘑菇或鱼干。灰鼠一触动诱饵,木板就落下来,把它拍住。

只要雪不是太深,猎人们一冬天都可以捕猎灰鼠。灰鼠在春天要脱毛,直到深秋才能换上蓬松的淡蓝色冬装,在这之前,猎人们是不会骚扰它们的。

带上斧头和探棍

在用枪捕猎凶猛的小皮毛兽时,猎人除了枪,偶尔还会使用斧头。

北极犬利用嗅觉在貂或水獭的洞里寻找它们。至于把它们从洞里撵出来——这就是猎人的事了。不过这件事并不轻松。

第九期 冬客临门月

这些凶猛的小兽把自己的洞安置在土里、石头堆里、树根下。在觉察到危险的时候，不到万不得已，它们是不会离开自己的避难所的。猎人不得不用探棍在洞里搅和，还可能用手扒开石头，用斧头砍断粗树根，敲碎冻硬的泥土，或者用烟把小兽从洞里熏出来。

不过，只要小兽一跳出来，它就无处可逃了：北极犬不会放过它的，会把它咬死。

不然就是猎人开枪把它打死。

捕 猎 貂

在森林里猎取貂是比较困难的。要找到它捕食鸟兽的地方并不困难。雪地被踩得乱七八糟，还有血迹。但是要找到它饭后藏身的地方，就必须要有非常敏锐的眼睛。

貂在空中移动：从一根树枝到另一根树枝，从一棵树到另一棵树，像灰鼠一样。虽然如此，在它身后还是会留下痕迹：折断的树枝、绒毛、球果、针叶、脚爪抓下来的小块树皮，从树上掉到雪地上。根据这些痕迹，有经验的猎人就能确定貂的空中路线。这条路线有时会很长，有几千米。必须要非常仔细，才能不错过痕迹，把貂找出来。

当塞索伊奇第一次找到貂的痕迹时，他没带狗，所以他独自循着痕迹去追貂。

他穿着滑雪板走了很久。一会儿信心十足地跑几十米——在那里，貂落到了雪地上，并在雪地上留下了爪印；一会儿小心翼翼地向前移动，敏锐地查看这位空中旅行家在路上留下的不易发现的痕迹。那天，他不止一次地唉声叹气，懊悔没有把他那忠诚的北极犬朋友带上。

黑夜来临的时候，塞索伊奇还在森林里。

这个身材矮小、长着胡子的猎人，在背风的地方点起了一个火堆，从怀里掏出一大块面包吃了，好歹把这个漫长的冬夜熬过去再说。

早晨，貂的痕迹把猎人引到一棵粗壮的枯云杉前。太好了：在云杉的树干上，塞索伊奇发现了一个树洞，貂应该是在这里过夜的，而且，可能它还没出来。

猎人扣住扳机，右手拿着枪，左手举起一根树枝，用它在云杉树干上敲了一下。然后他扔掉树枝，双手举起枪，只要貂一跳出来，他就马上开枪。貂没有跳出来。

塞索伊奇又举起树枝，在树干上连敲两下，一次比一次重。

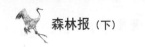

"哎,还睡着呢!"猎人气恼地暗自想着。"快醒过来吧,瞌睡虫!"

他又用树枝敲了一下,震得整个森林都嗡嗡作响!

貂还是没在树洞里出现。

这时塞索伊奇才想起察看一下云杉周围。

树里面是空的,在树干的另一面,在一根枯树枝下面,还有一个树洞的出口。树枝上的雪被碰掉了:貂从云杉的这一面溜出了树洞,跑到相邻的树上去了。猎人的视线刚好被粗壮的树干遮住了。

塞索伊奇没有办法,只好继续向前追貂。

猎人又在那些不易察觉的痕迹中彷徨了一整天。

后来塞索伊奇找到一个痕迹,这个痕迹清楚地证明,貂距离这个追踪者没有多远。这时,天色暗下来了。猎人找到了一个松鼠洞,貂把松鼠从洞里赶走了。很容易看出,貂追了松鼠很长时间并终于在地上追到了它:精疲力尽的松鼠可能没计算好自己的跳跃,从树枝上掉了下来——于是貂就连跳几下追上了它。就这样,貂在雪地里把它吃掉了。

是的,塞索伊奇的追踪没有错。但是他已经不能继续追踪貂了:他从昨天开始就什么都没吃,他身上连一点面包渣也没有了,而且又有寒气袭来。再在森林里过夜非冻死不可。

塞索伊奇懊恼地发着牢骚,沿着自己的足迹往回走。

"只要追上它,"他暗自想着,"再放上一枪,一切就都解决了。"

塞索伊奇又一次经过那个松鼠洞,他生气地从肩上摘下枪,也不瞄

第九期 冬客临门月

准,朝松鼠洞开了一枪。他只是想发泄一下。

从树上掉下一些树枝、苔藓,而比它们更快地掉到塞索伊奇脚边的,是一只苗条的、毛茸茸的貂。它蜷缩着,临死前还在抽搐。这令塞索伊奇大吃一惊。

后来塞索伊奇得知,经常有这样的情形出现:貂捉住松鼠,吃掉它,然后就钻进松鼠的洞里,在那里缩成一团睡大觉。

黑夜和白天

在12月中旬以前,松软的雪已经没到膝盖了。

在夕阳中,琴鸡待在光秃秃的桦树的顶上,一动不动,给玫瑰色的天空加了些黑影做点缀。然后,它们突然一个跟一个地扑向下面的雪地——接下来,它们消失了。

夜晚来临了,没有月光,一片漆黑。

在琴鸡失踪的林中空地上,塞索伊奇出现了。他的手里拿着网和火把。被树脂浸泡过的麻布,明亮地燃烧着,夜晚的黑幕被推往两边。

塞索伊奇小心翼翼地向前移动着。

突然,在他面前两步远的地方,从雪下钻出一只琴鸡。明亮的火焰晃得琴鸡睁不开眼睛,它像一只巨大的黑甲虫,无助地在原地打转。猎人敏捷地用网罩住了它。

就这样,塞索伊奇在夜里活捉了许多琴鸡。

而在白天,他乘着雪橇,用枪打它们。

这可真奇怪:待在树顶的琴鸡,决不让一个步行的人对它们射击,不管这个人潜伏得多隐蔽。而如果他乘着雪橇,即使是同一个猎人,后边还跟着集体农庄的整个车队,这些琴鸡也别想从他手下逃脱!

本报特派记者报道

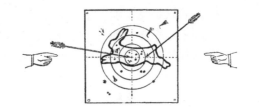

打靶场

第九次竞赛

1. 虾在哪里过冬？
2. 对于鸟类来说，冬天的寒冷和饥饿，哪个更可怕？
3. 如果兔子开始变白的时间比较晚，那么说明这年的冬天来得比较早还是比较晚？
4. 什么是"啄木鸟的打铁场"？
5. 我们这里什么样的夜行大盗只在冬天出现？
6. 什么是"兔子的旁跳"？
7. 冬天和秋天时，乌鸦分别在什么地方睡觉？
8. 最后一批鸥鸟和野鸭，什么时候从我们这里飞走？
9. 秋天和冬天时，啄木鸟常和哪些鸟打交道？
10. 研究脚印的猎人所说的"拖迹"是什么意思？
11. 猫的眼睛在白天和夜里是否一样？
12. 研究脚印的猎人所说的"双重迹"是什么意思？
13. 研究脚印的猎人所说的"雪中兔迹"是什么意思？
14. 哪种野兽在冬天除了尾巴尖以外，全身都变成白色？
15. 这里画着一种食草兽和一种食肉兽的头骨，怎样通过牙齿来区分它们？
16. 无手无脚，敲门挺响，站在门外，想要进来。（谜语）
17. 两个发光，四个铺床，一个躺下。（谜语）
18. 在水里出生，但却害怕水。（谜语）
19. 比煤灰黑，比白雪白，比房子高，比青草低。（谜语）
20. 一个大汉路上走，脚上套着俩靴筒，靴筒越重，心情越好。（谜语）
21. 院子当中一大坨，前面是把叉子，后面是把扫帚。（谜语）

22. 只在地上走，不往天上瞅，总不觉得疼，就是直哼哼。（谜语）
23. 没有门窗，只有小房，到处是人，满满一堂。（谜语）
24. 长在灌木丛里，放在手里滚来滚去，吃之前先得用牙咬。（谜语）

公告栏

"锐目"称号比赛

第八次测验题

"这是谁干的？"

a. 这是谁的脚印？(图1)

b. 在这个屋顶上，有一种动物老在一个地方打转。它是谁？它为什么要这么做？（图2）

c. 雪里的这些小圆洞是什么？谁曾在这里过夜？这里留下来的脚印和羽毛是谁的？（图3）

d. 这里发生了什么事？为什么有这么多脚印？树枝间的犄角是什么动物的犄角？（图4）

图1

图2

图3

图4

为鸟类建立免费食堂

可以用绳子把一块小木板吊在窗外,并在木板上撒上食物:面包屑、干蚂蚁卵、蛆虫、蟑螂、煮熟的蛋屑和奶渣、大麻籽、花楸果、红莓果、小米、燕麦、牛蒡。

不过最好是在树上安放一只装有食物的瓶子,在瓶子下方装一小块木板。

在花园里安放一张摆着食物的桌子,上面加一个盖子,免得雪落到桌子上,这样就更好了。

快来帮助挨饿的鸟儿们

请你记住,我们的小朋友——鸟类,即将面临非常困难的时期,它们很快就要挨饿受冻。请你别等到春天,现在就为它们建造一些舒适的、温暖的小房子——树洞、椋鸟屋、小棚子。这样你就能帮助它们躲避致命的坏天气。为了不受冷风和冰雪的侵害,许多小鸟都来依靠人,它们钻到屋檐下、门洞里过夜。有一只小鸱鹩,甚至钻进村庄里的一根木柱上钉着的邮箱里去过夜。

请你在椋鸟屋和树洞里(见第一期和第二期上的公告栏)铺上绒毛、羽毛、破布——这些将会是鸟儿们温暖的羽毛褥子和毯子。

森林报

第十期　银路初现月（冬天的第一个月）　　12月21日至1月20日　太阳进入摩羯星座

一年——分为12个月的太阳诗篇

12月——天寒地冻。12月既是一年的结束，也是冬季的开始。

水的任务已经完成了：就连湍急的河水也被冰封住了。大地和森林盖上了雪毯。太阳躲藏在乌云后面。白天变得越来越短，黑夜不断变长。

雪下埋葬着多少尸体！一年生植物按期生长、开花、结果，然后化为灰烬，从土里来，再回土里去。同样按期化为灰烬的，还有许多一年生的无脊椎小动物。

但是，植物留下了种子，动物产下了卵。到时候，太阳会像睡美人童话中英俊的王子那样，用吻使它们苏醒过来。它将从泥土里重新创造出生命体。而多年生的动植物，它们能保存自己的生命度过北方漫长的冬天——直至下一个春天来临。冬天还没来得及使出全力，太阳的生日——12月23日——已经临近了。

太阳会回到这个世界来的，生命也会随着太阳复活。

但是，还得先把冬天挺过去。

冬之书

在整个大地上都均匀地铺着一层白雪。田野和林中空地，现在就像一本摊开的大书的平整干净的书页。谁要是在书页上走过，就会留下痕迹，说明"某某到此一游"。

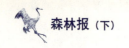
森林报（下）

白天下了一场雪，雪停了之后，书页又是干净的了。

早晨你再来看——白色的书页上印满了各种神秘的符号，直线、圆点、逗点。这说明，在夜里的时候，有各种各样的森林居民来过这里，它们在这里走来走去，蹦来蹦去，做了一些事情。

谁来过这里？它们做了什么事情？

得尽快分辨这些难懂的符号，解读这些神秘的字句。要不然再下一场雪，眼前就会重新出现一张干净、平整的白纸，好像有谁把书翻了一页似的。

各有各的读法

在冬之书上，每个森林居民都用自己的笔迹、自己的符号留了言。人们学习用眼睛分辨这些符号。不用眼睛的话，还能怎么读呢？

而动物们想出了用鼻子读。比方说狗，它闻着冬之书上的字句，就能读出："这儿来过一只狼"，或者："这儿刚跑过一只兔子"。

动物们的鼻子可有学问了——它们无论如何也不会弄错的。

谁用什么写字

动物们越来越多地用脚爪写字。有的用整个巴掌写，有的用四个指头写，还有的用蹄子写。偶尔也有用尾巴、鼻子、肚子留言的。

鸟儿们，有的也用脚爪或尾巴写字，还有用翅膀写字的。

写得工整的和写得潦草的

我们的记者们学会了在冬之书中，解读出森林里发生的事件。他们掌握这门学问可不容易：不是所有森林里的动物都写得很工整的，也有一些写得很潦草的。

灰鼠的字迹很容易辨认，也很容易记住：它在雪地上蹦蹦跳跳——好像在玩跳背游戏。它跳的时候，用两条短短的前腿支着，两条长长的后腿向前伸出老远，而且大大地叉开。它的前爪印很小，并排印上两个圆点。它的后脚印很长，好像两只小手掌，伸着细细的手指。

老鼠的字迹虽然很小，不过也很工整，很清晰。老鼠从雪下钻出来，经常先绕个圈，然后朝它要去的地方一直跑去，或者往回跑进洞里。

第十期　银路初现月

于是在雪地上就出现了一长串冒号——冒号与冒号之间的距离是相同的。

鸟类的笔迹——比方说喜鹊的——也很容易辨认。三个前脚趾在雪地上留下几个小十字，后面的第四个脚趾留下一个小破折号。小十字的两旁是翅膀羽毛的痕迹，像手指印一样。它那有层次的长尾巴，免不了会在雪地上的什么地方抹过。

这些都还是很平常的痕迹。一眼就能看出：这儿是一只松鼠从树上下来，在雪地上蹦了一会儿，又跳回树上去了；一只老鼠从雪下跳出来，跑一会儿，转一会儿，又钻回雪下去了；一只喜鹊落下来，在坚硬的雪面冰层上，跳了几下，用尾巴抹了一下，用翅膀拍了一下，然后就飞走了。

而你好好研究一下狐狸和狼的字迹吧。你要是不习惯，马上就会被搞糊涂。

小狗和狐狸，大狗和狼

狐狸的脚印很像小狗的脚印。区别只在于，狐狸把脚掌缩成一团；脚趾紧紧并拢。

狗的脚趾是分开的，因此它的脚印无法把雪踩实。

狼的脚印很像大狗的脚印。区别也只有一点：狼的脚掌从两边向里收缩。因此狼的脚印比狗的脚印更长，更匀称；狼的脚爪和脚上肉垫的痕迹在雪上印得更深。狼的一只脚掌上的 前后爪印之间的距离，比狗的脚印更大。狼的前脚爪在雪上的痕迹经常是合在一起的。狗的脚趾上的肉垫的痕迹是合在一起的，而狼不是。

要解读一串串的狼脚印是很不容易的，因为狼喜欢耍花 招，把自己的脚印搞乱。狐狸也是这样。

狡猾的狼

当狼向前迈步或者小跑的时候，它的右后脚会准确地踩在左前脚的脚印里，而左后脚会准确地踩在右前脚的脚印里；因此它的脚印是成一条直线，好像它是沿着一条绳子跑似的。

你看见这样一条直线，你就会这样解读："曾经有一匹健壮的狼经过这里。"

那你可错了！正确的解读应该是这样的："曾经有五匹狼经过这

里。"领头的是一只聪明的母狼,后面跟着一只老公狼,再后面是三只小狼。

它们脚印叠脚印地走,十分精确,你绝对想不到,这是五只狼的脚印。一定要好好磨练自己的眼睛,这样才能在雪后的道路上正确解读野兽的脚印。

冬天的森林

树木会不会被冻死?当然会。

如果树木整个被冻透了,连树芯都冻了——这棵树就会死。赶上特别寒冷少雪的冬天,我们这儿会冻死不少树,而且大部分是小树。还好每棵树都有保暖的妙招,不让严寒深入到自己的内部,不然所有的树木就都冻死了。

吸收养分、生长发育、传宗接代——这些都需要消耗大量的气力、能量,需要消耗大量的热量。树木积蓄了整个夏天的气力,到了冬天,就不再吸收养分,不再生长发育,不再把气力消耗在繁殖后代上。它们停止活动,进入深度睡眠。

树叶会呼出许多热量——所以树木在冬天是不需要叶子的!树木抛掉树叶,放弃它们,为的是把维持生命所必须的热量,保存在自己体内。而且,从树枝上掉落的树叶,在地面上腐烂了,会散发出热量,防止柔弱的树根被冻坏。

不仅如此!每棵树都有一副甲胄,它能保护植物那有生命的躯体不受严寒的侵袭。每年,整个夏天,树木都在树干和树枝的表皮底下储存多孔的木栓组织——无生命的间层。木栓组织既不透水,也不透气。空气被截留在木栓组织的孔隙中,不让热量从树木那有生命的躯体里散发出去。树龄越长,树木的木栓组织就越厚,这就是为什么又老又粗的老树比枝干都很纤细的小树更能耐受住寒冷。

光有木栓甲胄还不够。如果严寒连这层甲胄也能穿透,那它会在植物那有生命的躯体里遇到一道可靠的化学防线。在冬天之前,在树木的汁液里储存了各种盐和转化为糖的淀粉。而盐和糖的溶液是非常抗寒的。

不过,最好的抗寒手段,还是松软的雪盖。众所周知,体贴的园丁会故意把怕冷的小果树弯到地上,用雪把它们埋起来:这样它们就会暖和了。在多雪的冬天,雪像鸭绒被一样,覆盖住了森林,这时,森林什么样的严寒都不怕。

无论严寒如何肆虐,它也冻不死我们北方的森林!

第十期　银路初现月

雪下牧场

周围一片白色，积雪很深，人们可能会忧伤地想，现在地面上除了雪什么也没有，所有的花都谢了，所有的草都枯了。

人们通常确实是这么想的，而且人们还会自我安慰："哎，能怎么样呢，大自然就是这么安排的！"

我们对大自然了解得还太少啊！

今天是晴朗温暖的一天，我趁着这个好天气，乘着滑雪板来到自己的小牧场上，清理小试验场上的积雪。

积雪被清理完了。现在是1月，阳光照亮了牧场上的植物，照亮了一簇簇紧贴在冰冻的地面上的小叶子，照亮了从枯草皮里钻出来的鲜嫩的尖尖的小叶子，照亮了被积雪压向地面的各种草本植物的绿色小茎。

在这些植物中，我找到一棵毛茛。在冬天之前，它一直开着花。而现在，它在雪下保存着所有的花朵和蓓蕾，等待春天的到来。甚至连花瓣都没散落！

你们知道在我们的小试验场上有多少种不同的植物吗？62种。其中36种现在还是绿的，其中5种现在还有花。

谁还能说在1月里，在我们的牧场上，既没有草，又没有花呢！

巴甫洛娃

森林大事记

以下几起事件，是我们的森林记者们在雪后的道路上解读出来的。

半懂不懂的小狐狸

小狐狸在林中空地上看见几行老鼠的小脚印。

"啊哈，"它心里想，"就要有东西吃了！"

它也没好好用鼻子解读一下，到底刚才是谁在这儿，就看了一眼：喏，脚印往那边去了，一直到那株灌木下。

它悄悄地靠近灌木。

它看见雪里有个东西微微在动,小小的,毛皮是灰色的,长着尾巴。它一下子扑过去,嘎吱就是一口。

"呸呸呸!……什么臭东西,可恶心死了!"它把这只小兽吐出来,跑到一边赶忙吃了几口雪……用雪漱漱口。这个气味真是太难闻了。

于是小狐狸的早饭没吃成。只是白白杀死了一只小兽。

原来这只小兽不是野鼠,也不是田鼠,而是一只鼩鼱。

它只是远看像老鼠,近看就能区别出来:鼩鼱的嘴脸是向前伸长的;背是拱起来的。它是食虫动物,跟鼹鼠和刺猬是近亲。任何一只稍有常识的野兽都不会攻击它,因为它的气味太厉害了:它能散发出像麝香一样的气味。

可怕的脚印

我们的森林记者们在树下找到一种带着长长的脚爪印的痕迹,他们被吓坏了。痕迹本身不大,跟狐狸脚印差不多,而脚爪又长又直,像钉子似的。要是被这样的脚爪抓一下肚子,连肠子都会被抓出来。

森林记者们小心地沿着脚印走去。他们来到一个很大的洞,洞前的雪地上散落着细毛。他们仔细看了看,细毛很直,很硬,但是不脆,细毛是白色的,毛尖带点黑。人们用这种毛做刷子。

森林记者们一下子就明白了:洞里住着一只獾,獾不太活跃,但也不太可怕。看来它是趁着这融雪天出来散散步。

雪下鸟群

兔子在沼泽地上蹦蹦跳跳。它在草丘之间来回跳着,"嘭"的一声,掉进了雪里,雪没到了它的耳朵。

然后兔子感觉到:在它脚下有什么活的东西微微在动。这时从它周围的雪下,扑扑拉拉地飞出了许多白色的松鸡。兔子吓得要死,掉头就跑回森林里去了。

原来,在沼泽地上的积雪里住着一整群白松鸡。白天它们出来,在沼泽地上走来走去,挖红莓果吃。吃完就又回到积雪里。

它们在积雪里既温暖又安全。谁也无法在雪下发现它们。

第十期　银路初现月

雪爆炸了，鹿得救了

　　雪地上印着许多脚印，仿佛记载着一个神秘的故事，我们的记者们想了很久也没想明白。

　　起先是平缓的、又小又窄的蹄印。这不难解读：有一只狍子在森林里经过，它没觉得会有不好的事情发生。

　　突然，在这些蹄印的旁边，出现了许多大的脚爪印，于是从狍子的蹄印能看出蹦跳的痕迹。

　　这很好理解：狼从密林里看见了狍子，狼径直扑向它，狍子飞快地从狼身边逃走。

　　接下来狼的脚爪印离狍子的蹄印越来越近，——狼就要追上狍子了。

　　在一棵倒掉的大树旁，两种痕迹混在了一起。看来，狍子在紧要关头从粗树干上跳了过去，狼也跟着它跳了过去。

　　在树干的另一面，有一个深坑。坑里的积雪乱七八糟，零零碎碎，好像这儿有个大炸弹在雪下爆炸了似的。

　　在这之后，狍子的蹄印和狼的脚爪印就分开延伸向两边，中间莫名其妙地出现了一种巨大的脚印，很像人赤脚时的脚印，只是带有弯弯的、可怕的脚爪。

　　到底这雪里的炸弹是什么？这可怕的新脚印是谁的？为什么狼的脚印和狍子的蹄印会分开延伸向两边？这里发生了什么事情？

　　我们的记者们在这些问题上苦苦思索了好久。

　　最后他们终于明白了这些巨大的脚印是谁的，于是一切马上就真相大白。

　　狍子凭借四条追风腿，轻而易举地跳过了倒在地上的树干，并继续

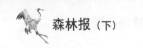

向前飞奔。而狼在狍子身后也跳了起来,但是没跳过去:狼的身子太沉了。狼从树干上"嘭"的一声掉进了雪里,树干底下刚巧有个熊洞,狼的四条腿都插进了熊洞里。

熊正睡得迷迷糊糊的,吓了一大跳,于是雪呀、冰呀、树枝呀,四处飞溅,好像有炸弹爆炸一样,熊也急忙逃进森林里去(它可能以为是猎人们抓它来了)。

狼倒栽进雪里,一看见这么个大胖家伙,连狍子的事也忘了,只顾着赶紧逃命。

而狍子早就跑没影了。

雪海底部

初冬时节,雪还没下得很多,对于田野和森林里的野兽来说,再没有比这个更倒霉的了。地面光秃秃的,冻土越来越厚。洞穴里变得很寒冷。连鼹鼠都觉得难受了,泥土冻得像石头一样硬,鼹鼠得费很大的劲才能用自己铁锹似的爪子挖动泥土。而野鼠、田鼠、银鼠、白貂又该怎么办呢?

好容易大雪纷飞,下个不停,落在地上也不会融化了。干燥的雪海覆盖了整个大地。人站在雪海上能没到膝盖,而榛鸡、琴鸡,甚至松鸡都把头潜进雪海里。野鼠、田鼠、鼩鼱——所有这些居住在洞穴里的,不冬眠的小动物,都从自己的地下住所里钻出来,在雪海底部跑来跑去。凶猛的银鼠,像小海豹一样,在雪海里不知疲倦地窜来窜去。它跳出来待一会儿,往周围看看——有没有榛鸡在什么地方从雪里探出头来?然后又钻回底部。它就这样像隐形人一样,在雪下悄悄地靠近鸟儿们。

雪海底部比雪海表面要暖和。冰冷的寒风、严冬的死亡气息,吹不到那里。有一层厚厚的冰挡住了严寒,不让它接近地面。许多住在洞穴里的老鼠,就把自己过冬的窝建在雪下的地面上,好像是在冬天里来到郊外的小房子。

竟然还有这样的事情!有一对儿短尾巴的田鼠,用青草和细毛在地上做了个小窝,就搭在一株被雪盖住的灌木的树枝上。从小窝里还有微微的蒸汽冒出来。

厚厚的雪下,在这个温暖的小窝里——有几只刚出生的小田鼠,它们光秃秃的,还没有视力。而外面的气温可真低啊,有零下20℃呢!

三色堇

甘菊

遏蓝菜

飞鼠

甘菊

可爱的小獾
(图片来源：http://sgs.cnr.colostate.edu/Educ_sightssounds.aspx)

鼩鼱*

獾
(图片来源：http://blogs.ft.com/ftimblog/2009/05/15/badger-badger-badger-ett/)

树上的鼩鼱

红色交嘴雀**

鹈鹕

褐色鹈鹕
(图片来源：http://www.nipic.com/show/1/90/2156d4d54dd28cd13.html)

美国北极犬
（爱斯基摩犬）
(图片来源：http://www.dogwww.com/space/space.php?do=dog&uid=265)

* (图片来源：http://www.animalpicturesarchive.com/view.php?did=265)
** (图片来源：http://www.panoramio.com/photo/4630128)

第十期　银路初现月

冬日的中午

1月里，在一个阳光明媚的中午，被雪盖住的森林里，鸦雀无声。熊正在自己隐秘的洞里睡觉。在熊的头上，在被雪压弯的灌木和乔木之间，仿佛有传说中的拱顶、空中通道、门廊、窗户、带尖顶的奇异楼阁。这一切都在闪闪发光，无数的小雪花夹杂在其中，就像一座钻石矿。

一只小鹪鹩，锥子似的尖嘴，竖起尾巴，好像是从地底下钻出来的一样。它飞到云杉顶上——它的鸣叫声传遍了整个森林！

在雪中拱顶下面的地窖的小窗户里，突然露出一只浑浊的绿眼睛……难道是春天提前来临了？

这是熊的眼睛：熊总是透过小窗户从熊洞里向外看——森林里不一定会发生什么事情！没有，在钻石般的拱顶下一切都很平静……然后眼睛就不见了。

小鹪鹩在冰冻的树枝上蹦跳了一阵，然后又钻到雪下的小树桩里去了：那里有它温暖的，用松软的苔藓和绒毛做成的冬巢。

集体农庄历

树木在严寒中沉睡着。它们的汁液都冻住了。锯不知疲倦地在森林里发出刺耳的声音。伐木工作要在森林里持续整个冬天。在冬天里采伐到的木材是最上等的：既干燥，又结实。

为了把锯下来的木材运到河边，以便在春天的时候让它们顺河水漂走，人们建造了宽阔的冰道。人们往雪上浇水，好像在溜冰场上浇水一样。

集体农庄庄员们正在为春天作准备。他们在选种，检查庄稼的出苗情况。

一群群田野里的灰松鸡，现在都住在打谷场旁边，它们经常飞到村

庄里来。雪那么深，它们要在雪下找食物非常困难，就算是扒开了积雪，要用它们弱小的爪子敲开厚厚的冰壳，更是难上加难。

在冬天要抓住它们是非常容易的，但这是违法的：法律禁止在冬天捕捉软弱无力的灰松鸡。

聪明而体贴的猎人们在冬天还会喂养这些鸟，为它们在田野里设置食堂：用云杉树枝搭起小棚子，在小棚子底下撒上燕麦和大麦。

这样的话，冬季再怎么寒冷，美丽的松鸡也不会死掉。到了来年夏天，每对松鸡都会再孵出20只甚至更多的小松鸡。

集体农庄新闻
巴甫洛娃报道

雪 犁

昨天，我去了闪光集体农庄。我要拜访我以前的同学，拖拉机手米沙·高尔辛。

他的妻子为我开了门，她是个很爱开玩笑的人。

"米沙还没回来呢，"她说，"他在耕地呢。"

我心里想："又拿我开心呢。不过这次的说法也未免太愚蠢了：他在耕地呢。估计连托儿所里刚会爬的小孩都知道，冬天是耕不了地的。"

于是我也开玩笑地问：

"是在耕雪吧？"

"要不然是在耕什么，当然是在耕雪呢。"米沙的妻子回答说。

我去找米沙，虽然这有点奇怪，不过他确实是在田里呢。他开着拖拉机，拖拉机后面拖着一个长长的箱子。箱子把雪收集到一起，这样就出现了一道又高又密实的雪垄。

"你为什么要这么做，米沙？"我问道。

"这是为了挡住风。要是不堆这么一道屏障，风就会在田里乱刮，把雪给吹跑。而越冬作物没有雪会被冻死的。得把雪留在田里。这不，我正用自己的雪犁干活儿呢。"

按冬季作息时间生活

集体农庄的牲畜们现在正在按照冬季的作息时间生活：睡觉，吃饭，散步——所有这些都按时进行。关于这件事，四岁的女集体农庄庄员玛莎·斯米尔诺娃这样对我说：

第十期 银路初现月

"我和我的小伙伴们,现在都上幼儿园了。所以,可能牛马们也上幼儿园了。我们去散步,它们也去散步。我们回家,它们也回家。"

"绿色腰带"

沿着铁路线,立着一排排齐整的云杉,伸延有好几千米。这条"绿色腰带"保护着铁路,不让雪把铁路埋起来。每年春天,铁路职工们都要栽种几千棵小树,使这条"绿色腰带"扩大。今年栽种了超过10万棵云杉、槐树、杨树,和将近3,000棵果树。

这些树木的树苗都是铁路职工们在自己的树木培育场里培育的。

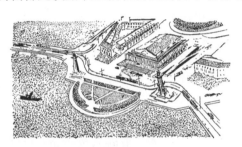

城市新闻

光着脚在雪地里爬

在阳光明媚的日子里,温度表里的水银柱攀上了0℃,在花园里、林荫路上和公园里,从雪下爬出许多没有翅膀的小苍蝇。

它们一整天都在雪地上爬来爬去,到了晚上就又藏进冰雪的缝隙里去了。

在冰雪的缝隙里,它们住在叶子下和苔藓里温暖僻静的地方。

它们在雪地上经过的地方,并没有留下脚印。这些爬来爬去的小苍蝇又轻又小,只有在高倍放大镜下才能看清它们:向前伸出的长嘴巴,头上长着奇怪的触角,还有细细的光脚。

来自国外的消息

《森林报》编辑部收到一些报道,我们从中了解到了候鸟在国外生活的具体情况。

著名歌手——夜莺——在中非过冬,云雀住在埃及,椋鸟分作几

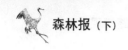

组，分别前往法国南部、意大利和英国旅行。

它们在那里不唱歌，只关心自己的吃饭问题，既不筑巢，也不抚育雏鸟。它们在等待春天的来临，到时候就可以回到故乡了，俗话说得好："在家千日好，出门万事难。"

在埃及聚集了一大批鸟

埃及是鸟类的冬季天堂。支流无数、沿岸布满淤泥的雄伟的尼罗河，洪水退去后留下的肥沃草场和田野，各种或咸或淡的湖泊和沼泽，温暖的地中海的海岸曲折，海湾众多——所有这些地方，都为几十万、几百万的鸟类准备了丰盛的美食。夏天时，这里本来已经有了许多鸟，到冬天时，飞来这里的还有我们的候鸟。

拥挤的情形是无法想象的。好像全世界的鸟都聚集到这儿来了似的。

在湖面上和尼罗河的支流上，聚集着密密麻麻的水鸟，从远处望去，连水面都看不见了。嘴巴底下长着个大袋子的笨重鹈鹕，在我们的灰野鸭和小水鸭旁边捕鱼。火烈鸟很漂亮，长着粉红色的羽毛，而鹬鸟则在火烈鸟的长腿间走来走去，一看见五颜六色的非洲鱼鹰或是我们的白尾海雕，它们就立即四散奔逃。

如果在湖面上放一枪，各种各样的水鸟群，就会飞起来，那种喧嚣声只有同时摇动几千面鼓才能相比。马上就会有一大片深沉的阴影出现在湖面上，因为无数的鸟飞到空中，把太阳遮住了。

我们的候鸟在冬天就是这样生活的。

国家自然保护区

在我国的广阔土地上，也有自己的鸟类天堂，不比非洲的埃及差。而且，和在埃及一样，冬天时，你在那里能看见成群的鹈鹕和火烈鸟，其间还夹杂着野鸭、野雁、鹬鸟、鸥鸟和猛禽。

我们说的是冬天时。可是那里冬天时，跟我们这儿的冬天不一样，那里没有雪，没有严寒和暴风雪。那里有温暖的海洋，海湾小小的，布满了淤泥，有芦苇丛，沿岸有灌木丛，有平静的草原湖泊，鸟类在这些地方，一年四季都能找到许多各种各样的食物。

这些地方都是禁猎区，候鸟们辛苦了一个夏天，飞来这里休息，不允许猎人们欺负它们。

这里是我们的塔雷什国家自然保护区，它位于里海的东南沿岸，阿塞拜疆的利高伦附近。

第十期 银路初现月

轰动南非的事件

在南非发生了一件轰动性的重大事件。在南方有一群鹳从天而降，人们发现其中有一只鹳戴着白色金属环。

人们抓住了这只鹳，发现环上刻着字："莫斯科，鸟类学委员会，A组第195号"。

这则消息刊登在报纸上，就这样，我们知道了我们的记者们所抓住的那只鹳，冬天时去了哪里（见《森林报》第7期，发自森林的第二封电报）

科学家们用这种给鸟戴环的方式，了解了鸟类生活中许多令人惊讶的秘密：它们过冬的地方，飞行路线，等等。

为此，每个国家的鸟类学委员会都用铝做成不同尺寸的环，在环上刻上发环机构的名称、组别字母（根据环的尺寸）和号码。捉住或打死戴着环的鸟的人，应当按照刻在环上的名称通知发环机构，或是在报纸上刊登自己的发现。

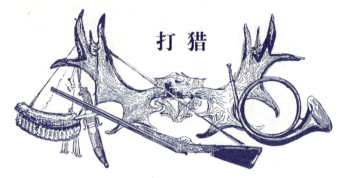

打猎

带着小旗子打狼

村庄附近有狼出没。时常有小绵羊或小山羊被叼走。这个村庄没有自己的猎人，只好派人到城里去找人帮忙。

当天晚上就从城里来了一队猎人。他们用一辆专门的雪橇运来了两个巨大的绞盘。绞盘上缠满了绳子，中间高高隆起。绳子上挂着红布小旗子，每隔半米挂一面。

细察雪路上的脚印

他们向农民们仔细打听，狼是从哪儿来的，然后去解读脚印。那辆载着绞盘的雪橇还是跟在他们后面。

狼脚印成一条线，从村庄穿过田野一直通到森林。看起来像是一只狼，而对脚印有经验的几个猎人仔细看过后说，这是一窝狼。

等来到森林里，脚印分成了五组。猎人们看过后说：领头的是一只母狼。脚印窄，步子小，脚印槽是斜的：这些特征都说明这是母狼的脚印。

猎人们分作两组。他们乘上雪橇，绕了森林一周。

脚印没有离开森林。这说明整窝狼都还躲在森林里。得赶快给它们来个包围。

包 围

每组猎人带上一个绞盘。他们静静地前行，绞盘转动着，放出绳子。后面的人把绳子固定在灌木丛里、树上、树桩上。这样做的目的是为了使长长的小旗子在离地一尺的地方晃动。

两组人在村庄旁边会合了：他们用带小旗子的绳子把整个森林绕了

第十期 银路初现月

一圈。

他们嘱咐集体农庄庄员们天蒙蒙亮就动身,然后他们自己睡觉去了。

夜 里

夜里,天气寒冷,月光皎洁。

一只母狼、一只公狼,还有三只今年才出生的小狼,都从睡觉的地方站起身来了。

周围是一片茂密的云杉,树顶上的天空中,有一轮圆月在慢慢移动,好像是太阳暗淡时的样子。

狼们的肚子在咕咕叫。饿得很难受啊!

母狼抬起头,朝着月亮嗥叫,公狼跟着它嗥叫,声音低沉。小狼们也跟着它们嗥叫,声音尖细。

村庄里的牲畜听见了狼的嗥叫声,吓得叫了起来——牛哞哞地叫,羊咩咩地叫。

母狼迈开步子,后面跟着小狼们,公狼走在最后。

它们小心翼翼地,脚印叠脚印地走着,朝着村庄的方向,它们走进了森林。

母狼、小狼、公狼,依次停住了脚步。

母狼凶恶的眼睛机警地转动着。它那灵敏的鼻子闻到一股红布的酸涩味。它看见:在前面——森林的边缘地带,在灌木丛上挂着一些黑乎乎的布片儿。

母狼年纪不小,见多识广,但却从没见过这种场面。但是它知道:有布片的地方就会有人。谁知道他们要干什么:搞不好他们正躲在田野里监视我们呢。得往回走。

它转过身，三窜两纵，奔进了密林，后面跟着公狼，再后面是小狼们。

它们迈着大步，穿过整个森林，在森林的边缘地带附近，又停下了。

又是布片儿，挂在那儿，好像伸出来的舌头。

狼们到处乱窜，来来回回地横穿了森林几次，到处都是布片儿，没有出路。

母狼觉得情形不妙，逃回了密林，公狼和小狼们跟着它。母狼趴下了，公狼和小狼们也趴下了。

它们冲不出包围圈。还是饿着吧。谁知道这些人是怎么想的。

肚子咕咕叫。真冷啊！

第二天早上

天空刚刚出现鱼肚白，有两队人从村庄里出动了。

一队人数少，都穿着灰大褂，他们绕着森林走，悄悄地把小旗子解了下来，在灌木丛后边散开，各就各位。这一队是带着枪的猎人。他们之所以穿着灰大褂，是因为所有其他颜色在冬天的森林里都很显眼。

人数多的一队是拿着木棒的集体农庄庄员，他们等在田野里。然后，指挥员一声令下，大家就喧闹地走进了森林。他们在森林里走着，叫嚷着，用木棒敲击着树干。

围追堵截

狼们在密林里打盹儿。突然，从村庄的方向传来一阵喧闹声。

母狼奔向相反的方向，后面跟着公狼，再后面是小狼们。

它们颈后的毛像刺猬一样竖起，尾巴夹紧，耳朵向后，眼睛发亮。

森林的边缘地带是一块块红布。狼们往回跑。

喧闹声越来越近。能听得出：有许多人走过来了，木棒敲得轰隆隆响。

得躲开他们。它们发现一处森林的边缘地带没有红布。往前跑！

狼们朝着射击手们组成的埋伏圈直冲过来了。

从灌木丛后面冒出了火光，枪声乒乒乓乓地响了起来。公狼高高跃起，又扑通一声倒在地上。小狼们尖叫着，满地打滚。

猎人们枪法很准，没有一只小狼能逃脱。只是老练的母狼不知去向，没人知道它是怎么逃脱的。

从此，村庄里再没有牲畜失踪了。

第十期　银路初现月

捕猎狐狸
（来自本报特派记者的报道）

一个有经验的猎人，眼力总是很敏锐，他只要看看脚印，就能明白与狐狸有关的事情。

早晨，刚下过雪，塞索伊奇从家里出来，离得老远就发现在田野里有一行清楚、整齐的狐狸脚印。这位身材矮小的猎人，不慌不忙地走近脚印，站在那儿沉思了一会儿。他解下滑雪板，单膝跪在滑雪板上，弯起一个手指头，把手指头抠进脚印里——竖抠抠，横抠抠。又想了一会儿，他站起身，套上滑雪板，在脚印旁边行进着，眼睛一直盯着脚印。他一会儿隐没在灌木丛中，一会儿又从灌木丛里出来。他来到一片小树林跟前，依然是那样不慌不忙地绕着小树林转了一圈。

但是，当他从这片小树林的另一边出来的时候，突然加快了速度，奔回村庄去了。虽然没有滑雪杖的帮助，他还是踏着滑雪板，急速地在雪地上行进着。

冬天的白天很短暂，在他察看脚印的时候，就过去了两个小时。而塞索伊奇已经暗下决心，一定要在今天抓住这只狐狸。

他来到了我们这儿的另一个猎人——谢尔盖的小房子前。谢尔盖的妈妈从窗户里看见他，就走到门廊，先开口对他说：

"我儿子不在家。也没说要去哪儿。"

塞索伊奇知道老太太的用意，只是笑了笑：

"我知道，我知道：他在安德烈那儿呢。"

在安德烈的小房子里，塞索伊奇真的找到了两位年轻的猎人。

他们无法在塞索伊奇面前掩饰自己的窘迫，当塞索伊奇进来的时候，他们就不说话了，而谢尔盖甚至还从长凳上站了起来：他想用自己的身体挡住卷着红色小旗子的大绞盘。

"别藏了，孩子们，"塞索伊奇开门见山地说，"我什么都知道。昨天夜里，狐狸从星火集体农庄叼走了一只鹅。现在狐狸藏身的地方，我也知道。"

两位年轻的客人目瞪口呆。就在半个小时之前，谢尔盖遇到了一个来自隔壁的星火集体农庄的熟人，并得知，昨天夜里，狐狸从农庄的禽舍里叼走了一只鹅。于是谢尔盖就过来告诉自己的朋友——安德烈。他们刚刚商量好，如何在塞索伊奇听到风声之前，先找到并抓住狐狸。谁知道他突然就出现了，而且还什么都知道。

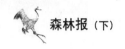

安德烈先开口说:"是哪个巫婆替你卜算出来的吧?"

塞索伊奇冷笑一声:"巫婆们估计一辈子也想不明白这种事的。脚印我看过了。现在我给你们讲讲:首先,这是一只成年的公狐狸,个头儿很大。脚印又大又圆,很清楚。它走起路来,不像小狐狸那样到处乱走。它从星火带了一只鹅离开,在灌木丛里把鹅吃掉了:地方我已经找到了。这只狐狸很狡猾,很胖,它身上的毛皮很厚,很值钱。"

谢尔盖和安德烈互相使了个眼色:"连这个也写在脚印上了?"

"当然啦。如果这只狐狸很瘦,半饥半饱地活着,它身上的毛皮就会很薄,也没有光泽。而这只狐狸,既狡猾,吃得又饱,毛皮很厚,颜色深,闪着光。这是一张值钱的毛皮。吃饱了的狐狸的脚印也很特别:吃饱了的狐狸脚步轻盈,走起来就像猫一样,脚印叠脚印——整整齐齐的一行,一步叠一步——很有节奏。我跟你们说:这样的毛皮在'列宁格勒皮货站',人们都会抢着要,出大价钱呢。"

塞索伊奇说完了。谢尔盖和安德烈又互相使了个眼色,两个人走到角落里,小声嘀咕了一会儿。

然后安德烈说:"好吧,塞索伊奇,你就直说吧:你是来找我们合伙的吧?我们没意见。你看:我们自己也听到了一些,连小旗子都准备了。我们本来想赶在你前头的,不过没成功。那我们就这样说定了——看谁运气好吧。"

"你们来进行一次围捕,"身材矮小的猎人大度地说,"要是它跑了,可想而知,就不会再有第二次围捕了:这只狐狸不是咱们这儿的——它是路过的狐狸。咱们本地的狐狸,我是知道的,没有这么大的。它在第一声枪响之后,就会急速逃窜——找两天也别想找到它。小旗子还是留在家里吧:估计这只狡猾的成年狐狸,已经不止一次地被包围过,每次都被它逃掉了。"

不过两位年轻的猎人还是坚持要带上小旗子,他们认为这样会稳妥些。

"好吧,"塞索伊奇同意了,"既然你们想带,那咱们就带吧。出发!"

谢尔盖和安德烈忙碌起来,他们把两个系着小旗子的绞盘搬出来,绑到雪橇上。在他们忙碌的时候,塞索伊奇抽空回了趟家,换了件衣服,并找了五个年轻的集体农庄庄员,让他们做围猎人。

这三位猎人在短大衣外面都套上了灰色的大褂。

"我们这是去打狐狸,不是打兔子,"塞索伊奇在路上教导他们说,"兔子比较糊涂;而狐狸嗅觉比兔子灵敏,眼睛也敏锐得出奇。只要它觉得稍有不对劲,马上就跑得无影无踪了。"

第十期　银路初现月

　　几个人很快就来到了狐狸藏身的小树林。大家分散开来：围猎人留在原地，谢尔盖和安德烈拿了一个绞盘，从左边用小旗子把小树林围起来，塞索伊奇从右边围起。

　　"你们可看仔细点，"塞索伊奇在分开前提醒他们，"看有没有离开树林的脚印？别弄出声。狐狸很机灵，一有点儿什么动静，是不会傻等着的。"

　　很快，三个猎人在小树林的另一边碰了头。

　　"都正常吗？"塞索伊奇低声问道。

　　"一切正常，"谢尔盖和安德烈回答说，"我们仔细看过了：没有离开树林的脚印。""我这儿也是一样。"

　　他们留下一条差不多150步宽的通道没挂小旗子。塞索伊奇告诉两位年轻猎人最好站在什么地方，然后自己就悄悄地踏着滑雪板回去找围猎人。

　　过了半小时，围捕开始了。六个人围成一圈，向森林里包抄过去，他们低声地彼此呼应着，并用木棒敲击树木。塞索伊奇走在围猎人中间，并调整着这条阻击线。

　　森林里一片寂静。人们碰到树枝时，从树枝上轻轻地掉落下一团团松软的白雪。

　　塞索伊奇紧张地等待着枪声：虽然都安排好了，但他还是放心不下。这是一只稀有的狐狸，经验丰富的猎人对此毫不怀疑。这次要是错过了，以后就再也看不见了。

　　到了小树林的中心，还是没有枪声。

　　"这是怎么回事？"塞索伊奇一边从树干中间钻过去，一边不安地想，"狐狸早就该窜上通道了。"

　　终于来到了森林的边缘地带。安德烈和谢尔盖从藏身的云杉后面出来。

　　"没有吗？"塞索伊奇问，他已经不把声音压低了。"我们没看见。"

　　身材矮小的猎人没多说什么，往回跑去检查包围圈。

　　"哎，到这儿来！"几分钟之后，传来了他生气的声音。

　　大家都走到他跟前。

　　"亏你们还说自己对脚印有研究！"小个子恶狠狠地训斥两位年轻的猎人，"你们不是说没有离开树林的脚印吗？那这是什么？"

　　"兔子脚印，"谢尔盖和安德烈异口同声地回答说，"这是兔子的脚印，我们能不知道么？我们在包围的时候就看见了。"

　　"那兔子脚印里头呢？兔子脚印里头是什么？我跟你们这两个蠢货说过：这是一只狡猾的狐狸！"

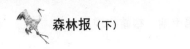

在兔子长长的后脚印里勉强能发现另一种圆一些，短一些的野兽脚印，两位年轻的猎人看了半天才看出来。

"狐狸为了掩饰自己的脚印，经常踩着兔子的脚印走，这一点你们不知道吗？"塞索伊奇情绪激动，"一步叠一步，很有节奏。你们这两个笨蛋！多少时间就这么白白浪费了。"

塞索伊奇吩咐把小旗子留在原处，第一个沿着脚印追过去了。其余的人都一言不发地紧跟着他。

在灌木丛里，狐狸脚印和兔子脚印分开了。狐狸的脚印很整齐，绕来绕去的，显示出狐狸的狡猾，人们沿着狐狸脚印走了好久。

阴暗的冬季白天就快在淡紫色的云朵中结束了。所有人都垂头丧气：一整天的劳动都白费了。连脚上的滑雪板也变得沉重起来。

突然，塞索伊奇停下了脚步。他指着前方的一片小树林，低声地说："狐狸在那儿呢。前方五千米都是田野，像一块台布似的：没有灌木，没有小沟。在开阔的地方奔跑对它不利。我用脑袋担保，它就在那儿。"

两位年轻的猎人一下子振作起来了。他们从肩上取下枪。

塞索伊奇吩咐着：三个围猎人跟安德烈从右边，两个围猎人跟谢尔盖从左边，包围小树林；大家一起进入小树林。

塞索伊奇自己等其他人离开后，悄无声息地钻到小树林中央。他知道那里有一块小空地。狐狸无论如何也不会跑向开阔的地方。但是，无论往空地的哪个方向跑，它也不可避免地要经过空地的边缘地带。

在空地中央有一棵高大的老云杉，它旁边的一棵云杉枯死了，倒在它身上，老云杉用茂密有力的树枝托住了这位姐妹。

塞索伊奇的脑中闪过一个想法，他想顺着倒掉的云杉爬到高大的老云杉上：这样居高临下，就能看见狐狸往哪儿跑；空地周围只有低矮的小云杉，还有光秃秃的杨树和桦树。

但是，这位有经验的猎人马上放弃了这个想法：在你爬树的时候，狐狸都逃跑10次了。而且从树上开枪也不方便。

塞索伊奇在云杉附近停住脚步，站到两棵不大的云杉之间的一个树桩上，扣住双筒猎枪的扳机，并开始小心地四下张望。

从四面八方，几乎是同时传来了围猎人们轻微的声音。

塞索伊奇从内心里知道，准确无误地知道，那只非常值钱的狐狸已经在这儿，就在他旁边，它随时都可能出现，可是当一团棕黄色毛皮在树干之间闪过的时候，他还是颤抖了一下。而当这只野兽出乎意料地径直窜向开阔的空地时，塞索伊奇差点开枪。

第十期 银路初现月

可不能开枪:这不是狐狸。这是一只兔子。兔子在雪地上坐下,警觉地晃动着耳朵。声音从四面八方临近。兔子跳进密林,消失了。

塞索伊奇又绷紧了神经,期待着。突然从右边传来一声枪响。

打死了?打伤了?从左边传来了第二声枪响。

塞索伊奇放下枪:不是谢尔盖,就是安德烈——有人抓住了狐狸。

过了几分钟,围猎人们来到了空地上。谢尔盖和他们在一起,一脸尴尬。

"没打中?"塞索伊奇皱着眉问。

"它在灌木丛后边来着……"

"哎呀!……"

"它在这儿呢!"从后面传来安德烈的声音,"别遗憾,它没逃掉。"

年轻的猎人走过来,把一只死兔子,扔到塞索伊奇脚下。

塞索伊奇张开嘴,然后又闭上,什么也没说。围猎人们疑惑地看着猎人们。

"不错,可喜可贺!"塞索伊奇终于平静地开了腔,"现在各回各家吧。""狐狸怎么办?"谢尔盖问。"你看见它了么?"塞索伊奇问。

"没有,没看见。我就看见兔子在灌木丛后边来着,于是……"

塞索伊奇只是摆了摆手:"我看见了:狐狸被一只云雀带到天上去了。"

当大家从空地里出来的时候,身材矮小的猎人走在大家后面。现在的亮儿还够看清雪地上的脚印。

塞索伊奇慢慢地,走走停停地绕着空地转了一圈。

狐狸和兔子进入空地的脚印在雪地上很清楚:塞索伊奇仔细地观察着狐狸的脚印。

没有,狐狸没有踩着自己的脚印往回走——一步叠一步,很有节奏。狐狸也没有这样的习惯。

没有从空地里出来的脚印——没有兔子的,也没有狐狸的。

塞索伊奇坐到树桩上,用双手托着头,思索着。最终,他的脑海中出现了一个很朴素的想法:狐狸在空地上打了个洞,——它藏到洞里去了,这一点猎人刚才没想到。

但是,当这个想法产生时,塞索伊奇抬起头一看,天已经黑了。完全没希望再看见这只狡猾的野兽。

塞索伊奇只好回家了。

野兽有时会让人猜一些很难猜的谜语,有些人解不开,就放弃了,塞索伊奇可不是这样的人。

到了第二天早晨，身材矮小的猎人又来到昨天脚印消失的空地上。现在出现了狐狸从空地出来的脚印。

塞索伊奇沿着脚印走去，想找到他直到现在还不知道在哪儿的狐狸洞。但是，狐狸的脚印把他一直领到空地中央。

一行行整齐清楚的脚印洼，通向倒掉的枯云杉，沿着树干上去，消失在高大的老云杉那茂密的枝叶里。那里，在距离地面8米高的地方，有一根宽宽的树枝，上面一点雪也没有：之前在树枝上伏过一只野兽，雪被它蹭掉了。

昨天塞索伊奇在这儿守候狐狸的时候，狐狸就伏在他头上。如果狐狸会笑的话，它一定会笑话身材矮小的猎人，而且会笑得前仰后合。

不过，塞索伊奇在这次事件后深信不疑，既然狐狸会爬树，它们就一定也会痛快地笑。

东西南北苏联各地无线电通信站

注意了！注意了！

这里是列宁格勒《森林报》编辑部。

今天是12月22日，冬至日，我们进行我们今年的最后一次无线电通信，接收来自我们苏联各地的消息。

无论是冻土带还是草原，原始森林还是沙漠，高山还是海洋，请加入我们。

请跟我们说说：现在，正值隆冬，是一年中白天最短的时候，黑夜最长的时候，你们那里在发生着什么？

你们听！你们听！这里是北冰洋极北群岛

最长的黑夜在我们这儿。太阳离开了我们，落到大海的另一边去了，在春天来临之前不会再出现。

海洋被冰封住了。在我们群岛上的冻土带上也都是冰雪。

第十期　银路初现月

还有谁留在我们这儿过冬？

在海洋里的冰底下居住着海豹。它们在冰还比较薄的时候，在冰上给自己打了通气孔，并努力使这些通气孔保持通畅，一有冰把通气孔堵上，它们就用嘴把通气孔通开。海豹们靠近通气孔呼吸新鲜空气，它们穿过通气孔爬到冰面上休息和睡觉。

这时候，公白熊会悄悄地靠近它们。公白熊不冬眠，也不会在冰洞里躲藏一冬，这一点跟母白熊不一样。

在雪下的冻土带上居住着短尾巴的旅鼠，它们给自己挖通道，啃食那些埋在雪下的小草。这时候，雪白的北极狐就用鼻子来找它们，并把它们挖出来。

北极狐还可以吃到野禽：冻土松鸡。当它们钻进雪里睡觉的时候，嗅觉灵敏的小狐狸就会毫不费力地悄悄靠近并抓住它们。

冬天时在我们这儿没有其他的鸟兽。就是北方的鹿，到了冬天，也设法离开群岛，顺着冰走向原始森林。

夜晚，一片漆黑，没有阳光，如果一直是这样，我们怎么能看见东西呢？

其实我们这里即使没有阳光也是很明亮的。首先，当月亮出来的时候，就会有月光。其次，我们这里经常会有北极光。

这种神奇的光，变换着各种颜色，一会儿，在北极所在的方向，像一条宽阔的、有生命的带子似的，在天空中展开；一会儿，像瀑布一样倾泻而下；一会儿，像柱子或剑一样竖起。最洁净的白雪在北极光的照耀下闪闪发光。这时，周围变得像白天一样明亮。

天冷吗？是的，冷得要命，而且还有风，还有暴风雪。暴风雪使得我们的房子被埋在了雪里，我们已经整整一周出不了门了。不过我们苏联人无所畏惧。我们一年一年地，越来越深入地向北冰洋挺进，而勇敢的苏联北极科考人员甚至早就已经在研究北极了。

这里是顿涅茨草原

我们这儿也在下小雪呢。这对我们来说不算什么，我们这儿的冬天不长，也不是很冷。野鸭从湖里迁移到我们这里来；它们不想再继续向南飞了。而白嘴鸦从北方飞到我们这里来，就留在各个城镇里。这里有足够它们吃的食物，它们会一直住到3月中旬，然后回家，飞回故乡。

在我们这儿过冬的还有来自遥远的冻土带的客人们：雪鸮、角百

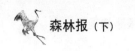

灵、体形巨大的白色雪鸮。雪鸮在白天觅食，要不然它夏天时无法在冻土带上生活，夏天时那里总是白天。

在空旷的、白雪覆盖的草原上，人们无事可做。但是，在地底下，我们正热火朝天地工作着：在深深的矿井里，我们用机器挖煤，用电力牵引机把煤送上地面，用火车把煤运送到全国各地，运送到各个工厂。

这里是新西伯利亚原始森林

原始森林里的雪积得越来越深。猎人们乘着滑雪板，三三两两地进入原始森林，身后拖着轻型雪橇，雪橇上载着那些用得上的东西。许多北极犬，竖着灵敏的耳朵，摇着蓬松的卷尾巴，跑在猎人们前面。

在原始森林里有许多淡蓝色的灰鼠、珍贵的黑貂、毛茸茸的猞猁、白色的兔子，还有巨大的驼鹿、黄鼬——最好的画笔就是用黄鼬的毛做的。还有雪貂，从前沙皇的披肩就是用雪貂皮做的，而现在人们用雪貂皮给孩子们做帽子。还有许多棕红色的和黑褐色的狐狸，许多美味的榛鸡和松鸡。

另外熊早就在自己隐秘的熊洞里睡了。

猎人们一连好几个月待在森林里不出来，他们在森林里的小房子里过夜：他们要利用冬季短暂的白天设置捕猎各种鸟兽的陷阱，而这时他们的北极犬在原始森林里走来走去，用鼻子闻，用眼睛看，用耳朵听，寻找松鸡、灰鼠、黄鼬和猞猁，或是睡得正香的熊。

猎人们回家的时候，用皮带拉着雪橇走，雪橇上满载着猎物。

这里是卡拉库姆沙漠

春天和秋天的时候，沙漠并不是一片不毛之地：在沙漠里到处是生命。

夏天和冬天的时候，沙漠里死气沉沉。夏天的时候沙漠里没有东西吃，而且太阳晒得厉害；冬天沙漠里没有东西吃，而且冷得厉害。

在冬天，野兽逃走，鸟类飞走，它们都要离开这些可怕的地方。太阳毫无意义地照耀着这片无边无际的、被白雪覆盖的平原。没有人会为这晴朗的白天而感到高兴。就算太阳把雪晒化，雪下也都是毫无生气的沙子。乌龟、蜥蜴、蛇、昆虫，甚至还有一些温血动物——老鼠、黄鼠、跳鼠，都深深地钻进沙子里，冻硬了，冻僵了。

狂风在肆虐，没人能阻止它：在冬天，它是沙漠的主人。

蜂兰花
(图片来源：http://www.bansteadcommonsconservators.org/Banstead%20Commons%20Conservators%20Wildlife%20photographs.html)

驼鹿
(图片来源：http://www.wallpaperpimper.com/wallpaper/download-wallpaper-Moose-size-1024x768-id-118716.html)

绒鸭
(图片来源：http://www.lintukuva.fi/uutiset/IWPGDT2006e.html)

驼鹿
(图片来源：http://www.voyageurquest.com/blog/algonquin%20Moose%20Photogrpahy%20workshop.html)

灰狐狸

抹香鲸
(图片来源：http://www.chris-shields.com/chriss.h)

海狮
(图片来源：http://digitalchocolate.org/images/11-29-04-morro-strand/index.htm)

海狮头部
(图片来源：http://www.sheddaquarium.org/oceanariumpresskit/downloads.html)

第十期 银路初现月

不过,不会永远这样的。人们正在战胜沙漠:挖渠、造林。很快,就算是夏天和冬天的时候,沙漠也会是生机勃勃的。

你们听!你们听!这里是高加索山脉

我们这儿不论是在夏天还是在冬天,都是冬天与夏天并存。

那些高山,比如我们的卡兹别克山或艾尔布尔士山,山顶傲慢地耸入云端,山顶上的冰雪终年不化,即使是夏天时的炎炎烈日也晒不化。但是,我们的百花山谷和海滨被群山保护着,就连冬天时的逼人寒气也无法战胜它们。

冬天把岩羚羊、野山羊和野绵羊从山顶赶到山腰,但是再往下就无能为力了。冬天,山上开始下雪,而底下山谷的土地上,却落下了温暖的雨。

我们刚刚在花园里采摘了曼陀林、橙子、柠檬,并把它们交给国家。在我们的花园里,玫瑰还盛开着,蜜蜂也还在嗡嗡地飞来飞去,而在向阳的山坡上,第一批春花已经开花了——带绿芯的白色雪中莲、黄色的蒲公英。在我们这儿,花朵四季绽放,母鸡四季下蛋。

冬天,当天气变得寒冷,食物开始短缺的时候,我们的鸟兽们无需远离它们在夏天时居住的地方:它们只要从山顶下到半山腰或者下到最下面的山谷里,就能得到温饱。

大批来自北方的有翅膀的客人,在我们高加索躲避严寒,饮食无忧。

这里有苍头燕雀、椋鸟、云雀、野鸭、长嘴巴的丘鹬。

尽管今天是冬至,尽管今天是一年中白天最短、黑夜最长的日子,而明天就是白天阳光灿烂、夜晚星斗满天的新年。在我国的一端——在北冰洋上——我们的伙伴们无法出门:那里风雪肆虐,严寒刺骨。而在我国的另一端,我们出门的时候都不用穿大衣,只穿少许衣服我们就会觉得很温暖。我们欣赏着耸入天际的群山,一弯细细的月牙挂在我们头上晴朗的天空中,安详的大海在我们脚下静静地拍着波浪。

这里是黑海

没错,今天黑海的波浪轻轻地拍打着海岸,卵石在波浪的爱抚下发出朦胧的呓语声,在阴沉的海面上倒映出一弯细细的月牙。

暴风雨在我们头上已经过去很久了。当时我们的大海波涛汹涌,白浪滔天,疯狂地拍击着岩石,带着巨响,远远地飞溅到海岸上。不过这是秋天时的事情。而在冬天,强烈的风很少骚扰我们。

在黑海没有真正的冬天。冬天时,海水会微微变凉,只是在北部海岸一带会短暂地出现薄冰。我们的海水全年不冻,快乐的海豚在海里嬉戏,黑色的鸬鹚潜进海里,白色的海鸥在海上翱翔。一年四季,在海面上都有我们气派的轮船在行驶,有摩托艇在疾驰,有轻巧的帆船在移动。

飞来这里过冬的有各种各样的潜鸟、潜鸭、粉红色的胖鹈鹕——它的嘴巴下面有一个装鱼用的大口袋。冬天时,我们的海里一点儿也不比夏天时寂寞。

这里是列宁格勒《森林报》编辑部

正如你们所见到的那样,在苏联有各种各样不同的春夏秋冬。它们都是我们的,都属于我们的伟大祖国。

你可以尽情挑选你所心仪的地方。不管你去了哪里,在哪里住了下来,哪里都有美丽的景色和特别的工作在等待着你:研究、发现我们这片土地上新的美景和财富,并在我们这片土地上建设新的、最美好的生活。

我们今年的第四次,也是最后一次来自我国各地的无线电通讯转播到这里就结束了。明年见!

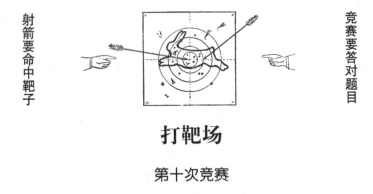

射箭要命中靶子　　竞赛要答对题目

打靶场

第十次竞赛

1. 冬天从哪天(按日历)开始?这一天有什么特别之处?
2. 哪一种食肉兽的脚印上没有爪印?为什么?
3. 渔夫不喜欢哪几种皮毛珍贵的野兽?
4. 树木在冬天生长吗?
5. 为什么猎人们最重视下过新雪后的打猎活动?
6. 哪些鸟类钻进雪里过夜?

7. 冬天时猎人在森林和田野里穿什么颜色的衣服最有利？
8. 为什么兔子在奔跑时，后脚印在前，前脚印在后。

9. 我们的候鸟冬天时在南方筑巢吗？
10. 这雪上的脚印是谁的？

11. 森林里哪种鸟的眼睛是靠近后脑勺的？为什么？
12. 哪种小兽，狐狸不要，雪貂不吃？
13. 哪种猛兽的脚印跟人的脚印相似？
14. 有时候，猎人们在打到的兔子的背上，会发现猫头鹰或鸮的爪印。为什么会这样？
15. 这里画着被一个猎人打伤的狍的脚印。这只狍受了什么样的伤？

16. 一件大袍空中飘，既没衣襟也没纽。（谜语）
17. 马在田里叫，就是不回家。（谜语）
18. 在雪地里奔跑，却没留下脚印。（谜语）
19. 老头在门外把热气拖走，自己不停留，也不让别人停留。（谜语）
20. 谁能在河上，不用斧子，不用钉子，不用楔子，不用板子，就造出一座小桥？
21. 像钻石一样纯净晶莹，但却不值钱，从什么变来的再变回什么。（谜语）
22. 我飞，我转，我向全世界呼叫。（谜语）
23. 种进土里时是一小块碎渣，从土里钻出来时是一张大饼。（谜语）
24. 不用种，不用磨，泡在水里，压块石头，到冬天做成美味佳肴。（谜语）

公告栏

"锐目"称号比赛

第九次测验题

这是谁的脚印？（图1）

这又是谁的脚印？是兔子的吗？是两种兔子的：白兔和灰兔。哪一种是白兔的脚印，哪一种是灰兔的脚印？（图2）

这是何种动物的脚印？（图3）

树叶落尽了。根据树干和树枝，请判断，这些都是什么树？（图4）

森林里、田野里、花园里的自修识字课本

人人都可以掌握。

在走路的时候仔细看看，哪些鸟兽在雪地上留下了怎样的脚印。

第十期 银路初现月

你一定能学会阅读这本伟大的白色的冬之书。

别忘了森林里那些无家可归、忍饥挨饿的小朋友们!

冬天,那些鸣禽和其他鸟儿的日子可太难过了,太难过了!它们寻找着躲避寒冷、躲避冬天那可怕的寒风的地方,它们找不到,于是就冻死了。

快来!快来!快来!救命啊!

请多做好事!

给小鸟们建造过夜的树洞吧!在田里用云杉枝和稻草捆给灰松鸡立起小棚子吧!

给鸟儿们开设食堂吧!(见第九期的公告栏)

招待贵宾

山雀和五子雀

山雀和五子雀非常喜欢吃油。只不过千万不能是咸的:它们吃了咸的东西,肚子会痛的。

谁要是想邀请这些又可爱又有趣的小鸟到自己家里去做客,以便观赏它们,并在它们如此艰难的时候让它们吃饱,就得这么做:

拿一根小棍子,在小棍子上面钻一行小洞,并往这些小洞里灌进熟猪油或熟牛油。等油凝住之后,把小棍子挂在窗外,如果是挂在窗前的树上那就更好了。

这些快乐的小客人会迫不及待地过来的,而且对受到的招待表示感谢,它们会给你表演各种各样的魔术:在树枝上打转,头朝下翻筋斗,向旁边跳跃等等。

欢迎灰松鸡到我们的草棚里来

为了邀请灰松鸡,有人用云杉树枝在田野里搭成了这样的小棚子,还在棚子周围撒了些燕麦和大麦招待它们。

森林报

第十一期　忍饥挨饿月（冬天的第二个月）　　1月21日至2月20日　太阳进入水瓶星座

一年——分为12个月的太阳诗篇

1月——按人们的说法，是冬天到春天的转折；是一年的开始，是冬天的中心：白天越来越长，天气越来越冷。到新年的时候，白天来了个兔子蹦，一下子变长了。

大地、水、森林——所有这些都被雪覆盖着，周围的一切都陷入了长眠般的沉睡。

在艰难的时刻，生命会巧妙地伪装成死亡的样子。草本植物、乔木和灌木都停止了活动，虽然停止了活动，但是没有死。

白雪死气沉沉地覆盖着植物，但在雪下，它们蕴含着顽强的生命力，那是生长和开花的力量。松树和云杉把种子牢牢地包裹在小拳头似的球果里，保存得很好。

冷血动物躲藏起来，被冻僵了，但是它们也没有死，甚至就连那些柔弱的动物，比如螟蛾，也都躲进各种各样的避难所里去了。

鸟类的血液特别热，它们从不冬眠。许多野兽，甚至小老鼠，整个冬天都跑来跑去。睡在深深的积雪下的熊洞里的熊，竟然在1月的严寒中，生下了几只还没有视力的小熊，虽然它自己整整一冬什么也不吃，但却能给小熊喂奶，而且还一直喂到春天来临，这难道不是一件怪事吗？

森林大事记

在森林里好冷啊,好冷啊!

冰冷的风在空旷的田野里游荡,在光秃秃的桦树和杨树间移动。风钻到鸟类绷紧的羽毛下,钻进野兽浓密的体毛里,使它们的血都变凉了。

但是它们既不能待在地上,也不能待在树枝上:到处都覆盖着积雪,爪子都冻住了。得不停地奔跑、跳跃、飞行,这样才能暖和起来。

那些有着温暖舒适的巢穴、洞穴的动物,以及仓库里有丰富储备的动物,就不在乎了。它们吃饱了之后,就把身子蜷缩成一团——酣睡。

吃饱了就不怕冷

对于鸟兽来说,最重要的事情是吃饱。一顿饱饭会从内部提供热量,提高血液温度,使热量在所有血管中流动。皮下脂肪是动物们的毛皮大衣和羽绒大衣最好的里子。寒气能透过体毛,能透过羽毛,但是无论如何也透不过皮下脂肪。

如果食物充足,冬天就不可怕。可是冬天到哪儿去找食物呢?

狼和狐狸在森林里转悠,森林里空荡荡的,所有的鸟兽不是藏起来,就是飞走了。白天有乌鸦在飞,夜里有雕在飞,它们在寻找猎物,真没有猎物。

在森林里真饿啊,真饿啊!

接踵而至

乌鸦最先发现一具马尸。"呱!呱!"飞来一整群乌鸦,准备吃饭。已经是傍晚了——天色变暗,月亮出来了。从森林里传来一阵咕咕声。乌鸦飞走了,雕从森林里飞出来,落到马尸上。

它刚开始吃饭——用嘴撕着肉,晃动着耳朵,眨巴着白眼皮——突然从雪地上传来一阵沙沙的脚步声。

雕飞到了树上,狐狸扑到了马尸上。

狐狸用牙咔嚓咔嚓地咬着,还没吃饱呢,狼来了。

第十一期　忍饥挨饿月

　　狐狸跑进了灌木丛，狼扑到了马尸上。狼竖起浑身的毛，牙像小刀一样，它撕扯着马肉，满足地发出呼噜呼噜的声音，连周围的声音也听不见了。它抬起头，把牙齿咬得咯吱咯吱响——别靠近！然后又继续吃。

　　突然，在它头上传来一声低沉的咆哮。狼吓得一屁股坐在地上，夹紧尾巴，落荒而逃。

　　原来是熊这个森林的主人大驾光临了。这回谁也别想靠近了。黑夜快过去了，熊吃完饭，睡觉去了。而狼一直在旁边等待着呢。熊走了——狼扑到了马尸上。狼吃饱了——狐狸来了。狐狸吃饱了——雕飞来了。雕吃饱了——乌鸦从各处飞来了。

　　天快亮的时候，对这顿免费大餐感兴趣的动物都吃完了，只剩下一堆残渣。

幼芽在哪儿过冬？

　　现在，所有植物都在蛰伏，但是它们已经准备好迎接春天，并准备好开始发芽。

　　到底这些幼芽在哪儿过冬？

　　树木的幼芽在离地很高的地方过冬。而草本植物过冬的地方各有不同。

　　森林里的繁缕，它的幼芽在枯茎上的叶脉里过冬。繁缕的幼芽依然富有生命力，依然保持着绿色，而叶子从秋天时就已经变黄，枯萎，整棵植物好像死了似的。

　　而猫爪花、鼠耳草、马鞭草及许多其他矮小的草本植物，不仅在雪下珍藏着幼芽，而且它们把自己也保存得完好无损，打算用满身绿色迎接春天。

　　上面所有这些草本植物的幼芽，都是在地上过冬的，虽然不是离地很高。

　　别的草本植物就不是在地上过冬了。

　　去年的艾蒿、旋花、苕子、金莲花和马蹄草，现在在地上除了半腐烂的叶和茎，什么也没剩下。

　　如果要找它们的幼芽，你可以在紧贴地面的地方找到。

　　草莓、蒲公英、三叶草、酸模和千叶蓍的幼芽也在地上，不过它们被一簇簇绿色的小叶子包裹着。这些草本植物也会满身绿色地从雪下钻出来。许多其他种类的草本植物把自己的幼芽留在地下。在那里，银莲花、铃兰、舞鹤草、柳穿鱼、柳兰、款冬的幼芽在根茎上过冬，野蒜和顶冰花的幼芽在鳞茎里过冬，紫堇的幼芽在块茎里过冬。

陆上植物的幼芽就在这些地方过冬。而水下植物的幼芽把自己埋进淤泥，在池塘和湖泊的底部过冬。

巴甫洛娃

小木屋里的大山雀

在忍饥挨饿月里，各种各样的鸟兽都在人的住所附近活动。这里比较容易从人们扔出来的垃圾里找到食物。

饥饿战胜了恐惧。机警的森林居民们顾不上害怕人类了。

琴鸡和松鸡潜进打谷场和谷仓。灰兔来到菜园。白貂和银鼠在地窖里捉老鼠。白兔来到村庄附近的干草垛里吃干草。还有一只大山雀，居然从开着的门外飞进了我们记者的林中小木屋，它的脸颊是白色的，胸脯上有黑色条纹。它对人毫不在意，敏捷地在餐桌上啄食食物残渣。

小木屋的主人们关上门——大山雀也就成了俘虏。

它在小木屋里住了整整一周。人们既没打扰它，也没招待它。可是它一天天地，不知不觉地胖起来了。它一天到晚在小木屋里到处觅食。它寻找蟋蟀和睡在缝隙里的苍蝇，啄食豌豆，到了晚上就钻进俄式壁炉后面的缝隙里睡觉。

过了几天，它把所有的苍蝇和蟑螂都吃光了，开始吃面包、书、小盒子、软木塞——只要是被它看见的东西，都被它用嘴啄坏了。

于是，主人打开门，把这个不请自来的小客人从小木屋里赶了出去。

我们怎样去打猎

一大清早，我和爸爸去打猎。早晨很冷。在雪上有很多脚印。但是爸爸说了："这是新脚印，离这儿不远肯定有兔子。"

爸爸叫我沿着脚印走，而他自己留在原地等着。兔子在被人从藏身的地方撵出来的时候，总是先绕一圈，再沿着自己的脚印往回跑。

我沿着脚印走。脚印很多，但是我坚持着往前走。很快我把它撵出来了。它在一棵柳树下待着。受了惊吓的兔子兜了个圈子，然后沿着自

第十一期 忍饥挨饿月

已的脚印往回跑。我焦急地等待着枪声。过了一分钟,又过了一分钟。突然,在寂静中传来轰的一声枪响。我朝枪响的地方跑去。很快,我看见了爸爸。在距离他十米的地方躺着一只兔子。我把兔子捡起来,然后我们就带着猎物回家了。

森林记者 维克多·丹尼连科夫

野鼠从森林里出来了

许多森林里的野鼠都有仓库里的储备现在不够吃了的问题,它们开始出来找吃的。许多野鼠为了躲避貂及其他食肉动物,从自己的洞里跑出来了。

而土地和森林都被白雪覆盖着,没什么可吃的。大批饥饿的野鼠从森林里出来了。谷仓危险了,得保持警惕。

貂跟在野鼠后面。但是貂的数量太少了,不够捉住和消灭所有的野鼠。保护好谷物,防备这些啮齿动物们吃掉它们。

不受法则约束的家伙

现在,所有的森林居民都被严冬残酷地压迫着。森林法则规定:冬天的时候,尽量争取温饱,而关于雏鸟的事情就不要想了。孵雏鸟要在夏天,那时天气温暖,食物充足。

不过,冬天的时候,要是谁能在森林里找到足够的食物,那就不受这条法则约束了。

我们的记者们在高高的云杉上找到一个小鸟的窝。这个窝所在的树枝上落满了雪,而窝里有几颗小鸟蛋。

第二天,我们的记者又到那儿去了,那天刚巧非常冷,所有人的鼻子都冻红了。他们一看,窝里已经孵出了几只雏鸟,它们光秃秃地待在雪里,还看不见东西。

怎么会有这种怪事呢?

其实一点也不奇怪。这是一对儿交嘴雀搭了窝并孵出了雏鸟。

交嘴雀这种鸟,在冬天里既冻不着,也饿不着。

在森林里全年都能看见成群的交嘴雀。它们快乐地彼此呼应着,从一棵树飞到另一棵树,从一片森林飞到另一片森林。它们全年都过着迁移的生活:今天在这儿,明天在那儿。

春天时，所有的鸣禽都成双成对地给自己选一块地方，并住下来，直到孵出雏鸟。

而交嘴雀在这个时候却成群结队地满森林飞，在哪儿都不停留太久。

鸟群总是喧闹地飞行着，其中全年都可以看见老鸟和幼鸟在一起，就好像它们的雏鸟是在飞行过程中，在空中出生的一样。

在我们列宁格勒，还把交嘴雀称作"鹦鹉"，之所以会有这个称呼，是因为它像鹦鹉一样有一身美丽鲜艳的盛装，另外它们也能像鹦鹉一样在竹竿上爬上爬下，转来转去。

雄交嘴雀的羽毛是橙黄色的，颜色有深有浅；雌鸟和幼鸟的羽毛是绿色和黄色的。

交嘴雀的脚爪善于抓物，嘴很会叼东西。它们喜欢用脚爪抓住上面的树枝，用嘴叼住下面的树枝，就那么倒挂着。

非常奇怪的是，交嘴雀死后，尸体很长时间也不腐烂。老交嘴雀的尸体可以就那么放20年——连一根羽毛都不掉，也不会发臭，像木乃伊一样。

但是最有趣的是交嘴雀的嘴。其他别的鸟类都没有这样的嘴。

交嘴雀的嘴样子很独特：上下两部分交叉反曲——上半方向下弯，下半方向上翘。

交嘴雀所有的本事都在嘴上，所有怪事的答案也都在嘴上。

交嘴雀刚出生的时候，嘴也是直的，跟所有别的鸟一样。但是随着雏鸟渐渐长大，它开始用嘴从云杉和松树的球果里啄食种子。这样它那柔弱的嘴就慢慢交叉着弯曲起来，以后就一辈子是这个样子了。这样的嘴对交嘴雀很有好处：用交叉的嘴把种子从球果里钳出来比较方便。

这样一切就都明白了。

为什么交嘴雀一生都在森林里游荡？

第十一期 忍饥挨饿月

因为它要寻找球果长势最好的地方。今年在我们列宁格勒州，球果大丰收，所以交嘴雀到我们这里来。如果明年北方什么地方球果大丰收，交嘴雀就会到那里去。

为什么冬天时，交嘴雀在冰天雪地中还唱歌和孵雏鸟呢？

既然周围到处是食物，凭什么不唱歌和孵雏鸟呢？窝里很暖和——那里有绒毛、羽毛、兽毛。而雌鸟，在生下第一颗蛋之后，就不再离巢了。雄鸟会给它带食物来。

雌鸟孵着蛋，等雏鸟出壳后，它就把云杉或松树的种子在嗉子里软化，然后喂给雏鸟吃。树上一年四季都有球果。

交嘴雀找好配偶，在它们想筑巢，想生儿育女的时候，就会离开鸟群，不管是冬天、春天，还是秋天（人们在每个月里都找到过交嘴雀的巢）。它们把巢筑好就住进去。等雏鸟长大了，一家子又重新加入鸟群。

为什么交嘴雀死后会变成木乃伊呢？

这完全是它们吃球果的缘故。在云杉或松树的种子里有许多树脂。老交嘴雀一辈子都吃球果，体内积存了大量的这种树脂，就像皮靴被柏油浸透了一样。树脂在它死后对它的尸体有防腐作用。

埃及人就是往死者身上涂树脂，把死者变成木乃伊。

适 应

深秋时节，熊在长满小云杉的小山坡上选了个地方作熊洞。它用脚爪撕下许多窄条的云杉树皮，把它们填进小山坡上的一个坑里，再铺上松软的苔藓。它又啃倒了坑周围的几棵小云杉，让这些小云杉像个小棚子似的把坑盖起来，然后它钻进坑里，安稳地睡着了。

但是，过了还不到一个月，猎狗找到了它的熊洞，它好不容易才从猎人手下逃脱。它不得不直接睡在雪地上——虽然环境很吵。即便如此，它还是被猎人们找到了，它又是好不容易才逃脱。

它又第三次躲藏起来。这回谁也不会想到它藏身的地方。

直到春天人们才发现，它是在高高的树上美美地睡了一觉。这棵树上部的树枝，不知什么时候被暴风雪吹断了，于是就朝天生长，形成了一个坑。夏天时，鹫把树枝叼到这里来，并铺上松软的垫子，在这里孵出雏鸟，然后飞走了。而冬天时，这只在自己的熊洞里受到惊扰的熊，竟爬到这个空中的"坑"里去了。

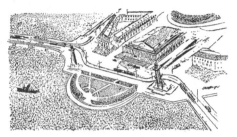

城市新闻

免费食堂

鸣禽们现在饥寒交迫。

好心的城市居民们,在花园里以及自己家的窗台上,为它们安排了小小的免费食堂。有的人把小块儿的面包和油脂用线栓上,挂在窗外。有的人把装着麦粒和谷物的篮子放在花园里。

大山雀、胖山雀、蓝山雀,有时还有黄雀、朱顶雀,以及其他的冬客,经常会整群整群地拜访这些免费食堂。

学校里的森林角

每所学校里都有一个生物角。在生物角的箱子、罐子、笼子里,养着各种各样的动物。它们都是孩子们在夏天远足时捉来的。现在孩子们可忙极了:得让所有的住户吃饱喝足,按它们的不同喜好安排住宅,还得把它们看管好,别让它们逃跑。这里有鸟类、兽类、蛇、青蛙,还有昆虫。

在一所学校里,孩子们给我们看了一本他们在夏天时写的日记。看来,他们收集这些动物是有收获的,不是白费力气的。

6月7日写道:"我们贴出一张宣传画,让大家把所有收集到的动物都交给值日生。"

6月10日值日生写道:"图拉斯带来一只天牛。米罗诺夫带来一只甲虫。加夫里洛夫带来一条蚯蚓。雅科夫列夫从芦苇上捉来一只瓢虫和一只小甲虫。伯尔肖夫从篱笆上捉来一只雏鸟。"等等。

孩子们几乎每天都这样写日记。

第十一期　忍饥挨饿月

"6月25日我们到池塘边去远足。我们捉住了许多蜻蜓及其他昆虫的幼虫。我们还捉住了一只蝾螈，这是我们非常需要的。"

有些孩子甚至还对他们捉住的动物进行了描述。

"我们收集了几只红娘华、隐角椿、青蛙。青蛙有四条腿，每条腿上有四个脚趾。青蛙的眼睛是黑色的，它的鼻子是两个小洞。青蛙的耳朵很大，它对人类有很大好处。"

冬天时，学生们凑钱在动物商店里买了一些州里没有的动物：乌龟、羽毛鲜艳的鸟、金鱼、豚鼠。你一走进那个房间：动物们有的毛茸茸的，有的光秃秃的，有的披着羽毛，有的吱吱叫，有的尖叫，有的哼哼着——完全就是一个动物园。

还有的学生们想出了互相交换动物的方式。夏天时，一个学校捉住了许多鲫鱼，而另一个学校养殖了许多家兔——多得没处放。两个学校的孩子们就进行了交换：四条鲫鱼换一只家兔。

这些都是低年级学生们做的事情。

而高年级的学生们有自己的组织。他们几乎在每个学校里都有少年自然科学家小组。

在列宁格勒的少年宫里也有一个小组，各个学校都选派自己最好的少年自然科学家去参加这个小组。在那里，少年动物学家和少年植物学家们学习如何观察和捕捉各种不同的动物，学习在捉来之后如何照顾它们，学习如何制作动物标本，学习如何采集、晒干植物，并把它们做成标本。

从一学年的开始到结束，小组组员们经常到城外，到不同的地方去远足。夏天时，他们全员出发，到离列宁格勒比较远的地方去探险。在那里他们要住整整一个月，每个人都有自己的事情做：植物学家们采集植物；哺乳动物学家们捕捉野鼠、刺猬、鼩鼱、小兔子及其他小兽；鸟类学家们寻找鸟巢，观察鸟类；爬虫学家们捕捉青蛙、蛇、蜥蜴、蝾螈；水族学家们捕捉鱼和各种水下生物；昆虫学家收集蝴蝶、甲虫，研究蜜蜂、黄蜂、蚂蚁的生活。

少年米丘林工作者们在学校里的地块上开辟了果树和林木的培育场。他们在自己的小菜园里经常有不错的收成。

他们在日记本上详细地记录了自己的观察结果和工作情况。

刮风、下雨、降露、酷暑、田野、草场、河流、湖泊和森林的生活，集体农庄庄员们的农业工作——都逃不过少年自然科学家们的注意。我们的祖国有巨大的、各种各样的生物资源，都是他们研究的对象。

在我国，未来的科学家、研究人员、猎人、脚印学家、大自然的改造者正在成长起来。他们是新的、前所未有的一代。

树木同龄人

我今年12岁了，城里街上的枫树跟我同岁：它们是少年自然科学家在我出生那天栽种的。

你们看：枫树已经有两个我那么高了！

谢廖沙·波波夫

百钧百中

天哪！冬天还有人钓鱼！

当然了！不是所有的人都像鲫鱼、冬穴鱼、鲤鱼那么懒：许多鱼只在冬天最冷的时候睡觉，而四处游荡的鳕鱼整个冬天都不睡觉，甚至还在冬天1—2月期间产卵。法国人说："睡觉睡觉，不吃也饱。"可要是不睡觉，那就得吃饭了。

从冰下钓鱼，用鱼钩钓鲈鱼特别好钓，也能钓得特别多。最困难的是寻找鲈鱼在冬天逗留的地方。在不熟悉的河流及湖泊上，得遵循一些普遍的惯例。在近似地确定了地点之后，在冰上凿几个小洞，试试看鱼吃不吃食。这些都是惯例。

如果河流有弯曲处，在又高又陡的河岸底下，可能会有个深坑，天冷时，鲈鱼会成群结队地聚集到这里来。如果有清澈的林中小溪流入湖泊或河流，那么在比溪口或湖口稍低的地方应该有个坑。芦苇只能生长在水浅的地方，在湖里及河里，坑都是在芦苇丛以外。这里也能找到鱼儿逗留的地方。

钓鱼的人们在冰上用铁杵凿一个20～25厘米宽的小洞。他们把拴在细筋或钓线上的鱼钩放进冰窟窿里。先把鱼钩垂到水底，探探水有多深。然后开始小幅度地上下提拉鱼钩，不过不要垂到水底。鱼钩在水里晃动着，闪着明亮的光，就像一条真鱼似的。鲈鱼害怕猎物从身边溜走，一下

狼群在林中雪地上寻找食物。

秧鸡

梭鱼

野蔷薇花

夜莺

第十一期 忍饥挨饿月

子窜过去,咬住了鱼钩。如果鱼不上钩,钓鱼的人就换到另一个地方去凿新的冰窟窿。

喜欢在夜间四处游荡的鳕鱼,要使用冰下渔具来捕。这是一种短的立网,也就是一根绳子,上面系着三至五根用线或马鬃拧成的牵引绳。牵引绳之间的距离是70厘米。鱼钩上装上小鱼,或者小块鱼肉,或者蚯蚓。在绳子的一头挂一个坠子;把坠子垂向水底,水流把这些装有饵食的牵引绳一根接一根地带到冰下。在绳子的另一头栓上一根棍子。把棍子架在冰窟窿上,并保留到第二天早上。

捕鳕鱼的好处在于,不用像钓鲈鱼那样长时间地在河面上挨冻。第二天早上你来到冰窟窿跟前,提起棍子,绳子上就会有一条大鱼,它长长的,黏糊糊的,身上有像老虎一样的条纹,身体两侧是扁平的,下巴上有一根须子。这就是鳕鱼。

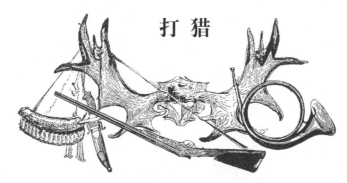

打猎

冬天是捕猎大型猛兽的好时候:比如狼和熊。

冬末是森林里饥荒闹得最严重的时候。狼饿得胆子都大起来了,成群结队地游荡,都快走到村庄跟前了。熊们,或者在熊洞里趴着,或者在森林徘徊。这些"徘徊者",直到深秋一直在过着啃尸体、偷牲畜的日子,没来得及做好冬眠的准备,现在只好睡在雪地上。那些在熊洞里受到惊扰的熊也在徘徊:它们既不返回旧洞,也不给自己做新洞。

要捕猎"徘徊者",得踏着滑雪板,带着猎狗追击。猎狗们在深深的积雪上追赶它,直到它停下来为止。猎人们踏着滑雪板紧紧地跟在后面。

捕猎猛兽,跟捕猎鸟类不一样,经常会有意外发生:猎物变成了猎人,而猎人变成了猎物。

在我们州就发生过这样的事情。

带着小猪崽打狼

这种打猎很危险,很少有人敢一个人,不带同伴,三更半夜地到田野里去。

可是有一天,就出现了这么一个胆子大的人。他把一匹马套上雪橇,拿了枪,把一只小猪崽装进麻袋里,夜里,在满月的照耀下,动身前往村外。

周围经常有狼出没,农民们已经不止一次地抱怨它们的放肆:它们总是毫不客气地跑到村子里来。

猎人从大道上下来,悄悄地沿着树林的边缘地带,在荒地上前行。

他一只手拉着缰绳,另一只手不时地揪两下小猪崽的耳朵。

小猪崽被四脚捆着;它躺在麻袋里,只露出一个头。

小猪崽的使命是通过尖叫把狼给引来。而且它一定会拼命地尖叫,因为小猪崽的耳朵非常柔弱,被人一扯是非常疼的。

狼没有让自己等太久。很快猎人在树林里发现了几盏小灯,一会儿绿,一会儿红。小灯在阴沉的树干之间不安地来回移动。这是狼的眼睛在闪光。

马嘶鸣起来,并开始向前狂奔。猎人好不容易才能用一只手勒住他。另一只手还得一直揪着小猪崽的耳朵:狼还没有下定决心扑向载着人的雪橇。只有小猪崽的尖叫才能使它们忘掉恐惧。

小猪崽是一道美食。当小猪崽在狼的耳边尖叫的时候,狼就会忽略危险的存在。

狼看清楚了:有个麻袋,被一根长绳拴着,拖在雪橇后面,在草丘上和各种坑坑洼洼上一跳一跳地走。

麻袋里装满了干草和猪粪,但是狼以为麻袋里是小猪崽:他们听见了小猪崽的尖叫,并闻到了小猪崽的气味。

狼下定了决心。

它们从树林里跳出来,全体向雪橇扑了过去——6、7、8,一共8只身体强壮的狼。

第十一期　忍饥挨饿月

在开阔的田野上，猎人觉得狼在近处显得很大。月光是会骗人的。它在野兽的皮毛里闪着光，野兽看起来会比实际的个头要大。

猎人松开了小猪崽的耳朵，并抓起了枪。

头狼已经追上了跳动着的干草口袋。猎人瞄准它的肩胛骨下面，扣动了扳机。

头狼倒栽着滚到了雪里。猎人从第二个枪筒向另一只狼开了一枪，但是马向前冲了一下——这一枪没打中。

猎人用双手抓住了缰绳，费了很大劲才勒住马。

但是狼已经在树林里消失得无影无踪。只剩下一只躺在地上，后脚刨着雪，作垂死挣扎。

于是猎人把马完全停住。他把枪和小猪崽留在雪橇上，自己去捡猎物。

夜里，村庄里出现了骚动：猎人的马自己跑回来了，猎人不见了。在宽宽的雪橇上丢着一只没装子弹的双筒枪，还有一只被捆着的小猪凄凉地哼哼着。

天亮的时候，农民们到田野里去，看了脚印，就明白了昨天夜里发生的事情。

事情的经过是这样的。

猎人把打死的狼扛到肩上，朝雪橇走去。他走到离雪橇非常近的地方，这时马闻到了狼的味道。马吓得打了个哆嗦，向前一冲，飞奔而去。

猎人被抛弃了，身边只剩下这只死狼。他身上连把刀也没有，枪留在雪橇上了。

而狼群已经从恐惧中恢复过来了。它们全体从树林里出来，包围了猎人。

农民们在雪地上找到了人的骨头和狼的骨头：这群狼连自己被打死的同伴都吃掉了。

上面所描述的不幸事件发生在60年前。从那时起，再也没有听说过狼攻击人的事件。狼，如果它没发狂，也没受伤，甚至连手无寸铁的人都会害怕。

在熊洞里

另一起不幸的事件发生在捕猎熊的时候。

护林人找到了一个熊洞。当地人从城里请来一位猎人。他们带着两只北极犬，悄悄地来到一个雪堆跟前，熊就藏身在雪堆底下。

猎人按照常规，站在雪堆的一边。熊洞的洞口总是朝着日出的方向。从雪下窜出来之后，熊通常都会向一边——向南侧闪去。猎人站的地方，得能击中熊的肋下：也就是心脏的位置。

护林人躲到雪堆后面去，解开了两只猎犬。

猎犬闻到熊的气味，猛地向雪堆扑了过去。

它们的叫声那么大，熊不可能醒不过来。但是老半天的工夫，熊也没什么动静。

突然，从雪里伸出一只黑色的长着爪子的脚掌，差点刮着一只猎犬。猎犬尖叫着跳开了。

这时，熊从雪堆里钻了出来，像一个黑色的大土块儿。出乎意料的是，它并没有冲向一边，而是直接向着人扑过来了。熊的脑袋低垂着，遮住了胸脯。

猎人开了一枪。子弹擦着熊那结实的头颅飞过去。熊在额头上挨了这么一下，被激怒了，它扑倒了猎人，把猎人压在身子底下。

两只猎犬拼命咬住熊的屁股，攀在熊身上，可是无济于事。

护林人吓坏了，一边叫嚷着，一边挥舞着手里的枪，但也是白费力气。他可不能开枪：要不然子弹可能会打中猎人。

熊用它那可怕的熊掌一抓，就把猎人的帽子连同头发和头皮一起给抓下来了。

突然，它仰面倒在一边，大叫着在雪地上打滚，血把雪地都染红了——猎人十分镇定，拔出了一把匕首，插进了熊的肚子。

猎人得救了。熊皮就挂在他的床头。但是现在猎人头上总是包着一条暖和的头巾。

对熊进行围猎
（本报特派记者报道）

1月27日，塞索伊奇从森林里出来，没回家，直接就到邻近的集体农庄去了，他是到邮局去给列宁格勒的一位相熟的医生拍电报。这位医生同时也是一位猎熊专家。

"熊洞找到，速来。"到了第二天，对方回电："2月1日，三人到。"

塞索伊奇开始每天去察看熊洞。熊睡得很熟。洞前的小灌木丛上，每天都会挂上新鲜的霜：这是熊呼出的热气凝结成的。

1月30日，察看完熊洞后，塞索伊奇遇见了和他同一个集体农庄的安德烈和谢尔盖。两位年轻的猎人去森林里捕猎灰鼠。塞索伊奇想警告他们，叫他们不要去熊洞那里。但他转念一想：两个人都是年轻的小伙子，好奇心重，他们说不定还想看一眼熊洞，骚扰一下熊呢。于是他就没说话。

31日早晨，他又来到熊洞察看，不由得惊叫起来：熊洞被捣毁了，熊跑了！在离熊洞50步远的地方，倒着一棵松树。看来，谢尔盖和安德烈把灰鼠击毙在了松树上，死灰鼠卡在了树枝间，——于是他们就砍倒了松树。熊被惊醒，跑掉了。

滑雪板的辙印从被砍倒的松树通向一边，熊的脚印从熊洞通向另一边。幸运的是，熊躲在了茂密的小云杉林后，两位猎人没发现它，也就没去追它。

塞索伊奇一刻也没耽误，沿着熊的脚印追了下去。

第二天晚上，来了三个列宁格勒人。两个是塞索伊奇认识的，医生和上校，第三个是一位傲慢的、身材魁梧的公民，长着乌黑发亮的小胡子和刮得很整齐的络腮胡子。

塞索伊奇从看见他的第一眼就不喜欢他。

"看这油光水滑的样子，"身材矮小的猎人看了陌生人一眼，心里想着，"看样子年纪不小了，可还是满面红光的，胸脯挺得像公鸡似的。哪怕有一绺白头发也像回事儿啊。"

有一件事是令塞索伊奇特别不舒服的，那就是他得在这三个城里人面前承认，他没看住熊，也没守住熊洞。他说：熊藏身的地方已经找到了。没有出来的脚印。但是，熊现在一定趴在雪上呢。现在只能用围猎的方法来捉住他。

傲慢的陌生人听塞索伊奇说完，轻蔑地皱了皱眉头，什么也没说，只是问了问，那熊大不大。

"脚印挺大的，"塞索伊奇回答说，"这只熊至少有200千克，这一点我敢保证。"

这时那位"傲慢先生"，耸着跟十字架一样直的肩膀，看也不看塞索伊奇，说：

"邀请我们来熊洞，结果还是要围猎。围猎的人知道怎么把熊往射击手那边撵么？"

这句令人难受的怀疑刺痛了身材矮小的猎人，不过他没说什么，只是暗自想着：

"我们知道怎么撵，你就等着熊打击你的嚣张气焰吧。"

他们开始讨论围猎计划。塞索伊奇提醒说，要围猎这么大的野兽，每一个猎人身后，都应当有一个后备射击手。

"傲慢先生"表示强烈反对：要是有谁对自己的枪法没有信心，就不应该去猎熊，如果猎人身后还有保姆，那太不像话了。

"好一个勇敢的男人！"塞索伊奇暗自想着。

不过这时上校坚持说，小心驶得万年船，有后备射击手总不是坏事。医生也表示赞同。

"傲慢先生"轻蔑地看了他们一眼，耸了耸肩膀：要是害怕，那就听你们的吧。

到了第二天早晨，天还没大亮，塞索伊奇叫醒了三位猎人，并去召集围猎人。

当他回到小木屋的时候，"傲慢先生"从包着绿丝绒的小箱子里拿出自己的两支枪来。那小箱子十分轻便，好像是装小提琴的小箱子似的。塞索伊奇的眼睛都亮了：他从来没见过这么好的枪。

"傲慢先生"把枪组装好，又从小箱子里拿出闪着光的弹药筒，里面装着前尖后圆的子弹。他一边忙活着，一边跟医生和上校讲，他的枪有多么好，子弹有多么厉害；他在高加索怎样打野猪，在远东怎样打老虎。

塞索伊奇装作若无其事的样子，可心里却感觉自己的身材好像变得更矮小了。他非常想靠近一些，仔仔细细看看这两支好枪，但是他到底没好意思张口让人家把枪递给他。

天刚蒙蒙亮，一长队雪橇从集体农庄里驶出，向森林进发。在最前

第十一期　忍饥挨饿月

面的雪橇上坐着塞索伊奇；在后面的雪橇上坐着40名围猎人；在最后的雪橇上坐着三位客人。

在离熊藏身的地方大约1,000米的地方，这队雪橇停住了。猎人们钻进一个窑洞，生火取暖。

塞索伊奇踏着滑雪板去察看了一下熊的情况，然后布置围猎人。

一切看起来都已准备就绪：熊就在包围圈里。

塞索伊奇叫负责呐喊的人从熊的藏身之地的一边排成半圆形，叫不呐喊的人站在侧翼。

围猎熊跟围猎兔子不一样。呐喊的人并不进入森林里对熊进行包抄；打猎过程中，他们一直站在原地。不呐喊的人沿两侧站在从呐喊的人到射击线之间的地方——这是为了对付熊被呐喊人撵出来之后，转向侧面。他们不敢呐喊。如果熊朝他们这边过来，他们只能摘下帽子，对着熊挥舞。这样做足以把熊撵向射击线。

安排好围猎人，塞索伊奇跑向猎人，领他们站上各自的射击点。

射击点只有三个，间隔25～30步。身材矮小的猎人要把熊撵到这个总宽度100步的狭窄通道上来。

在一号射击点上，塞索伊奇安排的是医生，在三号射击点上是上校，而"傲慢先生"被安排在中间的二号射击点。这儿有熊进入藏身的地方的脚印。熊在离开那里的时候也总是沿着自己进去时的脚印走。

在"傲慢先生"身后站着年经的猎人安德烈。他被选中的原因是因为他比谢尔盖更有经验和耐性。

安德烈充当"后备射击手"。后备射击手只有在熊突破了射击线或扑向猎人的时候，才有权开枪。

所有的射击手都穿着灰大褂。塞索伊奇对他们低声地下了最后的命令：不要谈笑，不要吸烟，当围猎人开始撵熊的时候，要一动不动，要等熊尽量走近一些。然后，塞索伊奇跑向围猎人。

时间过了半小时，这半小时对于猎人们来说，真是难熬的半小时。

终于传来了两声拖长的、低沉的猎号声，一下子就传遍了落满积雪的森林，长时间地回荡在冰冷的空气中。

寂静只持续了短短的一分钟——突然围猎人各尽所能地大喊大叫起来：有的发出男低音，有的学狗叫，有的发出猫打架时的声音。

用猎号发完信号，塞索伊奇带着谢尔盖，踏着滑雪板，飞也似的朝着熊藏身的地方过去了——他们去撵熊。

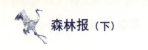

围猎熊跟围猎兔子不一样,除了呐喊的人和不呐喊的人,参与围猎的还有撵熊的人。撵熊人的职责是把熊从藏身的地方撵出来,并使它奔向射击手。

塞索伊奇通过脚印得知:熊个头儿很大。但是,当一个黑色的、毛茸茸的熊背出现在小云杉林中时,身材矮小的猎人还是打了个哆嗦,胡乱地朝天上开了一枪,然后跟谢尔盖异口同声地喊叫起来:

"过来,过——来!"

围猎熊跟围猎兔子不一样,准备的时间非常长,而动手的时间非常短。但是由于焦急等待的时间太长,而且有严重的不安全感,射击手们在打猎时会觉得一分钟像一小时一样长。经常会有这种情况:你焦急地站在自己的位置上,直到看见熊,或者听见旁边的射击手的枪声,你才意识到,一切已经结束了,用不着你动手了。

塞索伊奇在熊后面紧追,努力想使熊拐向该去的地方,但这是徒劳的:想追上熊是不可能的。同样的地方,人要是不穿滑雪板,每走一步都会陷入齐腰深的雪里,要费好大的劲才能从雪里把脚拔出来,而熊跑起来,既像坦克,把路上的灌木和小树撞得东倒西歪,又像汽艇,从它身体两侧扬起两片高高的,如同两只白色翅膀一般的雪尘。

熊从身材矮小的猎人的视线里消失了。但是,还没过两分钟,塞索伊奇听见了枪声。

塞索伊奇用一只手抓住离他最近的一棵树,才把脚下疾驰的雪橇停住。

结束了吗?熊被打死了吗?

他正想着,这时又响起了第二枪,然后是一声凄惨的叫声,叫声里透着恐惧与痛苦。

塞索伊奇拼命地向前面的射击手那里奔过去。

他来到中间的射击点跟前的时候,上校、安德烈和脸色苍白得像一样的医生,正抓着熊皮,想把熊从躺在雪里的第三位猎人身上搬开。

事情的经过是这样的。

熊沿着自己的脚印奔跑——径直冲向中间的射击点。猎人没沉住气:本来应该等熊跑到离射击点还有10—15步的时候才开枪,他在熊离射击点还有60步的时候就开枪了。这么大的野兽,看起来动作很笨拙,其实奔跑起来速度非凡,只有在比较近的距离才能打中它的头或心脏,将它一击毙命。

从猎人的好枪里射出的子弹,击穿了熊的左后腿。熊疼得发起狂来,扑向猎人。

第十一期 忍饥挨饿月

猎人慌了神,忘了枪里还有一颗子弹,忘了他身旁还立着他的备用枪。他扔掉了枪,转身想跑。

熊用力地击中激怒了它的人的后背,将他打翻在地。

安德烈这个后备射击手可没干看着。他把自己的双筒枪一下子插进熊张开的嘴里,扣动了扳机。

谁知双筒枪哑火了。

站在旁边的第三个射击点的上校目睹了这一切。他看见自己的同伴现在性命攸关,自己一定要开枪。他也知道:如果打得不准,就会打死自己的同伴。上校单膝跪地,击中了熊的头。

巨大的熊,挺起整个身子,在空中僵了一下——突然扑通一声,重重地压在躺在它面前的人身上。

上校的子弹击中了熊的太阳穴,使熊瞬间毙命。

医生跑过去,和安德烈还有上校一起,三个人抓住被打死的熊,想把熊从猎人身上搬开,现在还不知道猎人是死是活呢。

这时塞索伊奇赶到了,跑过去帮忙。

沉重的熊尸被搬开了,猎人被救出来了。猎人还活着,完好无损,只是脸像死人一样煞白:熊还没来得及揭下他的头皮。但是这个城里人现在无法正视别人的眼睛了。

他被用雪橇送回了集体农庄。在那里他稍微恢复了一些知觉,虽然医生极力劝他留下过夜,在上路之前休息一下,他就是不听,拿了熊皮就上火车站去了。

"确实,"塞索伊奇在讲完这件事之后,若有所思地补充了一句,"我们失算了:不应该把熊皮给他。他现在肯定到处吹嘘,逢人就讲,是他打死了熊。熊至少有300千克……真不知道害臊。"

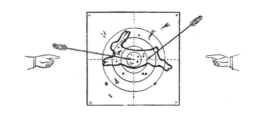

射箭要命中靶子　　　　　竞赛要答对题目

打靶场

第十一次竞赛

1. 哪些野兽会更觉得冷？大一些的还是小一些的？
2. 趴在熊洞里冬眠的是瘦熊还是胖熊？
3. "狼靠四条腿过活"是什么意思？
4. 为什么冬天砍伐的木材比夏天砍伐的木材值钱？
5. 怎样通过树桩得知被砍伐的树的树龄有多大？（图1）
6. 为什么所有的猫科动物（家猫、野猫、猞猁）都比犬科动物（狼、狐狸）要爱干净得多？
7. 为什么在冬天许多鸟兽都离开森林，来到人居住的地方附近活动？
8. 是不是所有的白嘴鸦都离开我们飞到别处去过冬？
9. 蟾蜍在冬天吃什么？
10. 哪些熊被称作"游荡熊"？
11. 蝙蝠冬天时到哪儿去了？
12. 所有的兔子在冬天时都是白的吗？
13. 哪些鸟的雌鸟比雄鸟更大更强？
14. 为什么交嘴雀的尸体就算是在热天也能长时间不腐烂？
15. 一个小个子，戴着小帽子，不是织的，不是买的，也不是羊毛的。（谜语）
16. 别看我只有沙粒那么小，我却能覆盖住大地。（谜语）
17. 小珠小棒桌下滚，就是抓不起。（谜语）
18. 夏天游荡，冬天休整。（谜语）
19. 穿过公牛，穿过绵羊，由猪来穿针引线。（谜语）
20. 一个男人，带着个汪汪叫的，去找呜呜咬的，要是没有汪汪叫的，这个男人就会被呜呜咬的咬死。（谜语）

图1

第十一期 忍饥挨饿月

21. 红衣少女,坐在牢里,辫子很长,翘在街上。(谜语)
22. 一个老太太,呆在泥里,浑身上下都是补丁。(谜语)
23. 不是缝的,不是盖的,数不清的衣衫,全都没有拉链。(谜语)
24. 圆形的,不是月亮;绿色的,不是树林;有尾巴,不是老鼠。(谜语)

"锐目"称号比赛

第十次测验题

"看图说话。"

在看过这张图之后,请你讲讲,这里发生了什么。

别忘了那些无家可归、忍饥挨饿的朋友

在这个忍饥挨饿月里,暴风雪厉害得能冻死人,别忘了我们那些弱小的朋友们——鸟类。

每天要把一些食物送到鸟类食堂去(见第九期和第十期的公告栏)。

要给小鸟们设置几个小旅馆:椋鸟屋、山雀房、树洞鸟巢(见第一期和第二期的公告栏)。

给松鸡搭几个小棚子（见第十期的公告栏）。

在自己的伙伴和朋友之间组织饿鸟救助队。

有人拿出谷物，有人拿出牛油，有人拿出浆果，有人拿出面包屑，有人还能找到蚂蚁卵。

小小鸟儿能吃多少东西呢？

你能救助多少鸟儿，使它们不被饿死啊！

森林报

第十二期　期盼春天月（冬天的第三个月）　2月21日至3月20日　太阳进入双鱼星座

一年——分为12个月的太阳诗篇

2月是冬春之交。暴风雪在2月里肆虐：它在雪地上狂奔，却没有脚印。

这是冬天的最后一个月，也是最可怕的一个月。这是一个闹饥荒的月份，是狼成双配对的月份，是狼袭击村庄和小城市的月份——它们把狗、羊拖走充饥；夜里潜入羊圈。所有的野兽都变得消瘦了。秋天积存的脂肪已经不再燃烧，无法再供给它们能量。

小兽们在洞穴里，地下仓库里的储备就要耗尽了

现在，对于许多动物来说，雪从一个保存热量的朋友，变成了一个不共戴天的敌人。由于不能承受雪的重量，树枝都折断了。野生的鸡类——松鸡、琴鸡、榛鸡——倒是对深深的积雪情有独钟：它们可以把头埋进雪里好好地过夜。

但是，白天雪融化之后，夜晚寒气袭来，雪面上就覆盖上了一层冰壳，这下就糟糕了。要是太阳不把冰壳融化，这些鸡类就只能用头把冰壳撞开了。

2月里，风把雪刮起来，连雪橇行驶的道路都给埋住了。

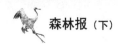

能熬过吗？

森林年的最后一个月来临了，这是最难熬的一个月——期盼春天月。

所有森林居民的仓库里的储备就要耗尽了。所有的鸟兽都变得消瘦了——皮下温暖的脂肪已经没有了。长期半饥半饱的生活把它们的体力都给削弱了。

这时，暴风雪像故意跟谁作对似的，满森林地游荡，寒气传得越远，程度就越严酷。冬天只能再活跃一个月了，因此它骤然放出了最严酷的寒气。各种各样的鸟兽只能再坚持一下，振作起最后的精神——期盼春天的到来。

我们的森林记者们走遍了整个森林。他们非常担心一个问题：这些鸟兽能熬到春天转暖吗？

他们在森林里已经看到了许多悲惨的事件。有些居民经受不住寒冷和饥饿，死了。其余的居民能再挺一个月吗？不过呢，确实还有那样的鸟兽，根本不用替它们担心：它们是死不了的。

严寒的牺牲者

天冷，再加上强风，是非常可怕的。在这样的天气过后，每次你都能在雪地上的各个地方，找到冻死的鸟兽和昆虫的尸体。

风从树桩下、断木下，把雪扫了出来，可那里还藏着不少小动物、甲虫、蜘蛛、蜗牛、蚯蚓呢。

一旦身上没有了温暖的雪，它们也就被冰冷的风给冻僵了。

对于鸟类，就算是在飞行中，暴风雪也能杀死它们。乌鸦是一种多么坚韧的鸟，但是在长时间的暴风雪过后，我们经常就会在雪地上发现它们的尸体。

风雪过后，"卫生员"就该出动了：各种猛禽和猛兽满森林地展开搜寻，把被暴风雪杀死的动物收拾干净。

冰 壳

如果在融雪天过后，突然一下子来了寒流，上面融化了的雪马上就会被冻成冰。这种情况是最可怕的。雪上的这层冰壳，坚硬、结实、光滑，无论是野兽那软弱的爪子，还是鸟的嘴，都无法破坏它。狍子的蹄子虽然可以破坏它,但是碎冰的边缘像刀子一样锋利,会割伤它们腿上的毛、皮和肉。

这样的话,鸟类怎么从冰壳下面取得细草、谷粒作为食物呢?

谁要是没有能力打破玻璃似的冰壳,那就得挨饿。

不过下面要说的事情也很常见。

融雪天。地面上的雪变成了灰色,很疏松。到了晚上,有几只灰色的松鸡落到了雪地上,它们很轻松地就在雪地里挖了几个洞,洞里温暖得都冒出了水蒸气,它们就这样在洞里睡着了。

可是夜里突然变得很冷。

松鸡正在自己那温暖的地下洞穴里睡着,没醒过来,也没感觉到冷。

它们早上醒来,雪下依然很暖和,只是呼吸有些困难。

得到上面去呼吸一下新鲜空气,伸展一下翅膀,寻找一下食物。

它们刚想起飞,发现头上有一层结实的、像玻璃一样的冰。

洞口被冰壳封住了。冰壳上方什么也没有,冰壳底下是松软的雪。

灰松鸡用自己的头使劲撞冰,都撞出血来了——无论如何也不能被冰困住啊。

谁要是能成功地冲破这死亡的樊笼,就算是饿着肚子,那也是幸运的。

玻璃青蛙

我们的森林记者们,凿开了一个水很浅的池塘上结的冰,并从冰下面挖出许多淤泥。淤泥里有许多青蛙,它们是缩成一团钻到淤泥里过冬的。

当它们被从淤泥里取出来的时候,它们看起来完全就像是用玻璃做的。它们的身体变得非常脆,只要轻轻一敲,它们那细细的小腿儿就"喀吧"一声断了。

我们的森林记者们拿了几只青蛙带回家。他们小心地使青蛙在温暖的房间里暖和过来。青蛙渐渐地苏醒了,开始在地板上跳来跳去。

由此可以设想,到了春天,太阳把池塘里的冰晒化,给水加温,青蛙在水里就会苏醒过来,变得活泼健康。

瞌睡虫

在托斯那河沿岸上，离十月铁路的萨伯林诺站不远的地方，有一个山洞。从前人们在那里挖沙子，而现在已经有许多年没有人到那里去过了。

我们的森林记者们来到了这个山洞，在山洞顶上找到了许多蝙蝠——大耳蝠和褐蝠。它们用脚牢牢地抓住粗糙的砂质洞顶，已经在这儿头朝下地睡了五个月了。大耳蝠把自己的大耳朵藏在折起来的翅膀下，它们用翅膀把自己包裹起来，像盖着毯子一样，就这么倒吊着睡觉。

大耳蝠和褐蝠睡了这么久，我们的记者们不由得担心起来，于是他们给蝙蝠测了测脉搏，量了量体温。

夏天时，蝙蝠的体温跟我们一样，接近37℃，而脉搏是每分钟200下。

现在，蝙蝠的脉搏只有每分钟50下，体温只有5℃。

虽然如此，这些小瞌睡虫的身体很健康，没什么可为它们担心的。

它们还能毫无牵挂地睡上一个月，甚至是两个月，等夜晚变得温暖起来，它们就会十分健康地苏醒过来。

轻 装

今天，在我家一个僻静的角落里，我找到了一棵款冬，它还在开花，一点也不畏惧寒冷。这些细茎好像还穿着轻装：长着鳞片的小叶子，蜘蛛丝似的茸毛。你现在穿大衣还觉得冷，它们却毫不在意。

你们一定不相信我所说的：周围都是雪，哪儿来的款冬呢。

我不是说了么，是"在我家一个僻静的角落里"找到的它。它所在的地方是一座大楼的南面，那里有暖气管道通过。所谓"僻静的角落"是雪融化之后露出来的一块黑色的地方，那里还像春天似的冒着蒸汽呢。

不过，空气可是冰冷的啊！

巴甫洛娃

忍不住

只要天气稍一暖和，出现融雪天，在森林里就会从雪下爬出各种各样没有耐性的虫子：蚯蚓、潮虫、蜘蛛、瓢虫，还有叶蜂的幼虫。

只要地上出现一个没有雪的角落——暴风雪往往把雪从倒下的树木

第十二期　期盼春天月

底下全部扫走，虫子们就在这里举办游园会。

昆虫们出来活动一下自己麻木了的腿，蜘蛛出来打猎。没有翅膀的小蚊子，就直接赤着脚在雪地上奔跑跳跃。有翅膀的长腿舞虻在空中盘旋。

只要寒气一袭来，园游会就会结束，所有这些虫子就又会躲藏起来，回到叶子下面，苔藓里，草丛里，泥土里。

从冰窟窿里探出的脑袋

在涅瓦河口，芬兰湾的冰面上，有一个渔民正在走着。在经过一个冰窟窿的时候，他发现，从冰下探出一个滑溜溜的脑袋来，上面还稀稀拉拉地长着几根硬胡须。

渔民以为这是一个溺毙的人的脑袋从冰窟窿里浮出来。但是突然这个脑袋转向了他，渔民这才看清，这是一张长着胡须的兽脸，皮肤紧绷，满是闪着光的短毛。

两只亮晶晶的眼睛，目光在一瞬间直勾勾地盯着渔民的脸。然后传来一阵拍击水面的声音——兽脸在冰下消失了。这时渔民才意识到，他看见的是一只海豹。海豹在冰下捕鱼。它只是把头从水里钻出来透透气。

冬天时，渔民们经常在芬兰湾猎杀海豹，那时海豹会从冰窟窿里爬到冰上。

甚至经常还会发生这样的事——海豹在追鱼的过程中游进了涅瓦河，于是在拉脱加湖里就有了许多海豹，那里就成了一个真正的海豹捕猎场。

扔掉武器

森林巨人——驼鹿和公狍子扔掉了自己的角。驼鹿自己从头上摘下了自己的重型武器：它们在密林里，用角往树干上蹭，把角给蹭掉。

两只狼发现了一只没有武器的巨人，决定对它发起攻击。它们觉得自己应该很容易取胜，于是一前一后地对它进行夹击。

战斗结束得出人意料地快。驼鹿用两只结实的前蹄击碎了前面那只狼的头骨，然后瞬间转过身，把后面那只狼掀翻在地。后面那只狼被弄得遍体鳞伤，好不容易才从驼鹿身旁溜走。

最近，驼鹿和狍子长出了新的角。这角目前还是尚未变硬的肉瘤，肉瘤表面是一层皮肤和蓬松的绒毛。

冷水浴爱好者

波罗的海铁路上的加特钦站附近，有一条小河，在河面上的冰窟窿旁，我们的一位森林记者发现了一只黑肚皮的小鸟。

那天早晨，天气很冷，虽然天上有太阳在照着，我们的森林记者还是不止一次地用雪摩擦着自己冻得发白的鼻子。

所以，当他听见有一只黑肚皮的小鸟兴高采烈地在冰面上唱着歌时，他非常惊讶。

他走近一些，这时小鸟纵身一跃，扑通一声，一下子钻进冰窟窿里去了。

"不好，会淹死的！"森林记者这样想着，连忙跑到冰窟窿跟前，想把这只发了疯的小鸟捞起来。

小鸟在水下划着水，就像游泳的人用胳膊划水。

它那深色的背在透明的水里闪着光，像一条银色的小鱼。

小鸟潜到河底，用锋利的脚爪抓住河底的沙，在河底上来回跑动。它跑到一个地方，停留一小会儿，用嘴把一块小石头翻过来，从小石头下面拖出一只黑色的水甲虫。

过了一分钟，它已经从另一个冰窟窿里跳到了冰面上，它抖了抖身上的水，若无其事地唱起了欢快的歌。

我们的森林记者把手伸进了冰窟窿里："也许这里有温泉，所以小河里的水是热的？"他这样想着。

但是他马上把手从冰窟窿里抽了出来：河水冰冷刺骨。

他这才明白，在他面前的是一种水生的麻雀，叫作河乌。

它跟交嘴雀一样，也是一种不受法则约束的鸟。它的翅膀上覆盖着一层薄薄的脂肪。当河乌潜进水里时，它那覆盖着脂肪的翅膀上就会出现许多小气泡，闪着银色的光。它就像穿了一件用空气做的衣服似的，就算是在冰水里也不觉得冷。

在我们列宁格勒州，河乌是稀客，它只在冬天里出现。

第十二期　期盼春天月

在冰壳下

你可别忘了鱼儿们。

它们在河底的深坑里睡了整个冬天。在它们的上方是一层坚固的冰壳。经常会有这样的情况，特别是在2月里，冬天快结束的时候，它们觉得池塘里、森林湖泊里的空气开始不够用了。它们痉挛地张着圆圆的嘴，游到冰壳底下，用嘴唇捕捉冰上的气泡。

鱼会由于缺氧而大批死亡。到了春天，冰开始融化，而你带着鱼竿来到这样的湖边，这时湖里已经没什么可钓的了。

你可得想着鱼儿们，在池塘和湖泊的冰上给它们凿几个冰窟窿，另外注意别让冰窟窿冻上，这样鱼儿们就能呼吸到空气了。

雪下的生命

整个冬天，你看着白雪皑皑的大地，就会不由自主地想：在雪下面，在这片冰冷干燥的雪海下，有什么呢？在雪海底部，有没有剩下什么活的东西？

我们的记者们在森林里，在林中空地上和田野里的积雪里，挖了一些大深坑。

我们在那里看见的东西，真是出乎我们的意料之外。在那里有许多绿色的小叶簇，还有从干枯的草皮底下钻出来的尖尖的小嫩芽，以及被沉重的积雪压倒在冻土上的各种草本植物的绿茎。不过它们都是活的。你们想想看——都是活的！

原来，在这死气沉沉的雪海底部，生长着绿油油的草莓、蒲公英、三叶草、猫爪花、马鞭草、酸模，以及许多各种各样的植物！而在柔弱、翠绿的繁缕上甚至还有小花蕾。

在所挖雪坑的内壁上，我们的森林记者们还发现了一些小圆窟窿。这些是被铁锹切断的小兽的交通线，这些小兽在雪海里能出色地获取食物。野鼠和田鼠在雪下啃食营养美味的小根，而凶猛的鼬鼱、银鼠、白貂，在冬天里捕食这些啮齿类动物，甚至还捕食在雪里过夜的小鸟。

从前，人们以为只有熊才在冬天里生孩子。人们形容幸福的孩子时，说他们"出生时就穿着衣服"。小熊出生时非常小，只有小老鼠那么大，它们不仅"出生时就穿着衣服"，而且穿的还是皮衣。

现在，科学家们调查清楚了，在冬天，有些野鼠和田鼠会从自己的

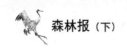

地下洞穴里搬到地面上来，把窝安在雪下的树根上和灌木低处的树枝上。不可思议的是：它们在冬天也生孩子！小老鼠们出生的时候浑身光秃秃的，但是窝里很暖和，老鼠妈妈用自己的乳汁喂它们。

春天的征兆

虽然天气在这个月里还很寒冷，但是跟隆冬时节已经不能比了。虽然积雪还很深，但是也不像以前那样亮白了，它失去了光泽，变成了灰色，变得疏松。屋檐下结出了冰柱，冰柱开始滴水，你会看见，水在地上聚集成了小水洼。

有太阳的日子越来越多，阳光也开始变得温暖。天空的颜色也不再是冬天时出现的那种冷冷的蓝白色。天空变得一天比一天蓝，天空中的云也不再是冬天时出现的那种淡灰色：它们已经变得层层叠叠。如果你仔细看，有时还有大朵的云块儿飘过。

刚一出太阳，窗下就已经有快乐的云雀唱起歌来："脱掉大衣！脱掉大衣！脱掉大衣！"夜里在房顶上，猫儿们一会儿开音乐会，一会儿打架。在森林里时不时地会传来斑啄木鸟那欢快的鼓点儿。虽然只是用嘴敲击树干的声音——可那也是一支动听的歌曲。

在密林深处，在云杉树和松树下，不知是谁在雪地上画了一些神秘的符号和难以理解的线条。当猎人看见它们的时候，猎人的心突然一紧，然后就狂跳起来：这可是松鸡的痕迹啊——在它那强有力的翅膀上，羽毛很紧实，它用这些羽毛在坚固的春天冰壳上画出了那些符号和线条。这说明，松鸡马上就要开始交配了，神秘的森林音乐马上就要奏响了。

城市新闻

在街上打架

在城里已经能感觉到春天的临近：在街上经常发生打架事件。

街上的雄麻雀，丝毫不理会过往的行人，互相啄着后颈，弄得绒毛到处乱飞。

雌麻雀不参与打架，但也不制止那些打架的家伙。

而每天夜里，猫儿们在屋顶上进行战斗。经常有这样的事情发生——两只猫大打出手，其中一只被从高层建筑的屋顶上打飞，不过即使这样，身手敏捷的猫也不会摔死：它翻着跟头落下来的时候，正好四脚着地——最多就是接下来几天走路的时候有点瘸。

翻修和新建

城里到处都在进行翻修和新建。

成年的乌鸦、寒鸦、麻雀和鸽子都在忙着修理自己去年搭的窝。去年夏天时出生的年轻一代，正在给自己建新窝。对建筑材料的需求大大增加了，大家都需要粗细不一的树枝、稻草、马鬃、绒毛和羽毛。

鸟类食堂

我和我的朋友舒拉非常喜欢鸟类。鸟儿们，比如山雀和啄木鸟，在冬天经常挨饿。它们很可怜。我们决定为它们搞一个有东西吃的地方。

在我家附近生长着许多树。经常有鸟类落在这些树上用嘴找食吃。

我们用胶合板做了几个浅箱子，每天早上往箱子里撒上各种谷粒。现在鸟儿们已经习惯了，不再怕飞近，并且很愿意在这里啄食谷粒。我们认为这对鸟儿们很有好处。

我们建议所有的孩子都来做这件事情。

森林记者 瓦西里·格里特涅夫 亚历山大·耶夫谢耶夫

城市交通新闻

在拐角的一座房子上有一个黑色的标志：在一个圆圈里有一个黑色的三角，在三角里有两只雪白的鸽子。

"注意鸽子！"

司机在这里拐弯的时候，都会放慢车速，小心翼翼地绕过一大群鸽子，这群鸽子挤在马路上，有灰蓝色的、白色的、黑色的、咖啡色的。大人小孩儿站在人行道上，扔面包屑和米粒给鸽子吃。

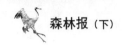

"注意鸽子"这个交通标志,最初是根据一个叫托尼亚·柯尔金娜的女学生的倡议,挂在莫斯科的街上。现在在列宁格勒及其他车流量大的大城市里,也挂上了这样的标志。大人和小孩儿给这些鸽子喂食,并观赏这些象征和平的鸟。向保护鸟类的人们致敬!

返回故乡

从埃及、从地中海沿岸、从伊朗、印度,从法国、英国、德国,都给我们《森林报》发来了令人振奋的消息:我们的候鸟们已经踏上了归乡之路。

它们不紧不慢地飞着,一点一点地占领从冰雪中解放出来的土地和水域。要飞回我们这里,它们得好好想想,我们这里什么时候冰开始融化,河面开始解封。

雪下的童年

外面是个融雪天,我出门去挖一些种花用的泥土,顺路去看了一下我为鸟类准备的小菜园。在那里我为金丝雀种了一些繁缕,它们非常喜欢这种柔弱的、绿油油的植物。

你们肯定知道繁缕吧?淡绿色的小叶子,勉强能看见的小白花,总是互相缠绕在一起的脆弱的小茎。繁缕是贴着地面生长的,你要是对菜园照顾不周,繁缕就会长满所有的田垄。

事情是这样发生的,秋天时,我撒下繁缕的种子,不过,只是种得太迟了。种子发了芽,可是没来得及长成幼苗。它们就这样被盖在了雪下:一段小茎和两片子叶。我对它们能活下来并不抱希望。

结果怎样呢?我看见,它们不仅挺过了冬天,而且还长大了、长壮了。现在它们已经不是幼苗,而是小植物了。有几株上甚至还长出了花蕾。

真是令人惊讶——这件事竟发生在冬天,发生在雪下!

巴甫洛娃 摘自少年自然科学家日记

新月出现

今天发生了一件令我特别高兴的事情:我随着日出很早起来,看见

第十二期 期盼春天月

了新月的出现。

我们经常在傍晚日落后看见新月。人们很少在清晨的太阳上方看见它。它比太阳起得早，已经高高地升上了天空，像一把珍珠色的细镰刀，在金色的朝霞中闪闪发光——它是那么的温暖、振奋人心，我从没见过它这个样子。

森林记者 维利卡

迷人的桦树

在我家门廊前的花园里有一棵我心爱的桦树，昨天晚上下了一场暖洋洋、黏乎乎的小雪，落满了桦树的树枝和树干。可快到早晨的时候，天气又转冷了。

太阳升到洁净的天空中。我看见我的桦树变得非常迷人：它站在那里，就连最细的树枝上，都好像涂上了一层白釉——潮湿的雪花冻成了雪凇。我的桦树从头到脚闪闪发光。

飞来了几只长尾巴的山雀，它们长着厚厚的、蓬松的羽毛，好像一个个小白绒球，上面插着几根毛衣针。它们落在桦树上，在树枝上转来转去——有什么东西能当早餐吃吗？

可是它们脚爪打滑，嘴啄不透冰壳。桦树像一棵玻璃树似的，发出尖细冰冷的声音。

山雀们发出失望的叫声，飞走了。

太阳越升越高，温暖的阳光把雪凇晒化了。

一股股的冰水，从迷人的桦树的所有的树枝上，还有树干上流了下来，它看起来就像一座冰喷泉。

冰水从树枝上开始往下滴，像小银蛇一样闪着光，顺着树枝奔流。

山雀们回来了。它们不怕脚爪变湿，落在树枝上，显得很高兴：脚爪不再打滑了，解了冻的桦树请它们吃美味的早餐。

森林记者 维利卡

第一支歌

在天气寒冷而又阳光明媚的一天，在城里的花园里响起了第一支春天的歌。

是大山雀在歌唱，曲调很简单，但是这支歌听起来是那么欢快。这

种敏捷的、金色胸脯的小鸟想用鸟语告诉大家:
"脱掉大衣!脱掉大衣!春天来了!"

绿色接力赛

从1947年开始,每年都会进行全苏最佳少年园艺家的评选。这就像一场奇妙的绿色接力赛,少先队员们在1947年春天启程,一直忙碌到1948年春天。两个春天之间的这段路程对于500万个少年园艺家来说并不轻松。但是他们珍惜前人种植的所有植物,并小心翼翼地栽下每一棵乔木,每一棵灌木。年年如此。

绿色接力赛的终点是少年园艺家代表大会。

去年,有数百万的少先队员和在校学生参与了绿色接力赛。他们种植了好几百万棵果树、浆果灌木,绿化了几百公顷的森林、公园、林荫路。今年,参与评选的人应该还会更多。

评选条件还是和前几年一样,而要做的事情却更多。要在每一所学校里开辟一个果树培育场。这会有助于在将来形成更多的花园。

要对道路进行绿化,使他们成为奇妙的绿色林荫路。

要用灌木和乔木来加固沟壑中的土地,这样才能保护我们肥沃的土地。而要想做到所有这一切,还得向有经验的老园艺家们请教。

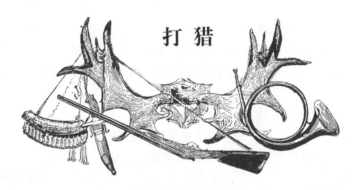

打猎

巧妙的圈套

猎人们用枪打到的野兽,其实没有用各种各样的圈套捉到的野兽多。要想出好的圈套,一方面需要足智多谋,另一方面还需要准确地了解野兽的脾气秉性。不仅要会制作圈套,还得会设置圈套。能力较差的猎人,就算设下了圈套,到头来也是一无所获,而有经验的猎人,总能有所

第十二期　期盼春天月

收获。

　　钢制的捕兽夹既不用发明，也不用制作，到处都能买到。可是要学会设置它就不那么简单了。

　　首先，得知道把它设置在哪儿。要把捕兽夹设置在洞穴旁、野兽出没的小径上、有许多野兽脚印汇集和交叉的地方。

　　其次，得知道怎么准备和设置它。对于警惕性很高的的野兽——比如黑貂、猞猁——得先把它放在针叶熬成的汁液里煮一下；用小木铲铲走一层积雪，戴着手套用双手下好捕兽夹，上面再盖上刚才铲走的雪，用小木铲把雪弄平。如果没有这些预防措施，嗅觉灵敏的野兽就会闻到人的气味，甚至是雪下的铁的气味。

　　要捕捉体形大、力量强的野兽，要在捕兽夹上绑上一段分量重的圆木，免得野兽把捕兽夹拖得老远。

　　如果是设置带诱饵的捕兽夹，那就得知道哪种野兽爱吃什么。有的要放上老鼠，有的要放上肉，还有的要放上鱼干儿。

活捉小型食肉兽

　　猎人们想出了许多活捉小型食肉兽——比如各种貂——的巧妙装置，这种装置很简单，每个人都能自己制作。

　　基本上，它们的原理都是一个：进得去，出不来。

　　你拿一个不大的长箱子或者一段木筒，在一边开个入口，在入口上方装一个用粗铜丝做的小门儿，不过小门儿得比入口的高度略长。小门儿要斜着装在箱子的内壁上。一个活捉装置就完成了。

　　在箱子里放上诱饵。小兽闻到诱饵的气味并透过粗铜丝做的小门儿看见了诱饵，于是它用嘴顶开小门，钻进了圈套。在它身后小门儿落下，从里面小门儿无法打开。被困住的小兽只能等着你把它从里面给拿出来。

　　在这个箱子里还可以装一个"假地板"。箱子的另一头就像一个死胡同，把诱饵吊在死胡同尽头的顶端，入口要开得窄一点，在内侧的顶端装一个灵活的锁片。

　　当小兽走到"假地板"（一块木板，底下有个轴，能自由翻转）的中央时，它身下的"假地板"会向下倾斜，而入口处的那端就向上抬起，"假地板"滑过锁片，把箱子的入口牢牢堵死。

　　还有更简单的方法：拿一个高一点儿的小酒桶，或者一个大酒桶，把桶顶打开，在桶的中部开两个小洞，穿上一根长长的铁轴，把铁轴的两端架在两根小柱子上。两根小柱子之间挖一个坑,坑的深度相当于桶高的一半。

桶在铁轴上要保持平衡,使桶的前沿(有出口的一头)靠在坑沿上,后半部(底部)吊在坑口上。诱饵要放在桶底。小兽刚一钻进桶的前半部,桶就翻了下去,底部掉进了坑里。桶壁是圆形的,小兽无论如何也没法从桶里爬上来。

冬天,天气寒冷,乌拉尔的猎人们想出了一个非常简单的办法,只要做一个冰桶就行了。

把满满一桶水放在露天里。桶面上、桶壁上和桶底上的水比桶当中的水冻得快。当冰冻得差不多有两个手指头那么厚的时候,在上面的冰上凿一个圆洞,洞的大小要能通过一只貂。把剩下的水都从这个洞里倒出去,然后把桶拿进屋里。在温暖的屋里,桶壁上和桶底上的冰很快就解冻了。这样从铁桶里就能很轻易地倒出一个冰桶,冰桶全身都是封闭的,只是在顶上有个洞。

往冰桶里放一些干草或秸秆,再扔进去一只活老鼠。找一处貂脚印多的地方,把冰桶埋进雪里,使桶顶跟雪面平齐。

貂闻到老鼠的气味,马上就从冰桶顶上的洞钻进冰桶里。冰桶的桶壁很滑,貂爬不出去,而且它也咬不动桶壁。

要把貂从冰桶里拿出来,只要把冰桶敲碎就行了:这种冰桶一点也不值钱,想要多少就能做多少。

捕 狼 坑

要捕狼可以挖捕狼坑。在狼出没的小径上挖一个长圆形的深坑,坑壁要陡峭,这样的话,狼掉进去就窜不出来了。在坑上面铺上细竹竿,在细竹竿上撒上细树枝、苔藓、秸秆,然后再盖上雪。把所有的工作痕迹都消除掉:你看不出坑在哪里。夜里,狼群在小径上经过。头狼走着走着就掉进坑里了。到了早上,人们再把它活捉出来。

捕 狼 笼

还有设"捕狼笼"捕狼的。往地上打许多木桩,一根紧挨一根,围成一圈。在这圈木桩外,再打上一圈木桩,使狼刚好能挤进两圈之间。

在外圈上装一扇向里开的小门。在内圈里放上一只小猪、一只山羊或者一只绵羊。

闻到猎物的味道,狼就一只跟一只地通过小门,走进外圈,并开始在两圈之间狭窄的通道上绕圈。在绕了一整圈之后,头狼又来到了小门前,小门妨碍它继续前进(它已经无法往回走),于是它用嘴推小门。门砰的一声关上了——所有的狼都被困住了!

就这样,它们没完没了地绕着内圈里的绵羊转圈,直到猎人来把它们捉走。绵羊依然完好无损,可狼却再也吃不着羊了。

地上的机关

在冬天很难把坑挖得很深:土地冻得像石头一样硬。因此人们在地上制作机关来代替普通的捕狼坑。找一块地方,在四角上立起四根柱子,用木桩做一道栅栏,把这块地方围起来。在这块地方的中央,再立起第五根柱子,它要比栅栏高,然后在这根柱子上挂上一块肉做诱饵。

把一块木板靠在栅栏上。木板的一头着地,另一头悬空,靠近诱饵。

狼闻到肉的气味,就爬上了木板。木板悬空的一头无法承受狼的重量,落了下去,而狼一个跟头就翻进了机关里。

又是与熊洞有关的事件
(本报特派记者报道)

塞索伊奇踏着滑雪板,在长满苔藓的大沼泽地上前行。此时已经是2月底,雪被风吹来不少。

在沼泽上长出了一片片的小树林。塞索伊奇的猎犬小霞跑进了一片小树林,消失在树木后面。突然,从小树林里传来了小霞的叫声,叫声非常凶恶。塞索伊奇立刻明白了,猎犬遇到了熊。

还好,这个身材矮小的猎人随身带了一支可靠的五响步枪,于是他

急忙朝着狗叫的方向追过去。

地上有一堆暴风雪刮断的树木，树木上覆盖着雪，小霞就是对着这堆树木狂叫。塞索伊奇选了一个地方，匆忙地从脚上解下滑雪板，把脚下的雪踩实，准备射击。

很快，从雪下冒出了一个深色的、大脑门的头，两只深绿色的小眼睛闪着光：按照捕熊猎人的说法，这是熊在打招呼呢。

塞索伊奇知道，熊刚一看见敌人，就会又躲起来。它会全身缩在熊洞里——然后突然窜出来。因此猎人要在熊把头缩进熊洞之前开枪。

但是，瞄得太匆忙就瞄不准：事后才搞明白，子弹只擦过了熊的脸颊。

熊跳了出来，扑向塞索伊奇。

幸运的是，第二枪击中了要害，熊被放倒在地。

小霞扑过去撕扯熊的尸体。

当熊扑过来的时候，塞索伊奇没顾得上害怕。但是当危险过去，这个身体结实的小个子却一下子全身发软，两眼发花，耳朵里嗡嗡作响。他深深地呼吸了一口冰冷的空气，如梦方醒。现在他才意识到，刚才经历了多么可怕的事情。

每一个人，甚至是最勇敢的人，在面对面地遇见了危险的大型食肉兽之后，都会有这样的感觉。

突然，小霞从熊的尸体边跳开，狂叫起来，然后又扑向那堆树木，这回是从另一边。

塞索伊奇一看，不由得愣住了：那里露出了第二个熊的脑袋。

小个子一下子镇定了下来，迅速瞄准，不过瞄得很仔细。

这回他一枪就把这只熊击毙在那堆树木旁。

不过几乎就在同时，从第一只熊窜出来的那个黑色的洞里，露出了第三个棕红色的、大脑门的熊头。

塞索伊奇大惊失色，恐惧一下子传遍了全身。他感觉全森林的熊都聚集到了这堆树木里，现在都向他爬过来了。

他顾不得瞄准，连发两枪——然后把空枪扔在了雪地上。匆忙中，他发现，在第一枪之后，棕红色的熊头消失了，而最后一枪打中了小霞，它无意中进入了射程。小霞倒在雪地上死了。

这时，塞索伊奇两腿发软，不由自主地向前走了三四步，绊在被他打死的第一只熊的尸体上。他倒在了熊尸上，失去了知觉。

也不知道他这样躺了多久，后来他被叫醒了，不过那场面是很可怕的：有什么东西夹住了他的鼻子，他想捂住鼻子，但是手却碰到了一个热

第十二期　期盼春天月

乎乎、毛茸茸的活东西。他睁开眼睛——熊那两只深绿色的小眼睛正盯着他看呢。

塞索伊奇大叫起来，声音都变了，挣扎着把鼻子从熊嘴里抽出来。

他跌跌撞撞地跳起来，拔腿就跑，但是很快又陷进了齐腰深的雪里。

他转过头来，这才明白，刚才咬他鼻子的不过是一只熊宝宝。

塞索伊奇好不容易才平静下来，这才弄明白刚刚发生的一切。

头两枪他打死的是一只母熊。在它之后，从那堆树木的另一边跳出来的是它那三岁大的熊儿子。

夏天时，熊儿子帮助妈妈照料自己的兄弟姐妹，而冬天时就睡在离它们不远的地方。

在这一大堆被暴风雪刮倒的树木里有两个熊洞。一个洞里住着熊儿子，另一个洞里住着熊妈妈和它那一岁大的熊宝宝。

惊慌失措的猎人在匆忙中把三岁的熊儿子误认作了一只大熊。

然后在大哥之后，从那堆树木下面，一岁大的熊宝宝也爬出来了。

它还小，分量跟一个12岁的人差不多——不过它们已经长得头大额宽，难怪猎人在惊慌中把它们的头也误认作了成年熊的头。

当猎人躺在地上昏迷不醒的时候，这个家庭里唯一幸存的熊宝宝，来到了妈妈身边。它把头伸向死母熊的怀里，却碰上了塞索伊奇那热乎乎的鼻子，于是它把塞索伊奇的这个小突起误认作了妈妈的乳头：它把塞索伊奇的鼻子含在嘴里，开始吮吸。

塞索伊奇把小霞就地埋在了森林里。他抓住了小熊，并把它带回了家。

这只熊宝宝既滑稽，又可爱，而失去了小霞的小个子猎人也正感到孤单寂寞，于是他们从此相依为命。

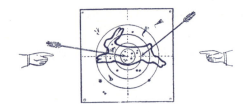

射箭要命中靶子 竞赛要答对题目

打靶场
第十二次竞赛

1. 哪种小兽头朝下地睡一冬？
2. 刺猬在冬天做什么？
3. 灰鼠在冬天不吃什么？
4. 哪种鸟一年四季都孵化小鸟，即使在冰天雪地里也不例外？
5. 冬天，所有的昆虫都冬眠时，山雀对人是有益的还是有害的？
6. 冬天，獾对人是有益的还是有害的？
7. 哪种鸣禽会钻到冰下的水里去给自己找食物？
8. 为什么在椋鸟屋里，入口的下方，要钉上一个三角形木条？
9. 谁的骨骼是长在外面的？
10. 雏鸡在蛋壳里呼吸吗？
11. 如果把青蛙从雪底下挖出来，拿到火边烤烤，它会怎样？
12. 麻雀的体温什么时候比较低——冬天还是夏天？
13. 海豹钻到冰底下之后，靠什么呼吸？
14. 什么地方的雪先开始融化——森林里还是城市里？为什么？
15. 哪些鸟飞来时，我们认为春天来临了？
16. 新砌一堵墙，墙上开个窗，白天玻璃打碎，夜里就能装上。（谜语）
17. 冬天饿，夏天饱。（谜语）
18. 在屋里结冰，在外面不结冰。（谜语）
19. 一块呢子，穿过窗子，铺在屋里。（谜语）
20. 什么东西比森林高，比光线亮？
21. 不在屋里，不在街上，里面好像有夜莺在鸣叫。（谜语）
22. 没有智力，却比野兽伶俐。（谜语）
23. 森林里，一道荤菜，穿着皮袄满地跑。（谜语）
24. 春天叫人愉快，夏天叫人凉快，秋天叫人吃个痛快，冬天叫人暖和过来。（谜语）

附录：基特·维利甘诺夫的故事

《森林报》编辑部里来了一个身材不高的小男孩。

"你们好！"他活泼地打着招呼，"我是基特·维利甘诺夫，少年自然科学家。请接受我成为一名《森林报》的特约记者吧。我能编出许多森林里的故事来。"

"您的专业很奇怪，我们觉得十分奇怪。但是我们不需要您的创作：我们只刊登真实发生的事件。"

"怎么会不需要呢？难道你们不希望你们的读者在阅读《森林报》的时候进行思考吗？"

"嗬！我认为，就是因为他们认为你们会替他们思考，因此他们认为他们没什么可思考的。"

"你们在第一期上刊登了《鸟儿们抱怨猫和小男孩们捣毁了它们的鸟窝》这样的消息吧？"

"刊登了！它们只会叽叽喳喳地叫，根本不会说话，它们这些可怜的家伙只能默默地流泪，没法向任何人抱怨。而读者们也肯定会有这样的想法，并来到《森林报》编辑部投诉。我了解他们！我自己就是读者！没那么严重！我们的读者们清楚地知道，鸟是不会说人话的。"

"就算是这样吧！他们反正是不会仔细分析这究竟是怎么回事的，他们只会苛刻地追求生物学上的事实。所以我想出了一个游戏，让他们有一些可以思考的东西。"

"啊，要是您有游戏的话，那就是另一回事了！请展示给我们看看。"

小男孩从兜里掏出一个记事本，放在我们面前。

我们都觉得记事本里的故事既有趣又有益。我们把这个故事留下，并请基特再带一些故事来。

后来我们才知道，这是基特·维利甘诺夫在列宁格勒广播电台讲述的故事。

电台的编辑们对我们说，基特是一个出色的少年自然科学家，非常善于观察，富有想象力、诚实、勇敢，而且乐观。

只不过在他的性格里，有些喜欢夸大。他甚至把自己也放大了：他的真名叫基特·马累什金（意思是小人物），而他给自己取名叫基特·维利甘诺夫（意思是伟大的人）。他喜欢通过撒点小谎的方式来开玩笑，不过他最后总会公布真相。

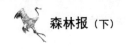
森林报（下）

我的十项观察

这个星期天，我起得非常早：我决定到城外去看看，动物和植物们都在做些什么。

我刚刚来到涅瓦河边。天啊！好奇怪，在水面上飞行着两只鸥鸟，它们的颜色很不寻常：从头到脚都是雪白的，而翅膀却是黑色的——就像警察制服的颜色！

而在桥底下有野鸭在游泳。它们一下子就潜进水里去了！

水很清澈，我站在桥上，居高临下地看得很清楚：野鸭们潜进水里之后，在水下游着，就像在空气中飞行一样！好奇怪：它们挥动着翅膀，在水下快速行进！

我在对这些怪事表示惊讶的同时，继续向前跑着。

我坐上了电气火车，很快抵达了一个熟悉的火车站，眼前闪出一片森林，森林后面是海，那是芬兰湾。

潜鸟们在海面上鸣叫着，它们飞得正起劲。我爬上一棵树，用望远镜把它们看得更清楚……我差点没把望远镜弄掉了：是15只像煤一样黑的天鹅！

天啊！除了我之外，还有谁能在列宁格勒市附近看见这样的美景呢！我真是太走运了！

你看，在天鹅身边还落下了整整一群野雁。从每只野雁的背上——你们可以想象一下——飞起了几只燕子。此时在空中的各个方向上都有这些翅膀轻盈的客人在飞。

"亲爱的，我们来了！"身强力壮的野雁用自己宽阔的翅膀把燕子从海里载来。得谢谢它们！

告别了它们，我环顾森林，高高的椴树开满了花朵，树身周围弥漫着花蜜香甜的气息。在小丘上到处开着闪闪发光的黑色的花朵，我忘了它们叫什么了。

我在树上呆了好久——我欣赏着春天的声响、芬芳、色彩……我突然看见：在灌木丛中间有一个白色的东西在钻……我一开始以为是一只白色的兔子。然后我一看——不是兔子，比兔子小……我看见是一只鸟。而且它并不是纯白的，而是带有淡黄色的斑点。

我想，我们的这只鸟像兔子一样，正在把自己雪白的冬装，换作彩色的夏装。

但是时间快到中午了，我已经饿了。我从树上爬下来，跑向火车

附录：基特·维利甘诺夫的故事

站。有几个黑影在森林里闪过。我想，这是燕子在树顶上飞过。我仔细一看——原来是蝙蝠！这说明，它们也从自己的冬季避难所里爬出来了。

我已经到了森林的边缘地带，在火车站跟前，我成功地进行了第十项有趣的观察，更确切地说，是发现：我在灌木丛下找到并采集了满满一帽子美味的蘑菇。

于是妈妈在晚饭时把这些蘑菇煮了给我吃。

你们可以猜猜，在我的这些观察当中，哪些是真的，哪些是不正确的。

解　答

我的头两个观察完全是真的。经常有翅膀全黑的白色鸥鸟从大西洋、从波罗的海飞到我们这里的涅瓦河来。

春天，生活在海上的潜鸭会经过列宁格勒上空飞向北方。许多潜鸭在潜进水里之后，在水下会像人们划动手臂一样划动翅膀。

而关于黑天鹅的事情——不好意思！是假的。我们这里没有黑天鹅。它们生活在澳大利亚，从来不会飞到我们这里来。但我不是平白无故地编出这件事情。我们的猎人们经常说他们看见了黑天鹅，只是从来不会伤害它们。那不是黑天鹅，任何一种鸟，如果你迎着太阳看它，它都是黑的。在我们列宁格勒附近，经常会有大天鹅和比它个头儿略小的小天鹅落下来休息。但这两种天鹅都是白的。倒是经常有鸥鸟飞向你，看起来完全是黑色的，你一枪把它打下来，捡起来一看，它并没有什么稀奇，还是白的，只有翅膀尖是黑的。

旧时有这样的迷信说法，身强力壮的鸟类在令人生厌的长途迁徙过程中，会"从海里"把小鸟放在自己背上休息，并把它们载来我们这里。不过这当然只是个传说，这种事从没发生过。

椴树不在春天开花，而在夏天的中期开花。

不存在黑色的花，那是我瞎说的。

难道会有鸟像兔子一样，在夏天到来之前，把自己雪白的冬装，换作彩色的夏装，而不是换成灰色的，或者其他在夏天时比较显眼的衣服？是的，我们这儿就有这样一种鸟：白松鸡。冬天时，它像雪一样白，而夏天则披上了花斑，这有助于它隐藏在森林里的长满苔藓的沼泽地里，那是它居住的地方。

蝙蝠是不会在中午飞行的，那是我瞎说的。

确实有那种早春蘑菇，它是可食用的，味道很好！它被称作鹿花菌或羊肚菌。

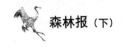
森林报（下）

钓鱼人的故事

　　我喜欢带着鱼竿坐在河流或湖泊的岸边。你就那么静静地坐着，一动不动，一副与世无争的样子，然后你就会看见周围的许多东西。鸟兽们会习惯你的存在，有一些可能会把你当作一个没有生命的木桩，而且会毫无顾忌地爬到你头上来。鱼会咬钩，或者它对我的蚯蚓没有胃口，这对我来说是次要的事情，如果我看见有趣的东西，我都会忘记看鱼漂。或者还经常有这样的情况，我陷入沉思，想着想着就睡着了，我自己都没意识到。

　　上一次，那是初夏的时候，我坐在一个湖的陡岸下。阳光明媚，我没有钓鱼，而是在打盹，有点睡过头了，差点从树桩上掉下去。我一下子清醒了，仔细看看周围：有没有人看着我，嘲笑我？附近什么人也没有，只有一些雨燕在我头上飞来飞去，它们在空中捉苍蝇吃，飞到陡岸上。在陡岸上有它们的洞穴，它们可能刚刚在那里下了鸟蛋。

　　我往下面的草地一看，天啊！我脚下简直就是克雷洛夫爷爷的寓言里的场景：蜻蜓和蚂蚁！淡蓝色的蜻蜓像一架小飞机一样落在一根草茎上，倾听着蚂蚁。勤劳的蚂蚁晃动着头上的触角，好像在认真地给蜻蜓解释什么。它可能在说，不能只是载歌载舞地度过整个夏天，得考虑一下冬天的事情了！而蜻蜓啪的一下飞起来，落到了我的鱼漂上。

　　呵呵，我嘲笑了它们一下，然后抬起头，我看见在下面的湖岸边有什么东西在闪光。我举起了望远镜，我钓鱼的时候总是随身携带望远镜，天啊！在树桩上落着一只白色的鸥鸟！但是它不像鸥鸟平时那样用脚站着，而是用肚子贴着树桩，好像伏在一个台座上。

　　这简直就是魔术么！我把望远镜来回移动，它摇头摆尾，好像有点发疯！

　　这让我很失落，失落得都觉得饿了。得吃点东西，我暗自想着，就连蚯蚓也会饿的。

　　我随身带着一小篮草莓，它们是我从家里拿来的，以防万一我突然饿了……我只用了一分钟就把它们都消灭了。草莓真好吃！

　　我坐着，看着湖面，平静下来。岸边长满了绿色植物，而绿色有助于缓和失落的情绪，比镇静剂还有效。在岸边还有各种各样的芦苇，有些长得很大，有点像茶色玻璃的感觉，还有一些是一节一节的，像竹子一样，硬硬的，长着尖叶子。也有比较柔软的芦苇：你用手指一压它，就会感到它内部很疏松，像海绵一样，而且它完全没有叶子。在水里长叶子没

附录：基特·维利甘诺夫的故事

有必要！

我看完了绿色植物，又开始看自己的鱼漂。它突然嗖的一下被拉到水下去了！然后就停在那儿。

我暗自想着："估计是有大鱼上钩了吧！"

我跳了起来，一抖鱼竿，可是随着我的抖竿，什么也没上来：杆梢都拉弯了，鱼甚至都没出现在水面上。我慢慢地收紧鱼线，想把鱼拖上来。收着收着，这下看见了，在湖水深处有一个又大又黑的东西，至于到底是什么东西，我没法看清。

我吓了一跳！在鱼钩上是一只小兽！它长得很奇怪：圆圆的头，有胡须，胖胖的，有尾巴！当我把这个奇怪的家伙拖上岸的时候，我更吃惊了：它的尾巴竟然像一把大铲子似的！

我一看见它，吓得魂不附体：这里繁殖了各种各样的珍稀野兽，看来我闯祸了！这个笨蛋贪图我的蚯蚓，把蚯蚓吞了下去，赶紧找医生给它做手术吧！

从皮毛上可以看出，这是一只小河狸。幸运的是，它没把鱼钩吞得太深，我很轻易地就把鱼钩从它嘴里拿了出来。我把它放回湖里，它用尾巴拍击着水面，我真有点后怕。

人们说，钓鱼是一件安宁祥和的事。那是对于别人来说！我把湖里所有的鱼都吓跑了。只要有一条鱼从鱼钩上逃脱，它就会马上告诉自己所有的朋友们："那里坐着个钓鱼人，别到那里去，更别碰那里的蚯蚓：那里的蚯蚓都是带鱼钩的！"鱼儿们在水下是不会喊叫的，它们无法像人那样互相交谈，不过它们有自己的"信号系统"，具体是什么样的我也不太清楚，总之它们有。它们总是能提醒同伴注意危险。虽然这只河狸不是鱼，但是只要它用自己的铲子一拍击水面，所有的鱼就都知道了，它的意思是："谁来救救我啊！"

我收起了鱼竿，反正在这个地方已经钓不着鱼了。我沿着河岸继续走着，来到了一片灌木丛。突然有一只鸟从灌木丛里向我冲过来，直奔我的脸。我吓得扔掉了鱼竿。它发出吱吱的叫声，很像是金丝雀的叫声。它确实也跟金丝雀差不多大，只不过它全身上下是难看的褐色，嘴有点像麻雀的嘴。

我很快意识到，这里有它的雏鸟。我把鱼竿放在一边，独自走进灌木丛里，随便一找，我就看见了它的鸟窝！令人惊讶的是：在窝里有一只跟它一模一样的褐色的鸟。它用惊恐的眼神看着我，但是却没有飞走。

我用手指轻轻地碰了它一下，它这才飞走了。

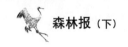

我往窝里看了一眼,大吃一惊!在窝的底部有五只小鸟蛋。它们大小完全一样,颜色却各不相同!一只是淡蓝色,带黑斑,另一只全身布满红点,第三只全身布满灰色斑点,第四只是蓝绿色,第五只是纯正的粉红色。完全是一个大杂烩么!

我惊叹于这大自然的奇迹,于是很快从灌木丛离开了,免得惊扰这位令人惊讶的身材矮小的妈妈,要不然它会弃窝而去的。

我返回去拿我的鱼竿,这时我看见,又飞出来一只敏捷的鸟:这回完全是从另一个方向。我往那个方向走去。这只鸟对我的态度由冷到热:一开始是轻声地叫,过了一会儿叫得越来越大声,那是因为我靠近了它的窝。这并不难找到。这个用干草搭建的窝也在那片灌木丛里,可能是醋栗吧,谁知道呢。窝离地不高,也就一米多,但是在这个窝里已经有雏鸟了:个头儿非常小,光秃秃的,还没有视力。它们的妈妈很担心,直用嘴往我手上啄。

"我可不怕你,别惹我,再闹我就把你揍得落花流水!住手,小鸟,别闹了!"

我躲到一边,在树枝上捉了几只大小不一的毛虫,放在手里,来到窝边,伸手给小鸟看。你能想象吗!它一下子就明白了,飞到我的手上,叼起一只毛虫去喂给它的孩子们吃。在把毛虫塞进第一张嘴里之后,它就又飞回到我的手上。

这难道不是怪事吗?一只你完全不认识的鸟突然飞过来,对你尖叫,用嘴啄你,而当你给它提供毛虫之后,它就安静地从你手里把毛虫叼走,去喂自己的雏鸟。这会儿,小鸟已经知道我对它毫无敌意,它就任凭我安静地坐着钓鱼。不过我还是一条鱼也没钓着。

我坐了一会儿,森林里的杜鹃开始声嘶力竭地叫了起来。听见它的抱怨声,我突然心里一紧,不由得想起了我的老奶奶给我唱的悲伤的儿歌:"在遥远的河边,时常传来杜鹃的叫声,它是个失去了孩子的小可怜儿!"

谁失去了自己的孩子都肯定会忧愁的!我收起鱼竿回家了。

解 答

雨燕不住在陡岸上,那些是另一种鸟,叫崖沙燕。雨燕的窝在高层建筑的屋檐下、钟楼和教堂顶上、山顶的悬崖上,但是绝不会在沙质的陡岸上。

关于树桩上的鸥鸟,你们以为我在瞎说吗?真不是!这个有点深

附录：基特·维利甘诺夫的故事

奥：它们不仅待在树桩上，还在树桩上筑巢，在树桩上孵蛋！春天洪水泛滥的时候，在鸥鸟经常筑巢的低矮的湖岸上，从水里只露出树桩的顶部。而鸥鸟筑巢的时间已经过去了。它们没有办法，只好往树桩上衔草，并在这些树桩上孵化雏鸟。洪水很快退去了，可鸥鸟们到哪里去躲藏？它们成双成对地待在树桩上，惊讶地向下看着：我们是怎么爬到这么高的？

而关于河狸吃蚯蚓的事情，也纯属无稽之谈！

众所周知，河狸是一种啮齿类动物，是绝不会对蚯蚓产生兴趣的，即使你把蚯蚓全身都涂上蜜！以前在列宁格勒州河狸很少，不久前已经开始大量繁殖了。

至于"鱼在从鱼钩上逃脱之后，会告诉其他的鱼不要靠近鱼钩"这件事，我甚至都觉得难以启齿，相信这种小儿科的鬼话的人，难道不觉得难为情吗？

在火堆旁

我和两个老手到森林里的湖边去打猎。

迎着晚霞，在森林里射击是一件非常惬意的事情。虽然不多，我们还是打到了一些猎物。火堆烧得很旺，我们饱饱地吃了一顿鸭肉，然后喝茶。在火堆上煮茶，看着升起的白烟，感觉很好。

大家开始讲故事：为了消磨这慢慢长夜，得干点什么，然后再去打鸭子。

叶福谢爷爷首先开了腔："你们这里的鸟兽太普通，太平常，没有像在我们克里木那样的鸟兽。我在克里木服役过，在那里，光是令人惊讶的鸟，就多得两只眼睛看不过来！"

我暗自想着："瞧，这就开始了！"我都没怎么吃面包，一直听他们讲那些打猎的故事；这些故事太刺激了，我很喜欢！当然，也经常会有一些猎人讲得太离谱，大家听完之后就会说："纯属瞎扯！"可实际上在这些故事里经常蕴含着一些令人惊讶的和罕见的事实，这些事实是普通人从未见过的。即使是传说，里面也经常会有事实。你怎么能忍住不去听它们呢。

这不，我就开始问老爷爷："叶福谢爷爷，在你们那里有什么不寻常的鸟吗？"

"说出来你都无法相信。比方说，那里有这么一种野鸭，虽然叫野鸭，但个头儿其实和野雁差不多大。它的名字叫翘鼻麻鸭。说实在的，这

种野鸭的性格,有点像野兽。如果它在草原上的洞穴旁看见狐狸,就会抓住狐狸,按在地上,然后吃掉。翘鼻麻鸭会把狐狸的洞穴据为己有,在那里住下来,生蛋,孵化雏鸟。"

"它是什么样子的?"我接着问。

这时,伊万爷爷暗自窃笑:"你就在那儿胡说八道吧。"

"我刚才说了,它有野雁那么大。嘴是红色的,头就是鸭头,全身有花斑。在它出现之后,狐狸洞旁就会剩下一条狐狸尾巴或一团狐狸皮毛,这是我亲眼所见。"

伊万爷爷说:"你们那里好像没有这种强壮凶猛的鸟。不过,我们那里有令人惊讶的小鸟!我们有个叫维佳的朋友,是从城里来的,他就打到了一只。他把弹头从弹壳上拆下来,瞄准一根云杉树枝开了一枪,我就站在他身旁,亲眼看见:啪!从云杉上掉下一只小鸟,你们爱信不信,跟苍蝇似的,还没有蜻蜓大!奇怪的是:它非常娇弱,只是听见了一声空枪响,就吓得从树上掉下来了。维佳把它捡起来,装进怀里,带回了家,他们一直住在我们的小木屋里。维佳把它放在桌子上,它仰面朝天地躺着,双脚也不抖动:它吓坏了!之后它清醒了过来:振翅一飞就飞到了窗口,好像什么事都没发生过一样!后来维佳把它放在笼子里养了一个月。它的身子是浅灰色的,小脑袋就像一团小火苗!"

"这有什么可惊讶的!"叶福谢爷爷听完伊万爷爷的讲述之后,生气地嘟囔着,"吓坏了,这是你说的,谁知道它在想什么呢。它的心脏还没有豌豆大呢。咱们讲讲熊被吓死的事情好不好?"

伊万爷爷刚一撇嘴,叶福谢爷爷继续说:

"在我服役的时候发生过这么一件事。有一天叶罗什金少校从山上看见森林里有一只熊,它正在做一件平时常做的事情:搬开一块石头,在那里找甲虫、蛞蝓、野鼠吃。叶罗什金少校从两棵树的树干中间朝熊开了一枪。枪里的子弹本来是用来打沙锥鸟的,威力不大。

"熊就在山下,离少校很近,几乎是唾手可得。但是子弹威力太小,就算是击中要害,也不会致命,只会陷在皮毛里。

"上校朝熊开了一枪,熊跳了起来,嗥叫着,翻了个跟头,从陡坡上冲进了灌木丛——只听见噼里啪啦的响声!我们和上校哈哈大笑了起来。然后还是决定过去看看熊留下了什么样的脚印。

"说实在的,脚印很不好看:熊吓得都拉稀了。这还不算什么,等我们钻进灌木丛里一看,它已经趴在那儿死了,尸体像块木头似的。它被吓死了……这一枪的威力真是太大了!"

附录：基特·维利甘诺夫的故事

讨论完这件事情，老手们开始回忆自己的有趣的射击经历。

伊万爷爷说，有一天，他在森林边缘地带的一株灌木下，发现了一只白色的鸟，他朝它开了一枪，然后走过去一看——在灌木丛里趴着七只白色的松鸡，已经死了，他把它们都捡了起来。这叫做一枪七鸟。

他继续回忆说，后来他打完猎往回走，在他面前从地上飞起了一只强壮的鹞。伊万爷爷开枪击中了它的背部：他总是不放过一切打鹞的机会。

鹞落了下来，摊开了翅膀。伊万爷爷走过去，在鹞的底下还有一只没头的花斑母鸡。他把它们带回了村庄。一个老太太对他说：

"这是我们的花斑母鸡！刚被这个强盗拖走。这下可好了：一石二鸟。你把强盗也给消灭了，全村的人都会为此向你致敬的。明天我来煮一锅鸡汤。"

叶福谢爷爷不甘示弱，又讲起了叶罗什金少校的事迹。

"我得说一句，少校的枪法不太好，经常子弹乱飞。不过打猎是要靠运气的，少校就属于运气很好的那种。另外一次跟他一起，也是在高加索，发生了这样一件事。

"少校带着他的猎犬去打野鸡。猎犬把少校引到一片芦苇丛旁，停下，蜷起一只脚爪，这说明它发现了猎物。少校走近猎犬，命令它向前。猎犬迈了一步，野鸡从它身下嗖的一声飞了起来，少校啪的开了一枪！野鸡沉着地躲开了。这时芦苇丛里又有动静了！这回又是什么？

"少校带着猎犬走近一看，那里趴着一只大猫，已经被打死了。这只野生的大猫有家猫的两倍大。

"少校没打中野鸡，但是打中了大猫的头。还好这一枪没打中猎犬。"

话题从射击经历转移到了猎犬身上。

伊万爷爷说到了自己的猎犬，它已经年纪很大，都看不清东西了，不过它撵兔子的本事却比以前更强。

"它怎么使自己在森林里不会撞树呢？"叶福谢爷爷问道，他摇着头，"你又在胡诌了！"

"它走得不紧不慢，兔子无法从它身边溜走。反正它会把兔子撵到我这里来。"

"好吧！"叶福谢爷爷不置可否，小声嘟囔了一句，"我听说有一个猎人，他有一只跟少校先生的那只差不多的猎犬，它能在城里的废纸堆里找到猎物。"

什么？在废纸堆里？伊万爷爷大惑不解。

"非常简单。狗的主人在纸上写上一个词,'琴鸡'或者'沙锥鸟',然后狗寻找了一会儿,就作出发现猎物的姿势。要是纸上什么也不写,它就毫不理会。"

咳!咳!咳!伊万爷爷突然咳嗽起来。可恶的蚊子!它们觉得血不够吸,居然还往喉咙里飞。在森林里摆脱不掉这些蚊子,就像在家里摆脱不掉苍蝇。苍蝇在走投无路的情况下,就会变得穷凶极恶,叮起人来比蚊子还狠。

"看,"他接着说,"我已经不咳嗽了。不过蚊子是不会放过我们的!天亮了,我们该去打鸭子了。"

解 答

关于翘鼻麻鸭的事情半真半假。那里确实有这么一种大型野鸭,克里木人称之为翘鼻麻鸭,它们在狐狸洞里孵化雏鸟。可关于杀死并吃掉狐狸这件事,纯属无稽之谈!叶福谢爷爷后来看到的东西是狼吃剩的。狼把小狐狸从洞穴里拖出来咬死,老爷爷还以为是野鸭吃的。

而伊万爷爷讲的,叫维佳的小伙子用空枪把小鸟吓呆的事情,毫不夸张。这种鸟是我们这儿的戴菊莺,它两腿一瞪,就像死了似的,过一会儿就又生龙活虎了。

关于熊的事情时有发生。人们常说:人吓人,吓死人,熊也一样可以被吓死。无论是人还是熊,都会因突如其来的惊吓而导致心脏病发。

如果是一窝松鸡挤在一起,而伊万爷爷用的又是散弹枪,那一枪七鸟的事情就没什么可令人惊讶的了。

鹞的事也是真的。

少校打大猫的事也是真的。

关于伊万爷爷的视力不佳的猎犬,那件事是真的。道理很简单:在猎犬追野兽的时候,就算它视力再好,也是看不见的——猎犬主要是用鼻子来追踪脚印。老猎犬虽然看不清东西,但是敏锐的嗅觉还在。嗅觉会告诉它,前方是什么,因此它不会撞上树木和树桩。在它撵兔子的时候,嗅觉也是这样发挥作用的。

猎犬在废纸堆里找猎物的事情就没什么可解释的了,完全是一派胡言。难道猎犬还能闻出写的是什么字不成?

伊万爷爷说的蚊子叮人的事情要看是什么蚊子。普通的家里的那种黑色的蚊子是不叮人的。叮人的蚊子是灰色的,长着直直的长吻。你只要仔细看看,一下子就能分辨出来了。

附录：基特·维利甘诺夫的故事

小熊历险记
新年故事

新年前夕来临了。天气非常寒冷。

天刚蒙蒙亮，一个老集体农庄庄员就乘着雪橇到森林里去了——他要为农村俱乐部砍伐一棵美丽的枞树。

森林很大很茂密。老爷爷行进了好久，才来到森林中央。这里已经听不见任何从村庄里传来的声音，甚至是村庄里的大广播喇叭的声音，也听不见了。这时老爷爷把马拴在树上，来到路旁，给自己挑选合适的枞树。

但是他刚用斧子往树干上砍了一下，从雪下忽地钻出一只棕色的野兽来。

老爷爷吓坏了，连斧子都扔了。他拼命地向马跑去，把马解开，逃走了。

把老爷爷吓成这样的是一只母熊。它的熊洞刚好就在这棵枞树底下，这是它特意给自己挑选的。它被突如其来的巨大的斧声惊醒，从自己的避难所里跳出来，头也不回地向密林里奔去。它也吓坏了，还以为是猎人们抓它来了。

而熊洞里只剩下了它的熊宝宝。熊宝宝只有三个月大，还在吃奶呢。

寒气侵入了被熊宝宝翻得乱七八糟的熊洞。熊宝宝醒过来了，感到有点无聊和委屈：它觉得冷，想吃东西。熊宝宝在洞里找了一会儿，就从熊洞里爬出来了。它开始寻找自己的妈妈，可是母熊的脚印已经消失了。

它只能徒劳地来回匍匐，发出委屈的叫声——妈妈跑到很远的地方去了，听不见它的叫声。

终于，小熊生气了，挺起了身子——它打算自力更生。它的熊掌总是陷进深深的积雪里，但是饥饿驱赶着它一直前行。

突然，小熊看见树后的树桩上有一只美丽的棕红色小兽，它的尾巴毛茸茸的，正在啃一个长长的云杉球果。

这是一只松鼠，小熊非常喜欢它。小熊摇摇晃晃地走向它，想和它一起玩。可是松鼠发出一声惊恐的尖叫，像箭一样地窜上了云杉。

小熊发现松鼠消失了，坐了下来，摇晃着脑袋，可是没有办法，它只好继续前行。

很快它又看见了一只灰色的小兽，那只小兽为了避开它，想躲到灌木丛里。小熊往前窜了两下就追上了小兽，并一把抓住它。可是，唉！这个灰色的小兽原来长着可怕的刺，小熊疼得尖叫了一声，只好继续向前跑去寻找第三个猎物。

　　它在森林里游荡了很长时间——终于耗尽了体力，坐下了。它饥肠辘辘，饿得都开始用脚爪刨雪了。雪下面是地，地上长着一些花、浆果和草根。小熊开始把这些东西往嘴里塞，原来这些东西都是可以充饥的。慢慢地，这个没人照顾的小可怜儿的肚子鼓了起来，仿佛是吞下了一个大西瓜似的。

　　吃饱了之后，小熊的心情愉快了不少，又开始奔跑。它没留神脚下，啪的一声，掉进了一个深坑里。

　　在这个深坑里有许多枯树枝和积雪，蛇、青蛙和蟾蜍在枯树枝和积雪下面过冬。好在，小熊掉下去的时候，后腿刮住了一个粗树根，于是它就这么头朝下地吊在了这些小动物上方。

　　蛇醒过来了，抬起头，发出可怕的咝咝声，而青蛙无所畏惧地呱呱叫着。恐惧反倒给了小熊力量，它用后腿来回荡着，用前爪抓住粗树根——并成功地爬出了坑。它害怕极了，不顾一切地向前跑了好久，一直跑到一片空地上，这才停了下来。

　　停下来之后，它又开始刨雪：雪下面会不会还有什么好吃的东西呢？这回它刨出来的跟上一次完全不一样：在这个地方的雪下面住着许多大大小小的田鼠。这些小兽在灌木丛的低处的树枝上建造了窝，窝里很温暖，甚至都冒出蒸气来了。

　　如果小熊再长大一些，它就会非常清楚地意识到，这些小老鼠都是可以吃的。但是它还很懵懂，只是惊讶地看着这些短尾巴的小兽为了避开它，逃向四面八方。

　　冬日的白昼很短。在小熊刨出田鼠的时候，已经是黄昏了。小熊突然想起："妈妈在哪里？"于是跑去寻找它。但是在这茂密的大森林里，怎样才能找到它呢？

　　小熊满森林地跑着——夜晚来临了。一个伸手不见五指的新年夜。一颗星星也没有，整个天空都笼罩着阴沉的乌云。好像嫌它还不够可怜似的，从乌云里又下起了鹅毛大雪。小熊焦急地奔跑着，雪落在它的背上，马上就融化了——它全身上下的皮毛都被雪给打湿了。

　　在黑暗中它很害怕：会不会有谁突然冲过来？小熊年纪还小，它不知道，在我们的森林里，熊是最强大的野兽。它甚至一边跑一边担心：会不会有谁突然听见我发出的声音？它一言不发地跑着，越来越跑进森林的深处。

　　突然，一件难以想象的可怕的事情发生了！在它行进过程中，它的

附录：基特·维利甘诺夫的故事

额头突然撞上了什么东西！这个东西比小熊要大很多，也重很多，以至于把这个倒霉蛋儿弹出了老远，它的屁股重重地撞在了一棵树上。

但是小熊甚至没时间去揉一揉撞疼了的屁股：这个大野兽随时可能扑过来把它吃掉。小熊在黑暗中凭着感觉爬上了那棵树。

小熊听见：这个又大又重的野兽在悄悄地靠近它。这个家伙太重了，以至于在它的爪下，不时传来树枝断裂的声音……

沉重的脚步声越来越近……小熊哆嗦着用四条腿紧紧地抓着树皮，转过头向下看，下面很黑……

它很幸运，刚好这时从乌云中射出一道闪电，瞬间照亮了整个森林，而且这足可以使小熊看见，在它底下的是谁。

"妈妈！"它大声喊着，然后一个跟头从树上翻了下来。

没错，这是母熊，它的妈妈。母熊也没搞清楚自己在黑暗中撞上了谁，更没认出自己的儿子。

它们彼此相见，都好高兴啊！

刚好这时，从莫斯科的方向传来了敲钟的声音，整个森林都充满了喜庆的钟声：现在是午夜时分，新年到了。

鹤在沼泽地上鸣叫着，云雀在天空中歌唱着，幸福的母子俩紧紧地拥抱在一起。

然后它们爬回了自己的熊洞，小熊钻进妈妈怀里吃奶，而母熊舔着自己那营养美味的熊掌。

所有的新年故事，结局都是美好的，即使这个故事是发生在茂密的森林里。

解 答

众所周知，新年故事不需要很多事实，只要令人感动，以喜剧结尾。

故事一开始就是一个最简单的谎话：熊只在1月底2月初的时候生小熊。怎么可能在新年前夕小熊就已经满3个月了呢？所以这个故事里的主角——小熊——只是作者虚构的。

第二，小熊在森林里可能会遇到松鼠，但冬天时，松鼠怎么可能是棕红色的呢？大家都知道冬天时松鼠是灰色的。

第三，刺猬怎么能在冬天里满森林地转悠呢？它只会睡在自己那位于树根间的深坑里的草窝里。

第四，小熊刨雪，并在雪下的地面上找到花朵和浆果。确实如此：在我们这儿的雪下有非常多的常绿植物，它们甚至能整个冬天开花，并一

直持续到春天来临。另外雪下还保存着许多浆果：红莓果、越橘。

第五，小熊掉进了蛇、青蛙、蟾蜍过冬的坑里。首先，这些爬行动物和两栖动物，不可能这么不着调地聚在一起过冬；其次，冬天它们都冻僵了，既不会发出咝咝声，也不会发出呱呱声。

第六，田鼠的窝在被雪覆盖的灌木丛里，它们甚至冬天时还在那里生孩子，这件事是真的。

第七，两只熊在黑暗中迎面相撞，却认不出彼此，这是不可能的：它们不是用眼睛来辨认对方的，而是用鼻子。

第八，正在下雪的乌云射出闪电？怎么可能！

第九，故事一开始就说了，"这里已经听不见任何从村庄里传来的声音，甚至是村庄里的大广播喇叭的声音，也听不见了"。已经来到森林里这么远的地方，怎么可能"从莫斯科的方向传来了敲钟的声音"。没注意到这点的人，肯定没好好读这个故事。

第十，冬天里不会有鹤鸣叫，也不会有云雀歌唱，原因很简单，它们不在我们这里：它们是候鸟，都在遥远的南方过冬呢。

另外，如今恐怕只有那些最不学无术的人才相信熊在熊洞里舔自己的熊掌的传说。他们不知道，趴在熊洞里的熊的熊掌之所以是湿的，是因为它睡觉时把熊掌放在了鼻子上，往熊掌上呼了许多热气。

打靶场及"锐目"称号竞赛答案

打靶场答案

第一次竞赛

1. 从3月21日起。
2. 脏的,因为它颜色比较深。深色能吸收更多的光线。(夏天时戴黑色帽子是最热的。)
3. 春天,毛皮兽要换毛,脱去那层又密又软的绒毛;这使毛皮变得不值钱了。另外在春天它们还要生育孩子。
4. 蝙蝠要等到它们所吃的昆虫出现后再出现。
5. 款冬、毛茛、雪中莲。
6. 白松鸡:冬天时它是白的,夏天时它有斑纹。
7. 在雪融化以前,当它变成灰色的时候,或者在白兔换毛以前,地面就暴露了出来。
8. 能看见东西。
9. 在茂密阴暗的森林里生长的树,迅速地向上方有光的地方生长,并丢弃自己下部的树枝。生长在空地里的树,下部的树枝保留着,并向四外生长。
10. 鹨䴗。它的总长只有3.5厘米(不算尾巴)。
11. 鹪鹩和戴菊鸟。它们的个头儿差不多,比蜻蜓还小。
12. 那些吃植物种子和浆果的鸟,嘴都又粗又硬(便于敲开硬壳);那些吃昆虫的鸟,嘴都又细又软;猛禽的嘴就像钩子(便于把肉撕碎)。
13. 交嘴雀。
14. 这棵树是在冬天时被啃的。冬天时地上的积雪有一米厚,兔子吃不到下部的树皮。
15. 3月21日——春分日,9月21日——秋分日。
16. 冰柱。
17. 春天太阳发热。
18. 雪;融化成小溪之后就奔流鸣响。
19. 黑马是河,车辙是河岸。
20. 冬天大地上积着白雪,春天大地上开满鲜花。
21. 雪。 22. 今天早晨。 23. 鹿。

第二次竞赛

1. 虾。
2. 羊肚菌和鹿花菌。
3. 种田人会从地里翻出许多蚯蚓、甲虫幼虫及其他昆虫。白嘴鸦把它们啄起来吃掉。
4. 乌鸦窝又平又浅,喜鹊窝是圆的,有盖子。
5. 不靠织网来捕捉猎物的那些蜘蛛。
6. 家燕。
7. 在小树林和小花园的树洞里。
8. 衔毛回去做巢,并且从这些老家伙的皮肤里寻找昆虫及其幼虫。
9. 家养的鹅和鸭子的祖先是候鸟。春天,野雁和野鸭飞过的时候,家养的鹅和鸭

子就会觉得苦闷：它们也有想飞去哪里的冲动。

10. 春天里，突然泛滥的大水经常会淹没那些在地上筑巢的鸟类的蛋和雏鸟。

11. 什么鱼都不能打。大梭鱼在4月末的时候顺着泛滥的大水来到水浅的地方产卵，于是它们的脊背常常露出水面。盗猎者就在这时射杀它们。

12. 爬行动物更怕冷，因为它们的血是冷的，在寒冷的天气里它们会被冻僵。而鸟类，如果它们吃饱了，基本上是不怕冷的。

13. 前舌尖。

14. 生活在开阔地带的鸟，翅膀狭窄、细长。住在森林、丛林里的鸟，翅膀是不可能很长的。生活在丛林里的鸟，翅膀又宽又短，是圆形的。插图上画的是鸥鸟和喜鹊的翅膀。

15. 家燕。16. 蜂房、蜜蜂。17. 甲虫。18. 叮人的蚊子。19. 雨水倒，大地喝，青草长。20. 鱼。

21. 肥沃的大地母亲。22. 铃兰的花蕾和花朵。23. 云。

24. 牛的四条腿，两只角，还有一根尾巴。

第三次竞赛

1. 金龟子——有五月金龟子和六月金龟子。

2. 在螽斯的腿上有锯齿，在翅膀上有小钩。用腿摩擦翅膀就会发出噼里啪啦的声音。

3. 用尾巴。

4. 因为公鹭鸟会发出牛叫似的声音。

5. 八条。

6. 甲虫有两对翅膀。外面的一对又硬又厚，主要作用是保护底下那对用来飞行的翅膀。

7. 秧鸡，斑胸田鸡。

8. 椋鸟用嘴把被雏鸟啄破的蛋壳从巢里衔出去，并把它们扔到离巢很远的地方。

9. 螽斯：它的听觉器官不是长在头上，而是长在一对前脚的小腿上。

10. 黄鹂。

11. 青蛙的卵是像胶冻一样，一大团一大团地漂浮在水里，蟾蜍的卵是附着在一条胶质的带子上，带子附着在水草上。12. 比椋鸟大一点，比鸽子小一点(29厘米)。

13. 白松鸡的雄鸟，在春天的交配期里，它会发出像犬吠一样的声音。

14. 是那些羽毛鲜艳的鸟。当我们这里的树长满了鲜嫩的树叶时，它们才飞来。

15. 在春天开花。丁香花凋谢的时候，就意味着夏天来了。

16. 蚂蚁在蚂蚁窝里闹闹哄哄，啄木鸟丁丁当当，夜里树木在星光的照耀下影影绰绰。

17. 桦树。赶路的人用它的树枝做手杖，坐车的人用它的树枝做鞭柄，而在农村给病人喝桦树汁。

18. 喜鹊。19. 蜘蛛网。

20. 雨：雨落进草里，汇成小溪再从草里流出来。

21. 雨。22. 狼。23. 山羊。

24. 河、岸、岸边的灌木丛。

第四次竞赛

1. 6月21日，这是一年中最长的一天。

2. 棘鱼。

3. 小老鼠。

打靶场及"锐目"称号竞赛答案

4.生活在沙岸上的鸥鸟和沙锥鸟。
5.跟沙子和卵石一样的颜色。
6.后腿。
7.五根：三根在背上，两根在肚子上。我们这里还有长着十根刺的棘鱼。
8.农村里的燕子的窝的入口在上方，城市里的燕子的窝的入口在侧面。
9.因为如果窝里的蛋被人用手碰过了，鸟就会抛弃那个窝。
10.有。
11.翠鸟。
12.因为这些鸟会把自己的窝伪装起来，把窝所在的那些树上的苔藓涂在窝的外面。
13.不是所有的。有许多鸟（苍头燕雀、金翅雀、柳莺）在夏天会孵化两次雏鸟，有的鸟（麻雀、鸫鸟）甚至在夏天会孵化三次雏鸟。
14.有。我们这里，在长满苔藓的沼泽地里生长着一种茅膏菜。要是有蚊子、蠓虫及其他昆虫落在它那黏黏的、圆圆的叶子上，就会被它抓住吃掉。在河流湖泊里生长着一种狸藻。水下的小虾、昆虫及小鱼落进它的小囊里就会被抓住。15.银色水蜘蛛。16.杜鹃。17.乌云。18.割草：草倒下，草垛起来。19.麦穗。20.青蛙。21.影子。22.山羊。23.回声。24.刺猬。

第五次竞赛

1.雏鸟破壳而出之前，嘴上会有一小块硬疙瘩。雏鸟用它来敲破蛋壳。这个硬疙瘩叫做"破卵齿"。雏鸟出壳之后，这个硬疙瘩就脱落了。
2.有尾巴的牛不缺东西吃：牛吃草的时候用尾巴驱赶讨厌的、叮咬它的昆虫。牛要是没有尾巴，就无法驱赶牛虻和苍蝇了。没尾巴的牛不得不时常晃动脑袋和转移地点，这样它就吃得少了。
3.因为这种蜘蛛的脚很容易被从身上扯断，它移动的时候，就好像在割草似的。
4.夏天，到处都有软弱无助的雏鸟和幼兽。
5.鸟类。
6.许多昆虫，比如蝴蝶：先是卵，卵变成幼虫，幼虫变成蛹，从蛹里飞出蝴蝶。
7.鹅的羽毛上总是覆盖着一层油脂，因此水不会打湿羽毛，并会从羽毛上以水滴的形式滑落。
8.因为狗的身体上没有汗腺，而马有。狗伸出舌头为的是使身体表面能凉快一点。
9.杜鹃的雏鸟。杜鹃生完蛋之后，就把雏鸟交给别的鸟类去抚养。10.蚁䴕。
11.年轻的白嘴鸦的嘴是黑色的，像乌鸦的嘴一样，而年老的白嘴鸦的嘴是浊白色的。
12.棘鱼。13.蛰完人后，蜜蜂就会死去。14.吃妈妈的奶。15.向着太阳，也就是正对南方。16.雷和闪电。17.亚麻在中午之前一直开着淡蓝色的小花。18.红蘑菇——牛肝菌。19.野蔷薇的浆果。20.蝮蛇。21.露水。22.蚂蚁。23.蜗牛。24.野蔷薇和玫瑰。

第六次竞赛

1.鱼的体重，正好等于它排开的水的重量。
2.十字圆蛛潜伏着，一只脚紧紧地抓住一根绷紧的蛛丝，丝的另一头粘在蛛网上。一有苍蝇落在蛛网上，蛛网就颤动起来，于是那根蛛丝也就扯动十字圆蛛的脚，让它知道有猎物落网了。
3.蝙蝠。在我们的森林里生活着一种松鼠（飞鼠），前后爪间有皮膜，也能飞几十米远。

4.它们成群结队,大叫着冲向猫头鹰,直到把它赶走。5.虾。
6.在晴朗的秋日里,风连同蜘蛛丝一起把小蜘蛛带起,在空中移动。7.蜉蝣。
8.燕子一边飞,一边捕食蠓虫、蚊子及其他会飞的昆虫。晴天空气干燥,这些昆虫飞得离地老高。潮湿天空气里有大量水分,这些昆虫就飞不高了。
9.母鸡觉得要下雨了,就把尾部腺体所分泌的油脂涂到羽毛上。
10.在下雨之前,蚂蚁都躲进蚁洞里,并把所有的入口堵上。
11.各种会飞的昆虫——苍蝇、蜉蝣、水蛾。12.熊。
13.在稀泥和淤泥上,或是河流、湖泊、池塘的岸边:许多种各样的鸟类飞来这里,它们都留下了清晰的脚印。14.黑色的,头上有红冠。
15.马勃菌("兔芋")的孢子。成熟的马勃菌,只要轻轻一拍,就会喷出一阵烟云("鬼喷烟")——那是马勃菌的孢子。
16.麦穗:院子里的是麦秸,桌子上的是面包,留在田里的是麦子根。
17.大麻:大麻皮可以搓绳子,大麻芯没有用,头就是大麻子,可以榨油吃。
18.虾。19.一捆捆麦秸。20.回声。21.杨树。22.荨麻。23.矢车菊。24.青蛙。

第七次竞赛

1.9月21日,秋分日。
2.雌兔。最后出生的一批小兔被称作"落叶兔"。
3.花楸树、杨树、枫树。
4.不是所有的。有一些会离开我们,向东飞去(穿过乌拉尔山脉),比如靴篱莺(一种小鸣禽)、朱雀、瓣蹼鹬。

5."犁角兽"是因为成年驼鹿的角很像木犁。6.防备兔子和狍子。
7.雄琴鸡。这些话是根据它们咕噜的声音模拟而成的。雄琴鸡在春天和秋天时是这样咕噜的。
8.生活在地上的鸟,脚需要适应走路,所以脚趾分得很开。这种鸟走路时,是双脚轮换的,脚印成一条线。生活在树上的鸟,脚需要适应呆在树枝上,所以脚印是夹紧的。这种鸟在地上不是走路,而是双脚一起跳,它的脚印是双重的。
9.用"随后追击"的方式打鸟比较可靠:因为射出的枪弹可以打进鸟儿的羽毛里。用"迎头痛击"的方式打鸟,枪弹可能会从绷紧的羽毛上滑落,这样就伤不着它了。
10.这说明在森林里的这个地方有动物的尸体或者受了伤的动物。
11.因为在这个地方,鸟妈妈们在第二年将孵出整窝的雏鸟。如果打死了鸟妈妈,野禽们就要搬到别的地方去了。
12.蝙蝠。它那长长的脚趾上长有皮膜。
13.它们大多数在第一次寒流来袭的时候就死掉了。还有一些钻进了树木、篱笆、房屋的缝隙里,钻进树皮里——并在那里过冬。
14.脸朝西,太阳落山的方向,在晚霞中可以更清楚地看见飞过的野鸭。
15.当猎人没打中它的时候。
16.越冬作物:今年播种,明年收割。
17.城里的燕子。18.树叶。19.雨。20.狼。21.麻雀。22.白蘑菇。23.夏天的云莓果;秋天的榛子。24.稻草人。

第八次竞赛

1.上山方便。兔子前腿短,后腿长。因此兔子上山比较容易,而要从陡峭的山上下来就只能连滚带爬了。

打靶场及"锐目"称号竞赛答案

2.夏天时,鸟巢被叶子遮住了,等树叶落光的时候,就能清楚地看见了。

3.松鼠。它把蘑菇带到树上,穿在树枝上,冬天没有东西吃的时候,它就去找这些蘑菇吃。

4.水老鼠。

5.这样的鸟很少:猫头鹰把死老鼠拖进树洞里作为储备,松鸦把橡实、坚果拖进树洞里作为储备。

6.蚂蚁把蚁巢的所有的出入口都堵上,并挤成一团过冬。

7.空气。

8.黄色或褐色。秋天植物会变黄——灌木、乔木、草本植物等都会变黄。

9.秋天。因为秋天它变得很胖,有一层厚厚的脂肪,羽毛也长密了,有助于它躲避枪弹。

10.蝴蝶的(这是透过放大镜看到的样子)。

11.昆虫有六只脚,蜘蛛有八只脚;这说明蜘蛛不是昆虫。

12.躲在水下,躲在石头下,躲进坑里、淤泥里或者苔藓下面;有时甚至躲在地窖里。

13.每种鸟的脚,都要适应它的生活条件。生活在地上的鸟,它的脚要能适应在地上走,所以脚趾是直的,张得很开,脚(脚掌)很高。生活在树上的鸟,它的脚要能适应呆在树枝上,所以脚趾靠得很近,是弯曲的,抓力很强,脚很短。水禽的脚需要适应游水,要像桨一样,所以鸭子的脚趾之间有蹼膜相连,鹧鹈的脚趾上还有很硬的角质,能帮助脚划动。

14.鼹鼠的脚;它的脚要适应挖土,就像鱼鳍要适应划水一样。

15.林鹬竖着的"耳朵"只不过是两簇羽毛。真正的耳朵在这些羽毛下面。

16.从树上落下来的叶子。17.河。河水上的泡沫。

18.蒪草。19.地平线。20.过第四年。21.鹅、鸭子。22.亚麻。23.公鸡。24.鱼。

第九次竞赛

1.在河流及湖泊沿岸的洞里。

2.对于鸟类来说,饥饿比较可怕。比如,野鸭、天鹅、鸥鸟,如果它们有东西吃,有些地方的水没有被冰封住,那么有时,它们会在我们这里停留整个冬天。

3.比较晚。

4.啄木鸟把球果塞进树或树桩的缝隙里,用嘴巴对球果进行处理,这种树或树桩就被称作"啄木鸟的打铁场"。在这种"打铁场"下面的地上经常会堆起一座被啄木鸟破坏的球果的小山。

5.北极雪鸮。

6.指兔子跳向一边,中断脚印。

7.在花园里和密林里,在树上,从晚上起就有大群的鸟聚集在那里。

8.当最后一批湖泊、池塘及河流结冰的时候。

9.秋天(以及整个冬天)啄木鸟会加入山雀、旋木雀、五子雀的鸟群。

10.野兽从雪里拔出脚的时候,会从雪坑里带出少量雪,并在雪上留下爪印。这种爪印就叫做"拖迹"。

11.不一样。白天,在阳光下,猫的瞳孔很小;到了晚上就会变得很大。

12.兔子来回跑了两趟的脚印。

13.兔子印在雪地上的脚印。14.貂。

15.食肉兽的腭骨,根据它那特别突出的大犬齿很容易辨认:食肉兽用犬齿来撕

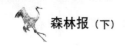

肉。食草动物的牙可以把植物扯下来咬碎；食草动物的犬齿并不突出，门牙反倒比较有力。

16.风。17.狗睡觉：眼睛放光，四脚伸开。18.盐。19.喜鹊。
20.身背猎物，带着枪的猎人。
21.公牛。22.猪。23.黄瓜。24.榛子。

第十次竞赛

1. 12月22日。这是一年中北半球白昼最短的一天。
2. 猫科动物的脚印，因为猫科动物在走路时会把脚爪收起来。
3. 水獭和水貂，因为它们吃鱼。
4. 不生长；它们暂时休眠。
5. 因为刚下过雪之后，雪上所有的脚印都是新的，不管你沿着哪一行脚印走过去，你都能找到野兽。
6. 琴鸡、松鸡和榛鸡。
7. 在田野里穿白色，因为跟雪的颜色一样；在森林里穿灰色，因为在森林里，即使是冬天也有绿色植物，白色及其他颜色都要比灰色显眼。
8. 因为兔子在奔跑的时候，会把两条长长的后腿向前伸出。
9. 不筑巢，不孵化雏鸟。
10. 琴鸡的。
11. 丘鹬，因为它要把嘴深深地插进土里去给自己找食吃。
12. 鼩鼱，因为它会发出刺鼻的麝香味，食肉兽的嗅觉灵敏，无法忍受这种气味。
13. 熊的脚印。
14. 鹞、猫头鹰扑兔子的时候，一只脚抓住兔子的背，另一只脚会努力抓住树木及灌木的枝条。吓坏了的兔子会用力向前跑，有时候竟会将紧紧抓住枝条的鹞的身体撕成两半。
15. 枪弹打穿了它的身体；脚印的两边都能看见血迹。
16. 暴风雪。17.狼。18.风。19.严寒。20.严寒。21.冰。22.暴风雪。23.黑麦、燕麦、小麦。24.腌蘑菇。

第十一次竞赛

1. 小一些的。体积越大，从体内散发出的热量就越大。从另一方面来说，身体表面的面积越大，流失到身体周围的空气里去的热量就越大。大型野兽的体积比身体表面的面积大，而身体表面的面积比体积小。因此，大型动物散发出大量的热量，而流失的热量相对较少。小型野兽正相反。
2. 胖熊。冬眠的熊靠脂肪来供给热量和营养。
3. 狼不像猫科动物那样以潜伏的方式来获取猎物，而是通过奔跑进行追捕。
4. 冬天，树木进入休眠状态，不再吸收水分；冬天砍伐的木柴会比较干燥。
5. 通过年轮的数量来得知所砍的树木的年龄。
6. 因为猫科动物总是先潜伏在一边，然后出其不意地跳出来捕获猎物。它们必须非常爱干净，使得它们身上不散发出气味，否则它们所要捕获的猎物，在远处就能闻到它们身上的气味，就不会靠近它们的潜伏地点了。
7. 因为冬天时在人居住的地方附近比较容易获取食物。
8. 并非都是这样。有一部分白嘴鸦留在我们这里过冬。冬天时，在污水坑里，在小树林里，经常能看见一只或几只白嘴鸦夹杂在乌鸦群里过夜。

打靶场及"锐目"称号竞赛答案

9.什么也不吃,冬天它睡觉。
10.那些被从洞里赶出来的,冬天不冬眠的熊。
11.蝙蝠冬天时睡在树洞里、岩洞里、顶楼上和屋顶下。
12.只有白兔变白,灰兔还是灰的。
13.猛禽。
14.交嘴雀吃针叶树的种子。它们全身都被松脂所浸透。松脂可以起到防腐剂的作用。
15.被雪覆盖着的树桩。
16.雪。
17.冬天,小木屋一开门,就会有一团团的冷空气吹进来。
18.熊、獾等冬眠的野兽。
19.缝毡靴:用猪鬃引麻线,穿过牛皮做的靴底,缝上羊毛做的靴帮。
20.猎人带着猎犬去打熊,要不是有猎犬,他就会被熊咬死。
21.胡萝卜、芜菁。22.白菜。23.圆白菜。24.芜菁。

第十二次竞赛

1.蝙蝠。2.冬眠,从秋天起就钻进用草和枯叶做成的窝里了。
3.肉(见《森林报》第三期)。
4.交嘴雀。交嘴雀喂自己的雏鸟吃松树和云杉的种子。
5.有益的:冬天,山雀寻找那些躲藏在树皮缝隙和小洞里的昆虫、它们的卵和幼虫来吃。可以吃掉不少。
6.无益也无害,因为獾是冬眠的。7.河乌。8.为了不让猫把爪子伸进窝里。
9.许多昆虫、虾及其他节肢类动物。它们的骨骼是一种很坚硬的物质,被称作"几丁质"。
10.它通过蛋壳上的气孔呼吸。如果在蛋壳上涂一层油漆,或是厚厚地涂上一层胶水,那么空气无法进入蛋壳里,雏鸡也就被闷死了。
11.由于温度骤然改变,青蛙会死。12.冬夏一样。
13.在水里海豹是不呼吸的。它在冰上打了几个窟窿来透气。
14.城市里的,因为城市里的雪比较脏。15.白嘴鸦飞来的时候。
16.冰面上的窟窿,夜里又冻上了。17.狼。18.玻璃窗,只有屋子里的一面结冰。
19.从窗外射进来的太阳光。20.太阳。
21.木屋的门,一开一关,吱呀地响,就像夜莺在叫。
22.捕兽器。23.兔子。24.森林。

"锐目"称号竞赛题答案

第一次测验题

图1,是天鹅。在飞的时候,它会伸直它那柔韧的脖子,于是看起来好像它的翅膀是在后面似的,而它的短腿缩在身体下面,所以看不见腿。
图2,是野雁。它飞行的样子跟天鹅相似,但是它的脖子要短得多。它的个头儿比较小,而且是灰色的。
图3,是鹤。它在飞的时候把脖子和自己的两条长腿伸得像棍子一样。
图4,是鹭鸟。很容易把它跟鹤区分开,因为它在飞的时候脖子是弯的,翅膀也隆起得很厉害。
这些阔叶和针叶都是什么树的叶子?从左到右依次为:

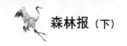

桦树；赤杨；椴树；山杨；杨树；柃树；柳树；枫树；橡树；榛树；苹果树；松树。

第二次测验题

图1，是潜水野鸭。它待在水面上的时候，把身体后部离开水面抬起来。它在捕食的时候，只把身体前部钻进水里，就像家鸭一样。

图2，是白兔。它的耳朵相对较短：如果向前弯，碰不着鼻尖。它的爪子很宽，尾巴是灰色的，圆形的，根部有个黑色斑点。

图3，是灰兔。就算是在夏天也很容易把它同白兔区分开，因为它要大一些，身上的毛略带褐色或淡黄色，它的耳朵很长：如果向前弯可以越过鼻尖，腿很细，尾巴比白兔的尾巴长，在尾巴上有个长形的黑色斑点。

图4，是鼩鼱。以昆虫为食的小兽。

图5，是家鼠。啮齿类动物。

图6，是田鼠。也是啮齿类动物。这三种鼠类小兽，根据下列特征很容易区分：鼩鼱的嘴向前伸，像个长鼻子，身体是弓起的，眼睛藏在毛里，几乎看不见，家鼠和田鼠的嘴脸没有长鼻子，家鼠的尾巴长，田鼠的尾巴短。

图7，是无毒的黄颔蛇。

图8，是有毒的灰蝮蛇。温和的黄颔蛇，头两侧能清晰地看到黄色斑点。非常危险的有毒的蝮蛇，在它那灰色的背上能看见清晰的"罪犯的烙印"——曲曲折折的黑色条纹。

图9，无脚蜥蜴，名叫蛇蜥。

图10，是黑蝮蛇。不要把黑蝮蛇跟黄颔蛇弄混了：黑蝮蛇的头上是没有黄色斑点的。蛇蜥跟黄颔蛇一样，可以拿在手里：它没有毒牙，不会把你怎么样。如果只抓住它的尾巴，它会像普通蜥蜴一样，把自己的尾巴留在你的手里。如果你抓住蝮蛇的尾巴，它就会猛一回头，用自己的毒牙咬住你，你被它咬了以后，就会中毒，甚至可能丧命。因此要好好学会把蝮蛇（它们有各种颜色的：从浅灰色到乌黑色）跟黄颔蛇和蛇蜥区分开。蛇并不像蜜蜂或黄蜂那样蜇人：人们错误地认为蛇是用那柔软分叉的小舌头发动攻击的。其实毒蛇的毒液是在牙齿里。

第三次测验题

图1.是啄木鸟的树洞。注意：树洞下方的地面上有一大堆新鲜的木屑。那是啄木鸟用嘴在树上给自己挖住宅的时候掏出来的。树干很干净，哪儿也没弄脏。啄木鸟是非常爱干净的鸟，它把自己的雏鸟也收拾得很干净。

图2.椋鸟在这个树洞里孵出了雏鸟。树下没有新鲜的木屑，树干上沾满了石灰似的鸟屎。

图3.是鼹鼠的洞。住在地下的鼹鼠在夏天时经常来到地表附近，弄出一个个疏松的小土堆，自己却不露面。

图4.是崖沙燕的殖民地。它在沙质的陡岸上挖了许多小洞做窝。许多人以为这些是雨燕的洞，但是雨燕从不在这些小洞里做窝，而是在阁楼里、钟楼上、大树的树洞里、岩石上和椋鸟窝里做窝。

图5.是松鼠窝。它是用树枝做的，是圆形的，里面铺着苔藓，苔藓露在外面。通过这些苔藓，你马上就知道，这不是鸟巢。

图6.这是獾挖的洞，不过里面住的是狐狸。一望便知，挖这个洞的动物一定很有经验：出入口有好几个，没有一个是倒塌了的。但是在洞口却丢弃着母鸡、琴鸡的羽毛和骨头、兔子的骨架，这显然是不爱清洁的食肉兽吃剩的东西。毫无疑问，这是狐狸。

打靶场及"锐目"称号竞赛答案

图7. 这也是獾挖的洞,现在它还住在里面。獾是非常爱清洁的动物:在它居住的地方,你找不到任何吃剩的东西。它主要吃蛞蝓、青蛙或者植物的小根。

第四次测验题

图1,小䴙䴘,图2,雌琴鸡,图3,小野鸭,图4,小琴鸡,图5,雄红脚隼,图6,小燕雀,图7,雄燕雀,图8,小红脚隼,图9,雄野鸭,图10,雌䴙䴘。

检查一下,你把雏鸟和它们的父母们排列得是否正确:雄琴鸡,图4,图2,图9,图3,雌野鸭,图7,图6,雌燕雀,图5,图8,雌红脚隼,雄䴙䴘,图1,图10。

如果你排列得正确,跟上面一样,那么每一只走失的雏鸟,都会有爸爸在左边,妈妈在右边。

第五次测验题

图1、图2是崖沙燕和雨燕。雨燕是我们这儿的燕子中最大的一种,它的翅膀很长,像镰刀一样。

图3、图4是城里的燕子和家燕(尾巴像两根小发辫似的)。

图5,飞行中的红隼的影子。图6,飞行中的鹞的影子。

图7,飞行中的秃鹰的影子。图8,飞行中的黑鸢的影子。

图9,飞行中的鱼鹰的影子。图10,飞行中的鹫的影子。

把这些侧影临摹在笔记本上,并记住它们。注意,隼的翅膀是尖的,像镰刀似的,鹞的翅膀向内弯,秃鹰的尾巴尖有点圆,而鸢的尾巴有三角形的凹口;鱼鹰的翅膀呈三角形,是直的,好像被切割过一样,鹫的翅膀很大很宽,翅膀末端的羽毛叉开。

蘑菇图(从左到右,从上到下):白蘑菇、杨树蘑菇、桦树蘑菇、绒皮蘑菇、油蘑菇、松乳菇、鸡油菌、卷边乳菇、毛头乳菇、鬼喷烟、红菇、香菇、蜜环菌、伞菌;毒蝇菌;苍伞菌。

第六次测验题

图1,野鸭到过这个池塘。你注意看带着露水的苔草和水面上的浮萍上的条痕。这是野鸭的痕迹:野鸭在苔草上游荡和在池塘里游泳时留下了这些条痕。

图2,离地面近的那一段杨树皮是被一个身材矮小的动物啃掉的。这是兔子干的。

图3,兔子无法到树上这么高的地方去啃树皮:它够不着。这里曾经有过一个非常高的动物——驼鹿——干的,它还把细杨树枝折断吃掉了。

图4,小十字是爪印,而小点是森林里的丘鹬用长嘴在松软的土地上挖出的小洞。丘鹬在下雨时来到林中道路上,在水洼边上给自己找食物(蚯蚓、蛞蝓)吃。

图5,这是狐狸干的。狐狸抓住刺猬后,把它杀死,然后从没有刺的肚子吃起。最后只剩下刺猬的整个外皮。

第七次测验题

图1,a. 这是交嘴雀(一种嘴巴上下弯曲交叉的鸟)干的。它们用爪子抓住树枝,叨下球果,从球果里啄出几棵种子,然后把吃剩的球果扔掉。

b. 在下面的地上,松鼠把交嘴雀扔掉的和没吃完的球果捡起来,跳到树桩上,把球果吃完,然后只剩下一堆球果的核。

c. 森林里的老鼠,在吃榛子的时候,用牙在榛子上啃个小洞,通过这个小洞把榛子

仁吃掉。松鼠吃榛子的时候是连皮吃的。

　　d.在树枝上晾蘑菇的是松鼠。它把蘑菇晾干了贮藏起来，到了粮食不足的时候，它在树上就有储备的食物吃了。

　　图2，这是啄木鸟干的。就像医生给病人听诊一样，啄木鸟敲击被有害甲虫的幼虫伤害的树木。它围着树干跳着移动，在树干上敲着，于是它那坚硬的尖嘴就在树干上留下了一圈小洞。

　　图3，金翅雀非常喜欢牛蒡的头状花。

　　图4，这是熊干的。它用熊爪从云杉上刮下一条条的树皮，并把它们拖进自己的熊洞里作为褥子，这样就能舒服地睡一冬了。

　　图5，这是驼鹿干的。它在这里站了很久——你看它破坏了多少东西。对于它来说，周围的东西都是食物：它推倒了小白杨、小赤杨，要不就是推倒小花楸树并吃掉，有些大树，只被吃掉了嫩枝梢，但它吃掉的，并不是它破坏掉的全部。

第八次测验题

　　图1，这是猎犬追逐白兔的痕迹。兔子一跳一跳地留下了脚印，而后面斜斜的是猎犬的脚印。

　　图2，夜里，灰色的林鸮在这棚顶上待过。它守望着：有没有老鼠跑过？它待了很久，不停地向四面转动，踏着脚步——于是留下了小星星似的脚印。

　　图3，琴鸡在这里的雪下过了一夜。它们在自己的雪下卧室里留下了脚印和羽毛，而当它们飞走时，在雪里留下了一个个小圆洞。

　　图4，没发生任何特别的事情。只不过有只驼鹿在这里站过。它到了换角的时候了，所以它在一个地方转来转去，用角在树枝上摩擦。终于，一只角断了，卡在了树枝上。在春天到来之前，驼鹿会长出新角。

第九次测验题

　　图1，是喜鹊在雪地上的脚印。它在雪地上蹦蹦跳跳，留下了自己的脚趾印，然后用翅膀和尾巴在雪地上一撑，就腾身飞走了。

　　图2，是兔子的脚印——白兔和灰兔——你很容易区分：白兔的脚印是圆的，灰兔的脚印是窄长的。

　　图3，这里有白兔吃过东西。它啃光了一丛小柳树，周围的雪地上是它的爪印，像榛子似的。

　　图4，所画的树（从左到右，从上到下）分别是：桦树、赤杨、杨树、白柳、枫树、橡树、榛树、苹果树、落叶松。

第十次测验题

　　在第十一期的公告栏中所画的那些脚印，告诉我们以下这些事情。

　　在一个寒冷的冬夜里，一只白兔跳到一个干草垛旁：它要偷干草。它在这里吃了很长时间：瞧它留下了多少榛子似的脚印。

　　现在，你看：一只狐狸从右边悄悄地靠近了。它小心翼翼地向猎物走过来，躲藏起来。它的脚印很像狗的脚印，只是窄一点，均匀笔直的一行。

　　但是狐狸没能靠近白兔：白兔及时地发现了狐狸，跳起来就跑。白兔的脚印说明它蹦跳着穿过田野，向森林逃去了。

　　狐狸也窜过去，想截住白兔，不让它逃进森林。

　　但是，突然，狐狸猛地转了个弯，跑向旁边的灌木丛。

打靶场及"锐目"称号竞赛答案

而兔子差不多已经跑到了森林。然后它突然消失了:它的脚印停止了,哪里也没有兔子的身影,好像它突然钻进了地里似的。

不,如果它钻进了地里,那么雪上应该有个洞。而在它脚印停止的地方,只是在雪上有个凹陷,凹陷里有一些兔子毛,有一些血迹,而在凹陷两边,有两个又大又圆的翅膀印,那是翅膀扑在积雪上压出来的。

不难推测:这是非常大的猫头鹰或雕的痕迹。

雕抓住兔子,用它那可怕的嘴一啄,兔子被抓在猛禽的尖爪中,在空中飞行,被带到森林里去了。

现在可以明白,为什么狐狸要拐弯了:雕就在它眼前把它的猎物抢走了。

我们所有的读者,如果你们能根据这些脚印猜出这个悲惨的森林故事的来龙去脉,我们表示祝贺,并授予你们"锐目神探"的光荣称号。

编辑部

> 平庸的老师传达知识，水平一般的老师解释知识，好的老师演示知识，伟大的老师激励学生去学习知识。——沃德

小论文写作7堂必修课
——美国中小学生研究性学习特训方案

[美]贝弗莉·安·秦 著　周凯南 译
16开　2009年6月出版　定价：26.00元
ISBN 978-7-301-14799-3/G·2561

【内容简介】从史前文明、中世纪骑士到广袤的外太空，从古埃及象形文字、北欧海盗船到可爱的帝企鹅……通过学习"小论文写作7堂必修课"，你会像美国的孩子一样，得到系统的研究性论文写作训练，不仅找到自己感兴趣的丰富多彩的论文题目，还能学会查资料、做笔记的本领；不仅写出漂亮的小论文、增长知识，还能发展动手动脑做研究的能力。这样的探究技能，会让你在今后的人生中受益无穷！

那么，现在就和"填鸭式学习"说"Bye-bye"吧，用充满乐趣的小论文写作去探索未知的世界，开启你的智慧之门！

【作者简介】贝弗莉·安·秦（Beverly Ann Chin）博士是美国蒙大拿大学教授，曾任美国国家英语教师委员会主席、美国国家专业教学标准委员会委员、蒙大拿州英语语言艺术教师联合会主席、蒙大拿州写作项目指导专家。

她是国际公认的英语语言艺术课程标准、课程指导和课程评估方面的权威，受邀为多所中小学进行读写课程的专业指导。

作者一步一步地指引着孩子们走进文章王国、文章秘境，很细心，很有方法，很具操作性。这样一本写作的入门之书，是很难得的。
　　——曹文轩（北京大学教授，北京市作协副主席，著名儿童文学作家）

本书是写给中小学生看的，语言亲切、朴实，没有一点点的学究味。作者介绍的写作知识都是关于怎么做的知识，具有很强的可操作性。
　　——程　翔（北大附中副校长，语文特级教师，全国青语会会长）

尽管孩子从小接受了无数的"考试作文"训练，但面对需要展现研究能力的"论文"写作，往往束手无策！这本书无疑给孩子们提供了打开小论文写作之门的7把"金钥匙"。
　　——《中国教育报》

在翻译《森林报》的过程中，得到了孟宁、孟繁荣、赵廷芝、赵廷义、赵鹏、杨秀荣、张新、孟淑梅、顾淑芬、王化忠、谭丽梅、谢恒山、金美珍、林小花、林辉芽等的帮助与支持，在此表示感谢。